上海市城市规划设计研究院
同济大学建筑与城市空间研究所
"亚洲城市研究"合作项目成果

亚洲城市的规划与发展

Asian Cities: Planning and Development

伍江 张帆 沙永杰 夏丽萍 主编

同济大学出版社

图书在版编目（CIP）数据

亚洲城市的规划与发展 / 伍江等主编. -- 上海：
同济大学出版社, 2018.4
ISBN 978-7-5608-7577-4

Ⅰ.①亚… Ⅱ.①伍… Ⅲ.①城市规划-亚洲 Ⅳ.
①TU984.3

中国版本图书馆CIP数据核字(2017)第318459号

亚洲城市的规划与发展

伍江 张帆 沙永杰 夏丽萍 主编

策划编辑 江 岱　　责任编辑 朱笑黎　　责任校对 徐春莲　　书籍设计 厉致谦 蔡星宇

出版发行 同济大学出版社 www.tongjipress.com.cn
　　　　（地址：上海四平路1239 号 邮编：200092 电话：021–65985622）
经　　销 全国各地新华书店
印　　刷 上海雅昌艺术印刷有限公司
开　　本 787mm×1092mm 1/16
印　　张 21
字　　数 524 000
版　　次 2018 年4月第1版　 2018年4月第1次印刷
书　　号 ISBN 978-7-5608-7577-4
定　　价 112.00 元

编委会

编委会顾问

庄少勤　徐毅松　郑时龄　张玉鑫

编委会主任

伍　江　张　帆

编委会副主任

沙永杰　夏丽萍

编委会成员

许　健　赵宝静　王扣柱　彭震伟　王才强　张圣琳　金度年
纪　雁　夏　胜　石　崧　王　静

序一
亚洲城市研究的意义

  亚洲城市研究是一个具有极度挑战性的课题。亚洲不仅是十分广阔的地域概念，也是十分复杂的经济、社会、文化、民族、宗教、语言、科学技术、政治和意识形态的范畴，城市间的气候和地理条件迥异，基于亚洲城市发展和城市规划系统性的研究相对于欧美城市研究而言相当匮乏。考虑到上海及其城市规划转型发展的实际需要，同济大学建筑与城市空间研究所与上海市城市规划设计研究院自 2012 年初起，合作开展亚洲城市研究领域的探索性工作，通过优势和资源互补完成一系列研究成果和学术活动。它们与上海每年都举办的国际大都市规划论坛和世界城市日系列活动相辅相成，成为中国 2010 年上海世博会对于城市主题探讨的延续。

  2013 年至 2016 年每年一届连续举办四届亚洲城市论坛，来自新加坡、韩国、日本、印度尼西亚、泰国、越南、菲律宾、斯里兰卡、阿联酋、哈萨克斯坦以及来自其他地区研究亚洲城市的政府官员、规划师、学者等，在上海与中国专业人士共同研究和讨论亚洲城市问题，讨论城市的过去、当今和未来，并在《上海城市规划》期刊上发表系列研究论文，为亚洲城市的研究迈出重要一步。这一时期正值上海在编制新一轮城市总体规划，亚洲城市研究也为其编制提供了思路和参考案例。

  回顾这四年的论坛和研究工作，深感所涉及的城市在星罗棋布的亚洲城市中仍然只占极其微小的份额，还有相当多的国家和地区的城市尚未涉及，而目前我们尚无能力涉及所有亚洲城市。但是从上海的城市发展战略来看，关注各国和各地区的核心城市或大都市，而且以这些城市的规划、重要案例及城市规划的研究机构作为研究对象是可行且有效的。本书收录的研究成果涉及的城市包括新加坡、东京、首尔、德里、孟买、河内、胡志明市、雅加达、吉隆坡、科伦坡、马尼拉、曼谷、阿斯塔纳、迪拜，以及中国的北京、上海、香港和台北。

  亚洲城市的历史演变、自然资源、发展模式、人口增长、产业结构、城市信托、空间结构和管理体制方面与西方国家的城市有很大的区别，西方国家城市的经验大部分都很难照搬。我们的研究关注城市的空间结构、自然生态和社会生态环境，关注城市的可持续发展和韧性规划，关注城市更新等。亚洲的城市，尤其是大城市的城市规划，有许多需要共同面对的问题，如人口稠密、住房拥挤以及生活质量、交通、生态环境、公共安全、公共服务、城市转型、历史文化的保护和传承、城市蔓延等。亚洲城市首先需要解决高密度城市的宜居和大容量的公共交通问题。英国伦敦大学学院巴特利特规划学院 (The Bartlett, UCL) 的斯蒂芬·马歇尔博士 (Stephen

Marshall）认为："城市是最终人类创造的居住地，然而，在所有的物种中，可能只有人类所建造的居住地是最不适合人类本身居住的。"[1]大都市的宜居问题，尤其是大众宜居的问题在亚洲城市中尤为突出，据 2015 年的统计，全世界人口在 1 000 万以上的 18 座城市中，有 12 座在亚洲，而且首尔、曼谷、西安、南京、重庆等城市的人口很快就会超过 1 000 万[2]。如果从大都市区域来看，全世界 40 座超过 1 000 万人口的城市中，亚洲占了 27 席[3]。有学者断言："到 2015 年，尽管伦敦、巴黎、柏林和罗马明显具有作为世界大城市的实力地位，但那时候的欧洲将没有一座城市有资格作为人口聚集地的大城市。"[4]

　　亚洲的大城市是高密度的城市、紧凑的城市，必须实施全方位综合性的城市发展策略，充分利用城市的地下空间，并同时提升城市空间及其建筑的可达性和城市空间的立体化。许多亚洲城市在这些方面的经验值得我们乃至世界学习和借鉴。具体而言，比如亚洲城市的高密度发展，城市形态的紧凑化，对城市中心及满足人们日常生活需求的邻里中心进行不同等级的中心配置与功能综合等；亦如，城市圈通过公共交通网络实现紧凑的城市群连接，注重区域环境保护，避免城市的无序蔓延，保证高水平的城市管理等。据国际人力资源咨询公司 ECA International 于 2015 年 1 月 22 日发布的调查显示，新加坡凭借良好的空气品质、稳固的基建、世界级的医疗设施和低犯罪率连续十六年被评为全球第一宜居城市；并在联合国人类发展指数（UN Human Development Index）中位居全球第五，在国际经济合作与发展组织（Organization for Economic Co-operation and Development，OECD）2015 年的教育报告中排名全球第一[5]。世界宜居城市的三大评选参照之一，英国的《眼镜》杂志（Monocle）根据安全、国际联系、气候和日照、建筑品质、公共交通、宽容性、环境、与大自然的联系、城市设计、商务环境、医疗等参数提出了"最宜居城市指数"（Most Liveable Cities Index），在 2015 年以该指数为准评选出的最宜居城市也是一座亚洲城市，即日本东京[6]。而东京和香港亦在城市空间的立体化和大运量公共交通组织方面成为全球首屈一指的范例。

1　斯蒂芬·马歇尔. 城市·设计与演变 [M]. 陈燕秋, 胡静, 孙旭东译. 北京: 中国建筑工业出版社, 2014: 1.

2　List of largest cities, Wikipedia.

3　List of metropolitan areas by population, Wikipedia.

4　阿普罗迪西奥 · A. 拉谦. 跨越大都市——亚洲都市圈的规划与管理 [M]. 李寿德, 张敬一译. 上海: 格致出版社、上海人民出版社, 2010: 3.

5　International rankings of Singapore, Wikipedia.

6　World's most livable cities, Wikipedia.

亚洲城市研究的成果告诉我们，城市的发展是多元的，没有统一模式。但我们需要交流，需要相互学习。亚洲的城市都在寻找并创造适宜的发展道路，过程中既有经验，也有挫折。每一个城市都是一部历史，既是城市史，也是文化史和思想史，充满了关于城市政治、城市经济和城市生态的智慧。

本书是历次亚洲城市论坛的结晶，是中文资料领域第一份系统完整的、关于亚洲重要城市的基础性研究成果，具有重要的学术和实践价值。衷心感谢同济大学的伍江教授和新加坡国立大学的王才强教授发起和组织亚洲城市的研究工作。沙永杰教授为亚洲城市研究，为论坛的组织、协调、策划和文集的编辑、翻译和出版倾注了大量的心血。感谢上海市城市规划设计研究院两任院长张玉鑫和张帆院长的大力支持。

郑时龄
同济大学教授，中国科学院院士
同济大学建筑与城市空间研究所所长
2017 年 9 月 22 日

6

序二
搭建亚洲城市研究平台

20 世纪末以来，随着亚洲各国城市化进程的加快，关于城市规划及城市可持续发展的研究，逐渐成为学界共同关注的热点。为此，自 2012 年起，上海市城市规划设计研究院和同济大学联合开展亚洲城市研究项目的合作，形成系列研究成果。

众所周知，亚洲城市地域辽阔、人口稠密，在气候、自然、人文条件，以及经济、社会和政治环境等方面都各不相同，在历史发展长河中积累了大量关于各自城市规划发展的经验和教训。亚洲城市又因先后进入快速城市化进程，面临着一些共性的问题、机遇和挑战的同时，也经历了相似的城市发展历程，因此亚洲各国城市在应对和解决城市发展问题中的经验，在彼此间可起到很好的借鉴作用。关于亚洲城市的研究，要结合不同城市的国情背景、历史传统和发展特点，进行追根溯源的分析，才能发掘其指导意义和学习价值。

正是基于多年来对亚洲城市研究的积累，也是为了对研究的阶段性成果进行总结，本书对《上海城市规划》期刊"亚洲城市"栏目的 16 篇论文，进行重新编排和整理，同时还收录了研究北京和上海城市规划与发展的 2 篇论文，这 18 篇论文对 18 座城市发展历程的论述构成本书的主体部分。书中所涉及的 18 个城市，既有作为首都的城市，如首尔、东京、北京等，也有区域性的中心城市，如孟买、迪拜等。之所以选取多类型的亚洲城市，其目的是尽可能全面直观地将不同城市的历史发展阶段及不同阶段的规划挑战和应对呈现给读者。本书附录还编入 2013—2016 年"亚洲城市论坛"概况及与会专家简介。历届论坛特邀专家撰写专题报告，勾画出与本书密切相关且更广泛的研究论题与视野。

衷心希望这些基础性研究成果的出版，能促使规划从业者对城市规划有更全面、更深入的思考和启发，引导更多学者和专业人士参与亚洲城市的研究，并为今后更深入的研究提供一个基础平台和一条具有实用性的资料线索。上海市城市规划设计研究院和同济大学将与有志趣研究亚洲城市的各界人士一起，继续为推进亚洲城市学术交流、搭建亚洲城市研究平台而共同努力。

张帆

上海市城市规划设计研究院院长

2017 年 7 月 20 日

前言
亚洲城市的回顾与前瞻

中国过去三十多年的快速城镇化创造了人类城市发展史上的奇迹。城市的急速膨胀彻底改变了中国的整体面貌，也极大地改变了世界城市化进程的版图。毫无疑问，发达国家在工业化进程中走过的城市现代化之路，极大地影响了中国的城镇化发展；当今世界全球经济一体化的趋势也使得中国当代城市发展带有强烈的全球化色彩，且与世界城市发展进程息息相关。因此，将中国的城镇化发展放在全球城市发展的大背景下进行分析研究，不仅有利于我们学习引进别人的发展经验，也有利于我们对于中国城镇化进程中逐渐暴露的"城市病"进行更为准确的诊断。更重要的是，城市作为人类文明的重要物质呈现，中华民族应该也必须为世界城市的健康发展贡献中国智慧。为此，我们更需要对当今世界的城市发展态势有更全面深刻的了解和理解。

然而，在中国城市研究和城市规划专业领域，一方面是具有越来越强烈的国际化自觉，对于"全球城市""世界城市"的研究越来越深入；但另一方面，这种"全球观念"似乎又只仅仅局限在西方发达国家，对于世界其余地区的关注与研究少之又少。尤其是对于我们所身处的亚洲地区，尽管其占世界总人口近 60%，且近三十年来城市化进程同样迅猛，而我们对其城市化进程的观察与研究却表现出很大程度的视盲。中国专业界和学术界对亚洲地区城市发展状况的陌生程度，令人难以想象。而大多数亚洲国家或因经济社会的快速发展而无暇研究自身的城市问题（这从各种城市研究的成果搜索中不难发现），或因由殖民地历史延续下来的西方教育传统仍占绝对统治地位，专业界和学术界话语体系表现为强烈的无视或轻视自身的后殖民文化特点。

记得差不多十年前在荷兰代尔夫特（Delft）召开的一次国际城市论坛（International Forum on Urbanism，IFoU）期间，我和新加坡国立大学王才强教授及台湾地区的夏铸九教授就此问题有过一次长谈。我们都认为，亚洲的问题唯有亚洲国家自己才能真正理解。亚洲作为全球经济增长最快的地区，城市化进程迅猛，其经济体量和人口规模决定了它的发展模式具有绝对的全球样本价值。面对城市的快速发展，亚洲各国对于自身城市发展规律的理性认识严重不足。亚洲城市发展特征和规律的研究刻不容缓。而此时以上海为代表的中国城市越来越认识到当代城市发展的全球化态势，对国外城市发展特别是西方发达国家城市的研究兴趣盎然，但对亚洲城市的研究除东京、香港、新加坡等全球城市外，却几乎处于一片空白。

事实上，即便从中国自身城市研究的功利性角度出发，对于亚洲地区城市的深入研究也是必需的。中国同亚洲各国，特别是东亚、南亚和东南亚诸国有着文化上的千年血缘联系，在近代又都有过西方殖民（半殖民）历史，而目前亦处于相近的发展进程之中，在当代发展中面对很多相似的问题和挑战。亚洲各国的发展经验对于中国当代城市的发展，有着巨大的借鉴意义。再进一步讲，亚洲作为世界上人口规模最大的地区和当代经济发展最快的地区，其城市发展不可能也不应该完全尾随欧美上百年前的发展模式。欧美发达国家在之前两个多世纪的城市发展进程中积累了极其丰富的经验，为当代人类城市文明留下了极其宝贵的遗产，也为全球城市发展贡献了具有普遍价值的城市及其规划的理论和方法。但城市就像是一个个独立的生命体，世界上不可能存在两个一模一样的城市。不同的历史、文化、社会、经济背景下的任何一个城市的发展，都具有其唯一性。城市的发展既要遵循城市发展的普遍规律，又要符合自身的内在特征。从这个意义上来说，亚洲各国、各城市都需要在深刻认识自身特点的基础上探索城市发展的最佳路径，特别是城市规划的内容与方法。

为此，我们在上海市城市规划设计研究院的大力支持下，于 2012 年发起了亚洲城市论坛，邀请来自亚洲各国的城市研究学者、城市规划专家和城市规划官员，针对各国各城市自身发展的状况和目标，结合自身的规划管理体制和规划实施机制展开讨论。在论坛筹备过程中，郑时龄院士和时任上海市城市规划设计研究院院长的张玉鑫博士参与了多次深入讨论，为论坛的持续举办指明了学术方向。沙永杰教授则自始至终为各届论坛的举办持续贡献心力。上海市规划和国土资源管理局和上海市城市规划设计研究院历任领导一直对论坛给予充分的支持。经过几年的努力，亚洲城市论坛已成为由亚洲学者自己组织的、有关城市规划研究讨论的重要学术平台，国际影响力显著。论坛先后举办五次，共有来自亚洲地区 23 座城市的代表应邀参会并提交论文，产生了重要的国际学术影响。与此同时，上海市城市规划设计研究院主办的《上海城市规划》期刊设立了"亚洲城市"专栏，刊登论坛发表或专为论坛撰写的文章。作为专栏的主持，为帮助中国读者结合中国城市发展实际更好地理解文章所述各城市的发展理念和规划思想，对比中国城市发展的经验与教训，从而达到相互学习和借鉴的目的，而我也在每篇论文后撰写了带有明显个人学术观点的小篇幅点评。这里需要特别指出的是，专栏作者的论文大部分为本国语言撰写，需要根据其英语翻译再进行汉语转译，为确保文字准确并便于理解，沙永杰教授对每篇文章都几乎进行了重写，其工作量之大难以想象。

本书即是对我们几年来工作成果的一次汇集，既可让历年论坛有一个整体的呈现，也可让分散在各期《上海城市规划》"亚洲城市"专栏中的文章更易于阅读和搜索，更可让我们得以总结经验和教训，争取将论坛和专栏办得更好。此外，结集出版也可以使各篇著述不再受期刊篇幅的限制，有更自由的表达空间。

总结几年来的工作成果，我们有以下几点体会：

一、城市的唯一性和多样性。目前现有城市理论和城市规划理论主要基于西方发达国家的城市发展经验。两个多世纪以来，在以西方国家为先导的人类现代化进程中，西方现代城市发展的模式很容易被视为具有普遍价值的理想发展模式。由此形成的西方现代城市规划理论多将城市视为具有普遍性特点的对象而往往忽视城市的个性。城市的个体文化意义在普遍的功能主义和形式主义逻辑下被严重忽略。而事实上，城市作为人类文明最重要的物质产品，不同的自然环境、历史文化和社会经济的因素都会决定城市自身的空间形态及其生长规律，不可能也不应该完全遵循同一发展模式。城市有其普遍性的发展规律，也有自身发展特有的个性和发展轨迹。包括中国在内的亚洲各城市自身丰富的多样性充分证明了城市作为个体的唯一性和由这种唯一性构成的城市多样性。对于亚洲城市的深入研究和深刻理解必定大大丰富人类的城市文明史。

二、城市研究需要全面、真实的第一手材料。在亚洲城市论坛的组织过程中，特别是在"亚洲城市"专栏文章的组织撰写过程中，我们深深体会到数据完整、真实的重要性。无论是在英语文献还是中文文献中，有关亚洲城市的资料不是不全就是不准，很少有来自城市自身的第一手材料。这就是我们坚持由来自各亚洲城市内部的研究者参会并撰写论文的原因。各亚洲国家由于语言原因或在国际学术界的"非主流"地位，造成有关学术信息与各自的经济社会和人口体量极不相称的现象。而部分"主流"研究成果中被辗转引用的有关亚洲城市的材料往往和事实有较大的出入。唯有来自该城市的当地研究者或专业管理人员才有可能真正保证所采用数据的准确性和对其政治、经济、社会、文化影响的真实描述。因此亚洲城市论坛一直坚持由来自亚洲城市内部的研究者来论述亚洲城市问题。

三、城市研究需要相互比较。研究的目的在于发现普遍规律和自身特征。亚洲地域辽阔，其自身就表现出极为丰富的文化多样性。亚洲大多数国家在现代化进程中都有过受西方列强奴役但最终获得独立的历史。在今天现代化的道路上，亚洲城市又大多处于相似的发展阶段，所面临的各种社会和经济问题有很大的相似性。而它们悠久的历史与丰富的文化又使得它们有着各自不同的发展路径和破题智慧。在人类几千年的文明史中，亚洲各国各民族文明原本就丰富多彩，在人类城市文明史中一直占据着特殊而重要的地位。亚洲城市研究中更多开展相互间的比较研究将非常有利于我们彼此学习，相互借鉴，取长补短，破解难题，为人类城市文明的当代发展贡献亚洲智慧，作出新时代的历史贡献。

四、中国的"一带一路"倡议为亚洲各国的发展创造了重大历史机遇。面对人类发展的新问题、新挑战，中国及时提出"一带一路"倡议，为全球发展的道路提供了中国方案。亚洲各城市，无论是连接亚欧大陆的中亚各国，还是东南亚、南亚乃至中东诸国，大多处于"一带一路"沿线。在过去千百年的世界贸易和文明交往中相互学习、相互融合，不同的文化交相辉映，创造和发展了自身灿烂的文化。随着"一带一路"经济和文化纽带的不断加强，亚洲更需要加强对于自身的研究，加强相互间的比较研究，正视自己发展特点，从而愈加珍惜自身的历史文化优势，把握时代发展的新机遇。

亚洲城市研究任重道远。本书的研究对象还仅仅局限于区域内的重要城市。对于大量中、小城市，特别是具有重大样本意义的中、小城市，我们的研究还未有涉及。本书的大部分成果也都只是在整体层面上的大致介绍和粗略分析，还谈不上真正意义的城市研究，距离寻求符合亚洲地区自身特点的城市发展模式和城市规划理论而言，还有漫长的道路要走。因此本书的成果只是这条道路的一个起始。路漫漫兮，需要更多志同道合者的加入和持之以恒的努力。

伍江
同济大学教授 常务副校长
2017 年 10 月

目录
Contents

阿斯塔纳

[哈萨克斯坦] Botagoz Zhumabekova 著
Botagoz Zhumabekova，阿斯塔纳规划设计研究院
研究员

沙永杰 徐洲 译
沙永杰，同济大学建筑与城市规划学院教授
徐洲，同济大学建筑与城市规划学院研究助理

ASTANA

成为首都: 哈萨克斯坦首都
阿斯塔纳的城市规划
Becoming the Capital: Urban Planning of Astana,
Capital City of Kazakhstan

本文全面深入地介绍和分析哈萨克斯坦共和国新首都阿斯塔纳的总体规划, 包括四方面内容: 一是新首都产生的历史背景和首都总体规划产生的过程; 二是首都规划的主要原则和总体布局; 三是首都的新建筑和重大建设项目; 四是城市应对可持续发展问题的主要对策。

The paper is on an in-depth understanding of urban planning of Astana, the new national capital of Kazakhstan, that was relocated from Almaty to Akmola (later Astana) in 1997. Four major sessions making the full picture of the city planning are: 1) the historial background of the new capital and developing process of its master plan; 2) key principles and overall framework of the master plan proposed by Kisho Kurokawa; 3) new buildings and key development projects in the city and 4) strategies toward sustainable urban growth and development.

01

成为首都: 哈萨克斯坦首都阿斯塔纳的城市规划
Becoming the Capital: Urban Planning of Astana, Capital City of Kazakhstan

图 1-1
1830 年作为军事要塞的阿克莫林斯克总平面图
图片来源: LLP "NIPI Astanagenplan"

图 1-2
成为首都之前 (原阿克莫拉)
老城内主要街道景观
图片来源: LLP "NIPI Astanagenplan"

1　首都的由来及发展过程

1.1　首都的由来

阿斯塔纳是哈萨克斯坦共和国的首都, 位于国家版图中部, 城市面积 710 km², 人口 92.7 万 (2016 年)。这座城市的历史可以追溯到 1830 年建立的一个军事要塞 (图 1-1), 之后曾几度更名, 最初作为军事要塞时期的名称为"阿克莫林斯克"(Akmolinsk), 苏联时期被称为"切利诺格勒"(Tselinograd), 哈萨克斯坦独立后改为"阿克莫拉"(Akmola), 当时是一座人口不足 25 万的小城市。1997 年 12 月, 哈萨克斯坦总统纳扎尔巴耶夫 (Nursultan Nazarbayev) 正式宣布阿克莫拉取代阿拉木图 (Almaty) 成为哈萨克斯坦新首都, 并于次年更名为"阿斯塔纳"(在哈萨克语中意为"首都")。

原首都阿拉木图是哈萨克斯坦最大城市和经济中心, 是 1991 年哈萨克斯坦独立后最先进、最能体现国家形象的城市, 有建设完备的基础设施与行政办公设施, 相比之下当时的阿克莫拉只是一个处于荒原之中的地方小城 (图 1-2), 二者情况相差巨大。尽管哈萨克人历史上也有迁都的先例, 但国家独立不久就进行迁都的决策, 还是让哈萨克斯坦的国民和国际社会都颇感吃惊, 甚至一度被视为荒谬。最终促成迁都重大决策的根本原因是, 阿斯塔纳相比阿拉木图所具有的地理优势和发展潜力: 阿拉木图被外伊犁阿拉套山脉环绕, 城市人口已达 150 万, 未来的发展空间十分受限, 且位于地震高发带, 时刻面临地质灾害威胁; 而阿斯塔纳具有"无限"扩张的空间余地和人口增长潜力, 也有稳定的地质条件。此外, 阿斯塔纳位于国家地理中心, 占据交通运输要道的交汇处, 亦邻近其他经济重镇。迁都和新首都建设于 1997 年 12 月 10 日正式启动。

1.2　首都总体规划的产生

为了将这个地方性的小城市转变为全新的现代化首都, 满足首都的功能要求, 并代表哈萨克斯坦国家形象, 首都规划受到高度重视, 政府通过规划设计竞赛征集首都规划理念。

首先举行了一次全国性的首都总体规划概念方案设计竞赛, 共有 17 个国内建筑师团队参加了竞赛, "阿拉木图—阿克莫拉"设计团队获胜。这一团队认为, 阿斯塔纳是在铁路线与城市天然地理边界耶斯勒河 (Yesil River) 之间发展形成的带状城市, 且主要工业用地位于北部,

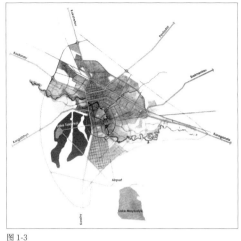

图 1-3

图 1-4

图 1-3
全国性首都总体规划概念方案竞赛优胜方案——
"阿拉木图—阿克莫拉"设计团队方案
图片来源：LLP "NIPI Astanagenplan"

图 1-4
首都总体规划概念方案国际竞赛优胜方案——黑
川纪章方案
图片来源：LLP "NIPI Astanagenplan"

因此未来城市发展应在东西方向上向两侧扩展，由此提出了重点发展耶斯勒河北岸，带动南岸局部地区的总体规划方案（图 1-3）。然而这一获胜方案与政府打造国际化城市，希望在更大范围内考虑城市未来蓝图的愿景有很大差距。2001 年，哈萨克斯坦举办了第二次首都总体规划概念方案竞赛，这次是国际竞赛，希望把国际规划与建筑领域最前沿的理念引入新首都的规划。这一国际竞赛获得世界各地建筑师与规划师团队的广泛关注，来自欧洲、亚洲、美洲、大洋洲及哈萨克斯坦本地的 50 多个设计团队提交了参赛方案，其中 27 份有潜力的方案进入复赛，日本著名建筑师黑川纪章的方案最终获选（图 1-4）。

黑川纪章方案获选的关键在于提出了基于共生思想与新陈代谢理论的城市发展原则——将城市视为活的有机体，比较充分地考虑了协调自然与基础设施建设、传统与现代的关系问题，更重要的是兼顾了耶斯勒河南、北两岸的共同发展，这些思路与政府对首都的发展愿景十分契合。作为哈萨克斯坦国家开发公司与日本国际合作机构（JICA）的合作项目，黑川纪章接受委托进行阿斯塔纳 2030 总体规划。这一体现共生思想与新陈代谢理论的总体规划概念方案标志着阿斯塔纳的城市发展开启了一个新阶段和一个新方向。黑川纪章的总体规划由阿斯塔纳规划设计研究院（Astanagenplan）的本土建筑师、规划师以及其他相关专业人员持续发展深化，直至今日。

2   阿斯塔纳城市规划的主要原则和总体布局

2.1   以河道为骨架组织城市空间

按照首都总体规划，未来城市将在东西横贯全城的耶斯勒河两岸同步发展，耶斯勒河及其三条支流（Ak-bulak，Sary-bulak 和 Nura-Ishim）是城市最重要的地理要素，被看作是组织城市空间的基本骨架（图 1-5）。沿河流布置城市绿色空间，包括城市林荫道、公园、线性绿地等，沿河绿色空间最宽处达 300m。这些沿河绿带为居民提供了公共空间，又吸引游客，并保护水体免受污染（图 1-6）。

图 1-6

图 1-10
位于城市主要轴线上的 Bayterek 纪念塔
图片来源: LLP "NIPI Astanagenplan"

图 1-11
城市主要轴线与两侧地标性高层建筑
图片来源: LLP "NIPI Astanagenplan"

图 1-5
阿斯塔纳总体规划 2030 总平面图
图片来源: LLP "NIPI Astanagenplan"

图 1-6
耶斯勒河北岸滨水空间景观
图片来源: LLP "NIPI Astanagenplan"

图 1-7
阿斯塔纳规划分区图
图片来源: LLP "NIPI Astanagenplan"

图 1-8
不同类型居住建筑的规划分布图
图片来源: LLP "NIPI Astanagenplan"

图 1-9
建筑高度规划控制示意图
图片来源: LLP "NIPI Astanagenplan"

图 1-5

2.2 两岸平衡与多中心发展

耶斯勒河南岸是阿斯塔纳总体规划提出的扩展发展范围，南北两岸联动开发和形成城市多中心系统是实现两岸发展平衡和整个城市空间结构一体化的关键。因此，在耶斯勒河南岸建设行政中心、提升北岸历史城区和再发展原有工业区成为规划实施的三个重点。另外，整个城市划分为三个行政区(Almaty, Yesil 和 Saryarka) 和七个规划分区，每个规划分区内各有自己的中心，可为市民提供舒适的居住环境及配套的工作、教育、休闲娱乐设施。多中心的格局使阿斯塔纳具有合理的整体城市结构 (图 1-7)。

城市中心区以河流为界分为两个部分——北面的历史城区和南面的行政新区，中心区范围的道路基本为规整的网格布局，呈方形的城市内环线形成中心区的边界。通向中心区的八条高速公路连接城市外围比较密集的既有建成区域，这些区域现有功能包括居住、商业与休闲娱乐。规划对这些区域的路网进行梳理和规整，今后将进一步增加居住和公共建筑。工业区位于城市北部，与居住区之间有铁路和绿化隔离带。

2.3 不同功能建筑 (用地) 的布局问题

概括而言，居住建筑主要分布在耶斯勒河两岸，建筑类型包括低密度的独立式住宅和高密度的高层公寓楼。阿斯塔纳现有居住建筑面积为 1 476hm²，预计 2030 年将增加至 2 244hm²。商业建筑集中分布于多个城市副中心区域——中心部位通常是高层或超高层塔楼，周边是多层建筑。工业建筑分布在工业区内，既有大型厂房综合体，又有小型作坊 (图 1-8)。

图 1-7

图 1-8

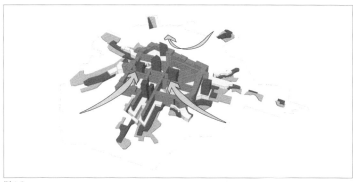

图 1-9

建筑高度控制规则是中心区高而外围低，从连接在内环线上的高速路入口到城市周边的楔形绿地，建筑高度呈逐渐降低趋势。但是在中心区的某些部位目前仍有破旧的工业厂房和低层住宅，与规划意图不符，这些地块将被改造更新为 17 层以上的高层住宅或其他标志性建筑，以强化城市空间特征（图 1-9）。

3 新首都的建筑

3.1 首都建筑的多样性与标志性

过去近二十年间，在阿斯塔纳建成了一大批具有标志性的新建筑，这些新建筑的样式呈现现代、世俗、传统文化和民族特色等不同倾向，可以看到各种各样的形式来源，包括传统的游牧民族帐篷、现代的摩天大楼、清真寺、金字塔、教堂和当代商业中心等。例如，阿斯塔纳的主要标志物 Bayterek（名字的含义是"年轻"和"力量"）是一座97m 高的纪念塔（图 1-10），象征这个国家对于历史根源的珍视，同时展示实现国家繁荣的愿景与实力。纪念塔位于城市最主要的轴线上，一系列摩天楼及高档住宅等标志性建筑也沿轴线依次布局。这些标志性建筑包括哈萨克斯坦第一高楼——哈萨克斯坦铁路大厦、交通大厦和名为"北方之光"的高级住宅综合体，这些建筑是新首都城市天际线的重要组成部分（图 1-11）。

图 1-12
福斯特设计的两个作品，上图为和平与和解宫，
下图为传统帐篷样式的娱乐中心
图片来源：LLP "NIPI Astanagenplan"

图 1-13
2017 阿斯塔纳世博会场馆规划设计效果图
图片来源：LLP "NIPI Astanagenplan"

图 1-14（a）

图 1-14（b）

图 1-14（c）

图 1-14
阿斯塔纳代表性城市公共空间景观：（a）位于北
岸的象棋公园；（b）位于北岸的 Triantlon 公园；
（c）位于南岸的 KazMunayGas 大厦和广场
图片来源：LLP "NIPI Astanagenplan"

3.2 著名建筑师的设计作品

首都建设过程中开始出现国际著名建筑师的作品，最有代表性的是诺曼·福斯特，他在阿斯塔纳已有建成作品（图 1-12）。其中一个作品是一座 62m 高的巨大玻璃金字塔——和平与和解宫（Palace of Peace and Reconciliation），坐落在老城原有城市轴线的东端，是为举办第二届国际传统宗教领袖大会修建的。这座建筑非常成功，被用作举办这一重要宗教会议的固定场所。其后，福斯特事务所受委托设计了另一座标志性建筑（Khan Shatyr，意为"可汗的帐篷"），是一座外形模仿游牧民族传统帐篷的大型娱乐中心。

3.3 与重大事件伴生的标志性建筑

阿斯塔纳承办 2017 年世博会，为世博会建设的国际展览中心将成为阿斯塔纳新地标。展览中心位于城市南部，紧邻纳扎尔巴耶夫大学，世博会后大部分场馆将留给这座大学使用（图 1-13）。世博园规划设计由 Adrian Smith and Gordon Gill 建筑事务所负责，包括一系列为适应博览会对基础设施的需要而对现有规划进行调整的工作。为了应对世博会期间的参观访客数量，也为了满足阿斯塔纳人口增加的需要，一座新的仅用于客运的火车站正在建设，而老火车站则转为货运为主。首都地区每年到访游客数量持续上涨，根据初步估算，世博会期间新火车站的客流量将超过 30 万人次。新火车站日均客流承载量的设计值是 1.2 万人次，世博会主展览开放期间，单日最高客流承载量将达到 3.5 万人次。此外，阿斯塔纳还要建造两座公交枢纽站，以确保城市内部的高效通勤，并促进耶斯勒河两岸的协调发展（图 1-14）。

4. 城市可持续发展方面的对策

4.1 城市交通网络的组织——整合多种方式解决城市交通问题

由于逐年增长的人口以及由此带来的机动车数量的持续增加，交通基础设施系统建设成为阿斯塔纳城市发展最重要的问题之一。根据以往的估算，阿斯塔纳的人口数量到 2010 年就会达到 40 万，到 2030 年将达到 80 万。但实际情况是，阿斯塔纳人口在 2002 年就已突破 50 万，当前（2016 年）已达 92.7 万。据阿斯塔纳规划设计研究院分析，按照目前的发展势头，预计 2030 年阿斯塔纳人口将达到 120 万；同时，阿斯塔纳登记车辆总数保持每年约 5% 的增长幅度，2014 年登记车辆总数为 271 165 辆，2015 年这个总数增长到 285 451 辆。为保证全城范围内交通基础设施的有序和可持续运转，政府最大限度地采用高效手段综合应对城市交通问题，推广更加可持续的公共交通方式。政府的重大举措中包括于 2017 年引进第一条中哈共建的轻轨交通线（LRT），这条轻轨线是由阿斯塔纳轻轨公司（Astana LRT）、中国铁路国际集团和北京国有资产管理集团合作建设的，一期建设线路长 22.4km，途经 18 个站点，连接阿斯塔纳国际机场、2017 世博园区、多功能城市综合体阿布扎比广场和新客运火车站（图 1-15）。这条轻轨线使城市南、北两岸交通更加便捷快速，大大缩短了机场与火车

图 1-16

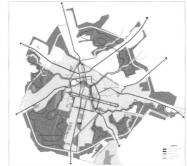
图 1-17

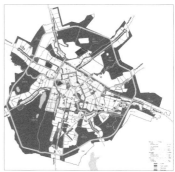
图 1-18

图 1-16
阿斯塔纳市域道路系统规划图
图片来源：LLP "NIPI Astanagenplan"

图 1-17
阿斯塔纳市域自行车线路系统规划图
图片来源：LLP "NIPI Astanagenplan"

图 1-18
阿斯塔纳市域绿化系统规划图
图片来源：LLP "NIPI Astanagenplan"

站之间的交通时间。预计 2030 年整个市域范围轻轨交通线路总长将达 180km。

为了提升公共交通效率，连接城市中心区环路的八条放射性高速路都采用三线并行的交通组织模式，即每条高速路中间部分为公交专用道路，两侧供私家车使用。这些高速路与城市环线交汇处将建设换乘站点，在这些换乘站点可以转换交通线路或交通模式，改乘轻轨等公共交通。这一道路系统将有效改善整个城市范围的交通状况，大幅减少每日涌入城市中心区的车流，同时提升跨区交通的效率（图 1-16）。

阿斯塔纳推行的首都交通可持续发展对策主要集中在两点：一是设置公交专用线路，二是鼓励利用自行车。公交专用线于 2016 年 5 月正式投入使用，对于减少居民每日通勤时间产生了积极作用。此外，为了缓解城市中心区的交通拥堵状况，政府已经在探讨设置拥堵收费区的可能性。

4.2 自行车线路系统

作为首都交通可持续发展主要对策之一，自行车出行方式受到政府的高度重视，并在全市范围规划建设自行车线路系统。随着城市人口增长，骑自行车出行的人数呈逐年增长趋势。2013 年阿斯塔纳推出了自行车共享服务（类似分时租车服务）后，使用自行车的人数进一步增加，这个趋势促使城市规划建设自行车专用线路系统。政府部门公布的统计数字显示，2016 年 6 月有 88 500 人次选择自行车作为出行交通工具，这一数字是上一年度同期的 4 倍。但是，由于缺乏自行车专用线路,持续增长的骑行人数也带来持续增长的交通事故。2015 年发生 175 起自行车与机动车相撞事故，造成 18 名骑车人死亡，2016 年这一数字几乎翻倍。然而 2016 年还颁布了自行车不能进入人行道，只能与机动车共用车道的新法规，这使骑自行车伤亡事故继续增加。仅从与自行车相关的交通事故快速增长的角度看，首都自行车专用线路规划建设已经迫在眉睫。

已经规划的自行车专用线路将覆盖阿斯塔纳全市，连接城市南岸与北岸地区（图 1-17），分为三类性质的线路：通勤线路、休闲娱乐线路与观光线路。最主要的是通勤类自行车专用线，将串联城市主要的办公区、行政中心和人口高密度区域，如 Khan Shatyr 和 Bayterek,

图 1-15
阿斯塔纳第一条轻轨线规划示意图
图片来源：LLP "NIPI Astanagenplan"

依靠这些比较连续和相对便捷的自行车专用通勤线路网络，城市中大部分位置都能实现骑车可达，对于缩短普通市民通勤时间和缓解首都交通拥堵情况具有重要作用。用于休闲娱乐的自行车专用线路主要分布于城市公园、广场以及林荫道，这类自行车道宽阔且支路众多，为人们提供了在周围环境中漫游放松的机会，既适合独自骑行也适于结伴游玩。观光用自行车线路则串联了热门景点与城市中的人气场所，不仅可以吸引游客，也保证了自行车除了通勤、休闲功能外用于长距离骑行的可能。总而言之，城市自行车专用线路系统考虑到骑行相关的各个方面：安全性、便捷性、连续性、趣味性与舒适性。

自行车专用线路系统分三期建设。第一期工程兼顾三类自行车线路，串联城市重要区域与著名景点，尤其是现有的火车站点、行政大楼、主要购物中心与 2017 世博园，于 2017 年 7 月 (世博会前) 完成，其余两期工程将在 2018 年完成。正式开通第一期之前，将设部分试点路段以检验项目的潜在问题，并及时做设计调整。

阿斯塔纳规划建设的自行车线路系统借鉴了其他推行自行车交通的城市的经验，这套基础设施一旦完成和投入使用，不仅可以有效地缓解交通拥堵、改善环境，还可以促进街道活动的发生，缩短每日通勤时间，并显著提高阿斯塔纳居民的生活质量。

4.3 适宜步行的街道、绿化与公共空间系统

实现城市可持续发展的另一重要途径是提高城市空间的步行可达性，主要通过提高步行路网密度，并提升交通干道两侧步行范围内的街道与公共空间品质来实现。2016 年夏，阿斯塔纳推出"城市步行路网系统"，为市民提供众多适宜步行的大街与林荫道。这个项目采取的主要手段是减少沿街停车位，打通住宅区域内一些中小尺度、被停车位占据的封闭街道等。

除了保证城市空间的步行可达性，适宜的城市微气候条件也十分重要。阿斯塔纳位于极端大陆性气候区，冬冷夏热，夏季最高温度可达 35℃，冬季温度则可低至零下 40℃，且冬季从 11 月起一直持续到次年 3 月，是全国最寒冷的城市。为了在市内创造较为温和的微气候环境，规划在阿斯塔纳周围设置了一圈总面积达 35 000hm² 的绿环，其中的 14 000hm² 已经建设完成。这圈绿环可以阻挡冬季冷空气与夏季干燥空气，使绿环内的城市减少气候的不利影响 (图 1-18)。绿环由多个楔形绿地组成，每个绿地内都配置各具特色的动植物。在整个城市范围，绿化从绿环延伸至城市中心区形成绿道，配合耶斯勒河及其支流沿线的线性公园绿地，组成一个连续的绿化系统以优化城市范围的微气候条件。阿斯塔纳未来的城市绿化总面积将达 364km²，占首都总面积 51%。

这些城市绿地今后不会用于任何类型的开发，未来城市发展只会在现有的待开发地块上进行，主要位于城市南岸地区，沿东西向的千禧大道 (Millennium Avenue) 分布。城市北岸地区的发展主要通过城市更新方式进行，尤其是通过拆除废弃建筑与库房来实现。阿斯塔纳

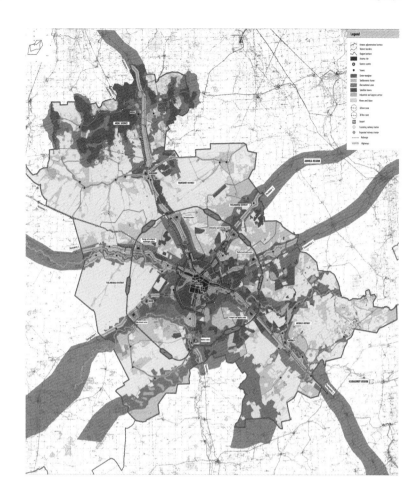

图 1-19
大阿斯塔纳区域城镇体系规划图
图片来源：LLP "NIPI Astanagenplan"

在 2030 年前待拆除重建的土地面积约 1 965hm²，待开发地块面积约 6 500 hm²，用于城市建设的土地资源充足，城市发展将不会超出现有边界。

4.4 卫星镇的规划

为了防止首都过度蔓延，阿斯塔纳规划对首都和周边共约 2 000km² 的范围进行大阿斯塔纳城市区域规划，形成包含多个卫星镇与工业中心的城镇体系（图 1-19）。整个大阿斯塔纳区域将由四个分区（Akkol, Arshaly, Tselinograd 和 Shortandy）组成，每个分区内都有若干独立的、有产业支撑的卫星镇。这些镇分布在距阿斯塔纳市区 30~60km 范围内，财政和行政均独立，每个镇都发展当地特色产业，包括农业、建材、制造、物流、旅游和休闲产业等。支持卫星镇的发展将为当地居民提供更多的就近就业机会，尽量减少每天通勤到市区工作而居住在市郊的情况。保护首都周边的自然林地和耕地，避免过度开发，也能对首都城市运作提供支撑，如确保农产品和建设用木材的供给等。此外，首都周边的自然保留用地成为首都居民短期度假的旅游资源。阿斯塔纳周边现有 11 个度假休闲区，主要分布在城市东北部及南部，这些度假区全年运转，提供骑马、马车游览、水上游览、

图 1-20 (a)

图 1-20 (b)

图 1-20 (c)

图 1-20
新首都的快速建设过程：(a) 正在建设中的南岸核心区域；(b) 建设中的核心区标志性建筑；(c) 今天的南岸核心区域
图片来源：LLP "NIPI Astanagenplan"

冬季滑雪和坐雪橇等休闲娱乐项目。因此，保护城市外围的自然环境和发展卫星镇，都是首都经济发展和市民生活品质提升的重要支撑。

4.5 政治、经济与社会问题的综合考虑

作为首都，阿斯塔纳发挥着引领国家经济增长的重要作用，是国家公共资源分配的中心，代表国家的文化与形象，首都的建设和发展与政治、经济和社会等方面因素密不可分。

从政治经济角度出发的首都建设发展目标直接影响了这座城市的规划和建设。哈萨克斯坦独立之后，迁都和新首都建设成为全国最重大的综合性项目，国家需要在尽可能短的时间内完成大量建设，使新首都具备必需的硬件、软件和各类与首都匹配的基础设施（图 1-20）。为了尽快形成首都应有的形象，阿斯塔纳出现了建设先于规划的局面，并由此引发一系列问题，如交通拥堵、对私人汽车过度依赖、不宜步行与骑行的街道，以及公共服务设施和公共空间明显分布不均衡（购物娱乐中心、商业中心、高档住宅集中于耶斯勒河南岸）等问题。而这些问题又将进一步引发城市中社会和空间两极化现象——南岸地区逐步成为富有阶层聚居区，而北岸地区则沦为低收入群体聚集区，阿斯塔纳国际金融中心的建设将使这一趋势更加明显。金融中心选址位于 2017 年世博会用地，该区域的物业价值已经出现大幅上涨。北岸地区目前呈现衰败趋势，但还没有达到被边缘化、贫民区化的程度。随着城市人口进一步增长和全球经济进一步一体化发展，如果不采取相应措施，北岸地区的问题将会加剧，将影响城市整体发展，也必然影响哈萨克斯坦在 2050 年步入全球前三十位国家的发展蓝图。

首都城市规划的各项举措，如城市多中心发展、公共交通为主、改善街道使其适宜步行、保护城市周边环境和发展卫星镇等，已经或即将开始全面实施。这些规划举措力图避免在绝大多数发展中国家的城市快速发展过程中必然发生的一些城市问题，努力寻找能够实现国际与本土、南岸与北岸平衡的城市发展模式，让市民共享经济、社会和文化发展带来的进步。

5　结语

哈萨克斯坦独立之后的廿五年里，建设一个新首都是全国性的重大举措，也是哈萨克斯坦进入一个历史新阶段的标志。历经十八年建设，阿斯塔纳已经从苏联时代的一个地方小镇转变为今天繁荣而充满魅力的国家首都，阿斯塔纳仍在继续发展，努力建设土地利用高效和公共交通发达的、可持续发展的 21 世纪的大都会。

（本文所有信息、照片和规划图均来自阿斯塔纳规划设计研究院的官方资料，特此感谢。）

参考书目 Bibliography

[1] AYAGANB G, ABZHANOV H M, SELIVERSTOV S V, et al. Sovremen-
naya istoriya Kazakhstana (The contemporary history of Kazakhstan)
[M]. Raritet: Almaty, 2010.

[2] Astana Genplan. The Master Plan of Astana 10 years[M]. Astana:
Astana Genplan, 2010.

[3] Ministry of Economy (n.d.). Koncepciya po vhojdeniyu Kazakhstana
v chislo 30-ti samyh razvityh gosudarstva mira[EB/OL]. (2016-07-11)
[2016-12-01]. http://economy.gov.kz/pressservice/78/55525/.

[4] NAZARBAYEV N. V serfdce Evrazii (In the Heart of Eurasia) [M].
Almaty: Atamura, 2005.

[5] NAZARBAYEV N. Poslanie Glavy gosudarstva N.Nazarbayeva
narodu Kazakhstana[EB/OL]. (2015-07-10) [2016-12-01]. http://strat-
egy2050.kz/ru/page/message_text2014/.

点评

    阿斯塔纳常常被比作"中亚的迪拜"。其实，阿斯塔纳看上去实在是更接近于中国当代任何一个新城或城市新区。这座不到二十年的时间里突然出现的中亚新城，真正是哈萨克斯坦的一个建设奇迹，尽管它与中国持续三十年的造城运动相比还是有点"小巫见大巫"。作为中亚大国哈萨克斯坦的新首都，哈萨克人赋予这座城市的政治意义和文化意义，比起中国遍布大江南北的大大小小新城造城者在"规划目标"中所追求的政治和文化意义，似乎还要深重得多。毕竟，这座全新的城市（尽管它的前身也曾是一座历史文化古城）之所以被规划建设，并非像中国大多数新城那样，大规模开发的背后有着强大的房地产开发市场及土地经济的推动，而是在相当大程度上出于一种对过去苏联时代强烈的脱离意识。一个伟大的国家需要一座伟大的首都。很显然，作为苏联中央政府重力打造的中亚重镇阿拉木图，尽管无论在规模上还是经济基础上都要处于绝对优势，但它的确难以担负起这样一个沉重的政治历史责任。当然，更重要的原因，出于地理位置和发展空间的考虑，阿拉木图与阿斯塔纳相比也真的不具优势。阿斯塔纳周边发展空间更为广阔，离俄罗斯更近，尤其是离俄罗斯的远东交通干线更近，更利于借力发展经济。政治与经济看似相反的诉求在新首都却得到完美的统一。这让人不得不佩服纳扎尔巴耶夫总统的政治智慧。

    几乎同中国大多数新城（或成倍扩展的老城）的建设模式完全一样，阿斯塔纳近二十年的建设发展史也始终是在力求规划先行与规划总是滞后于建设之间不断博弈的历史。黑川纪章先生的规划方案夺魁，很容易令人联想到几乎同一时期黑川先生在中国深圳和郑州的规划中标方案。这使人不得不承认两个不同民族在价值取向上的高度相似性。轴线居中、空间宏伟、建筑追求个性、城市总体意向具有极强的纪念性和展示性，等等。这些在中国当代城市中极为普遍的追求，使人几乎忘掉了哈萨克斯坦和中国是两个有着极大文化差异的国家。黑川先生一生鼓吹城市的"新陈代谢"，强调城市的有机生长，但在这些他规划下新建的城市却怎么也无法让人联想起城市的"有机"生长。我曾半开玩笑地问过黑川先生，是否总是以"上帝"的眼光看城市？因为他的规划似乎都只能从天上往下看才能看得出他追求的意向。记得他对此笑而不答，也许他也感觉到自己"高、大、上"的理论与不得不向现实社会中权力低头的巨大矛盾。19 世纪奥斯曼男爵在巴黎划出的那一道道轴线，一直到 20 世纪仍然在包括中国在内的不少国家的城市内继续延伸，且还有青出于蓝而胜于蓝的架势。奥斯曼先生如天上有知，会嘲笑那些后来的革命者吗？

    与中国当代城市一样，在阿斯塔纳，"标志性建筑"对于城市的空间统领作用，乃至对于城市精神的象征性表达，也是表现得如此直白和直观。于是我们看到阿斯塔纳的另一个有趣的、与当代中国的相似之处，城市对于各种建筑形式的渴望。再加上各种不同的文化诉求乃至政治诉求还需要不同的"标志性建筑"，于是在阿斯塔纳，我们可以看到从欧式古典到当代各流派争奇斗艳，穆斯林传统与现代世俗口味同处一台的奇特建筑现象，城市仿佛一场建筑博览会。结果，无论是在众多中国城市还是在阿斯塔纳，也无论是欧洲城市还是迪拜，"福斯特先生们"无往而不胜。建筑师们仿佛遇到了旷世良机，在中国被一些学者们称之为"当代建筑师的试验场"。于是，大大小小的建筑师们的理想得以有机会变成现实。至于建筑形式背后的意识形态之争，经济利益之战，自然地域之差，还有生活方式之别，这一切似乎都已失去任何意义。对于建筑师而言，"英特那雄耐尔"早已实现。在"标志性建筑"纷纷成为城市空间主角的同时，"理想的规划布局"在这些"新兴国家"的城市建设过程中也一个接着一个地得以实现，"布局合理""功能完善""风貌独特""运转智能"成为所有新兴城市的追求与标榜，但也普遍地忽略了另一个似乎更加重要的考量——人性需求，特别是普通人的人性需求被淡化了，城市底层的需求更是被遗忘了。城市空间中人的适宜尺度、人的便利生活，都变得不重要了；还有维护保育自然生态系统和节约资源节约能源，似乎也都被有意无意地忽略了。

阿斯塔纳建设中也常面临着另一个困惑：大干快上造成规划常常赶不上变化，规划常常滞后于建设——这一局面同中国当代城市也几乎完全一样。一方面是大规模建设需要一个"统一"的规划来保证其建设的有条不紊且"布局合理"，但另一方面建设的快速却又总是来不及保持规划的前置。"规划赶不上变化"成为一种普遍状态。看来要想让规划总是保持先于建设真的是一件很难的事，更不用说还要期盼"规划合理"或"××年不变"了。

相比中国城市，哈萨克斯坦的同行们也有做得比中国更好的地方。阿斯塔纳的人均汽车保有量与上海相近，同样面临着交通拥堵的问题，但他们在规划伊始就充分考虑城市的公共交通系统优先和自行车行车系统规划，相信随着城市的进一步发展，他们会发现他们在规划中的未雨绸缪将会发挥极大的优势。这也使人想到当年上海规划中对于公共交通系统的重视所带来的福祉，这一点使我们至今仍能感受到与北京规划相比的先见之明。同样，今天上海也面临由于当年规划中对于自行车等慢行交通方式的忽视而带来的尴尬，专业界对此多有诟病，普通市民更是怨言不断。但愿阿斯塔纳的慢行交通规划能够得以完全实现，并吸取上海的教训。

伍江

曼谷

[泰国] Apiwat Ratanawaraha 著
Apiwat Ratanawaraha, 泰国朱拉隆功大学城市和区
域规划系助理教授

纪雁 沙永杰 译
纪雁，Vangel Planning & Design设计总监
沙永杰，同济大学建筑与城市规划学院教授

BANGKOK

曼谷：迈向可持续和包容性发展面临的挑战
Bangkok's Challenges Towards Sustainability and Inclusiveness

曼谷作为泰国的首都和中心城市正面临可持续和包容性发展的诸多挑战。轨道交通的发展带来城市空间结构转变，TOD模式促使中心城区人口密度重新增长。但是土地利用、轨道交通规划以及城市弱势群体公平权益等交织的问题为发展带来巨大阻力；贫富悬殊也通过曼谷和泰国其他城市之间的空间资源分配不均以及不合理的土地所有权进一步显现。这些根本问题长期困扰着泰国社会，成为城市发展的主要障碍。曼谷要实现可持续和包容性发展必须解决目前国家和区域发展层面法律和政策不完善、规划机制碎片化、土地使用条例不健全及非常薄弱的城市管理这一系列挑战。

As the capital and primate city of Thailand, Bangkok continues to transform economically and physically. It currently faces a number of challenges towards sustainability and inclusiveness. While the built-up areas continue to expand outward, structural transformation triggered by the development of rail transit systems creates windows of opportunity for redensification through transit-oriented development. But there remain several obstacles in integrating land use and transit development and in ensuring such development also benefit disadvantaged urban citizens. Increasing economic inequalities are manifested by spatial disparity between Bangkok and the rest of the country and a skewed pattern of land ownership among Bangkok residents. These fundamental problems continue to plague Thai society and remain a major obstacle to promoting sustainable and equitable urban development. Several planning and governance challenges have to be overcome in order to enhance sustainability and inclusiveness in the city. These include inadequacies in legal and administrative frameworks for national and regional development, institutional fragmentation in spatial planning, inadequate land use regulations, and weak urban governance systems.

02

曼谷：迈向可持续和包容性发展面临的挑战
Bangkok's Challenges Towards Sustainability and Inclusiveness

1　引言

超级都市一般都在国家经济增长和发展过程中起着重要作用。拥有高密度、高度便利性和多元化的大都市不仅创造了繁荣的商业机会和商业凝聚力，往往也是国家的行政、政治和文化中心，成为国家乃至国际的典范。同时这些大都市也是各种问题的集聚点，囊括了交通拥堵、环境恶化、城市贫困以及其他各种社会弊病。大多数超级都市都起源于临近河流和海岸地带，在城市、国家乃至国际间拥有货运和客运的便利条件。但是这些地理位置也使得它们易遭受洪水、风暴和其他自然灾害的影响，尤其在目前气候变化条件下，极端气候的频度和强度都明显增强。许多超级都市继续面临可持续发展的严峻挑战，尤其在其城郊地带，包括耕地丧失、自然环境和生态多样性的恶化、历史社区里社会凝聚力的丧失、环境和基础设施的平等权利等问题。

产生这些问题的一个主要原因就是城市扩张所带来的城市在发展方向、程度和秩序方面的失控。如果一个城市的法规和管理无效，私有土地主和开发商在土地开发时受到的约束很少，不会将环境和社会的代价纳入考虑因素。这些问题又因为城市里持续加剧的社会和财富的不平等而恶化。由于超级都市的庞大规模以及问题的复杂性，发展中国家常常无力引导城市朝着最合理的方向发展。

曼谷也毫不例外，它向外扩张发展已经持续了几十年。尽管在城市中心区地铁沿线的建设繁荣，但整个区域的建设速度却相比前几十年放缓。曼谷许多与土地相关的问题和其他超级都市都极其相似，但除此之外它还有很多独有的问题。曼谷正面临三个关键挑战：城市空间能否转向可持续的、以公交为导向的目标发展，城市居民在收入和空间资源上的不平等，以及城市规划和管理上的一系列问题。如何应对这三大挑战，将对曼谷的未来发展产生至关重要的影响。

2　城市空间转化：从水面到陆地

纵观历史，曼谷自古以来不仅一直是泰国最大的城市，同时也是泰国的政治中心，它是泰国经济发展的风向标。1782 年，曼谷作为暹罗国（Siam）首都时，还只是湄南河（Chao Phraya River）河口一片沼泽地上的小贸易站，驻地沿湄南河及其支流布置。19 世纪，曼谷的交通由水路统治，城中遍布河道。香港总督约翰·宝灵爵士（Sir John Bowring）在 1855 年到访曼谷后，在给维多利亚女王的信中曾这样写道："曼谷的公路不是街道和道路，而是河流和运河。"曼谷亦因此被称为

图 2-1

图 2-2   图 2-3

图 2-1
曼谷从水面到陆地的城市空间转化

图 2-2
西化的林荫大道、纪念碑和建筑

图 2-3
高速路和轨道交通网络

"东方的威尼斯"。1880 年代开始，曼谷的这一传统城市风貌开始转变，河道逐步被道路代替。1890—1920 年代修建的电车线路代替了船只成为主要交通工具。随后，公共汽车逐步代替电车，并渐渐成为曼谷城市交通的主力（图 2-1）。

19 世纪末 20 世纪初，政府采用一系列西化的城市设计和城市美化手法，如建设林荫大道、纪念碑以及砖外墙的房屋（图 2-2）。这是城市希望通过采用西式的城市规划结构和设计来实现现代化的努力之一，城市形象的转变也为城市人口增长和经济地位的提升打下基础。逐渐，中央商务区从皇宫和庙宇密布的历史地段搬迁至有新建道路的是隆区（Silom）和撒松区（Sathorn）。1950 年代，道路和高速路成为城市的主干路，帮助建成区域不断向外扩张，尤其是居住区和工业区，而金融和贸易中心依然位于是隆区和撒松区一带。21 世纪初，随着地铁系统的发展，曼谷的城市结构和城市发展模式再一次改变（图 2-3）。

就官方而言，泰国首都应该是曼谷大都市行政区（Bangkok Metropolitan Administration, BMA），然而在曼谷近三十年的发展中，曼谷的城市面积实际上早已突破了这一行政区划范围，容纳了附近的五个省份，从而组成曼谷大都市区域（Bangkok Metropolitan Region, BMR）。尽管曼谷中心区域的人口密度依然比 BMR 其他区域高出许多，城市增长速度却是 BMA 郊区以及相邻的五个省份更快。2010 年统计资料显示 BMA 内注册人口超过 800 万；在 BMR 内，人口已经突破 1 300 万。曼谷作为泰国人口、经济和政治的核心城市和发展动力源，也被公认为是现今亚洲最主要的大都市之一（图 2-4）。

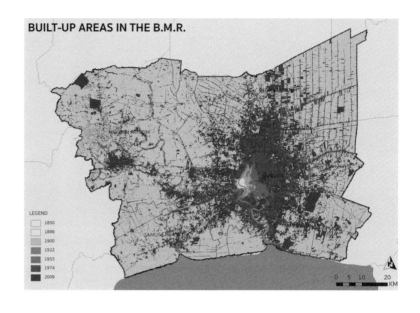

图 2-4
BMR 内的建成区域（1850—2009 年）
图片来源：BMA Department of City Planning 报告

2.1 城市发展转向以公交为导向的发展

　　尽管曼谷的基本路网结构依然以道路和高架路为主，但城市交通正逐渐向轨道交通转变。轨道交通系统在过去十五年里成为曼谷城市交通政策和资本投资的主要组成部分。如今，曼谷的轨交系统运营线路总长已达 6.52km，共有 61 个运营车站；至 2014 年 12 月，新增轨交线路 98.62km，共 62 个新站点正在建设中。由交通、政策和规划部（Office of Transport and Traffic Policy and Planning, OTP）提出的曼谷大都市区域的大众轨交系统总体规划显示，至 2029 年在 BMR 内的轨交线路长度将再延长 330km，新增 246 个站点，将总运营线路增长到 500km 以上。

　　目前曼谷的轨交系统共有三条线组成：1999 年投入运营的曼谷交通系统（Bangkok Transit System, BTS）的绿线，即高架天车线路；2004 年运营的大众轨交管理局（Mass Rapid Transit Authority, MRT）的蓝线，为地铁线路；以及 2010 年运营的机场铁路（Airport Rail Link, ARL）红线，是部分高架部分地下，用于连接机场和城市的轨交线路。前两套轨交系统主要用于通勤，站点间距 0.8~1.2km，而机场铁路站点之间间隔 3~4km。这些轨交系统在过去几十年里为曼谷的出行提供了更多可能性，客运量也在不断上升。

　　轨交线路的建设和投资也极大地影响了城市的发展和土地使用模式，造成曼谷城市空间的巨大转变。城市的结构和肌理从汽车主导转向轨交主导，在轨交站点附近不断增加的公寓、办公楼和商场呈现出与现行的郊区化相逆的趋势。随着更多高层公寓在轨交站点附近建设，城市中心区域的人口密度也正随之重新增长。自 BTS 和 MRT 线路开始运营以来，地产开发商也将投资重点从原先城郊的土地细分增值转向轨交沿线的公寓项目。2009 年开始，公寓建设量已经超过独立别墅，

图 2-5
BMR 内住宅类型比例
图片来源: Chalermpong S., 2007

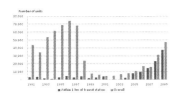

图 2-6
距离轨交站点 1 000m 内的新公寓单位与整体公
寓数量比较
图片来源: Chalermpong S., 2007

而且更多公寓的选址也越来越靠近轨交站点（图 2-5，图 2-6）。近期曼谷楼市价格的调查[1]亦表明，轨交站点的可达性越高，其周边公寓售价和办公楼出租价格越高，这一点尤其表现在曼谷轨道交通发展的前期。

新的城市轨交系统也带来交通出行行为的变化。相比没有轨交之前，乘客现在愿意走更长的距离到站点搭乘轨道交通[2]。除步行外，曼谷还有许多其他交通方式可以到达轨交站点，如摩托出租车、公共汽车、面包车和其他非正规交通运营服务[3]。因为曼谷狭窄的街道以及缺乏自行车配套设施，自行车在城内并不流行，而摩托出租车非常普遍。

前任与现任政府制定了增强泰国未来经济竞争力的政策，而经济竞争力也取决于城市的通达性，因此发展大众轨交系统是当前发展的首要任务之一。许多政策制定者也认识到以公交为导向发展（Transit-oriented Development，TOD）的好处，尤其是看到香港、日本的一些城市在 TOD 项目实施上的成功经验。尽管如此，在城市发展向 TOD 转型的过程中，许多阻碍和挑战也变得更明显和突出，如轨交系统的包容性和可负担性，以及目前交通法规和规划内对非正规交通运营服务非常有限的整合度，这些问题都需要正确的城市政策和规划的引导。

2.2 包容性和可负担性

尽管曼谷有了大众轨交系统，但它们仍然保持着阶级性。由于轨交票价大约为公交票价的 2~3 倍，因此目前它们主要为那些能付得起交通费用的中产阶级服务。同时轨交线路涵盖的范围仍然有限，而靠近这些线路站点范围内的住宅也只有上层中产阶级才有经济实力承受。

公共交通的包容性只有通过轨交和其他公交方式整合才能增强。然而目前曼谷的公交系统却每况愈下，巴士沦为低收入人群的交通工具，车辆陈旧、管理低效，乘客数量以每年 5% 的速度递减，而主要的公交运营公司——曼谷大众交通管理局（Bangkok Mass Transit Authority，BMTA）的债务也以每年 5% 递增。政府曾指定 BMTA 为那些在 2008 年遭受经济萧条影响的穷人提供公交免费服务，使得上述问题进一步加剧。之后的四届政府和四个总理已 13 次更改政策，尝试推动交通扶贫，然而公交依然在曼谷的主要交通方式中缺失了自己的位置。目前的调查表明，曼谷的低收入人群出行主要依赖摩托车[4]。

1   CHALERMPONG S. Rail Transit and Residential Land Use in Developing Countries: Hedonic Study of Residential Property Prices in Bangkok, Thailand[J]. Transportation Research Record: Journal of the Transportation Research Board, 2007, No. 2038: 111-119.

2   CHALERMPONG S, RATANAWARAHA A. Travel Behavior of Residents of Condominiums near Bangkok's Rail Transit Stations [C]. 13th WCTR, July 15-18, 2013, Rio de Janeiro, Brazil. 2013.

3   WIBOWO S S, CHALERMPONG S. Characteristics of Mode Choice within Mass Transit Catchments Area [J]. Journal of the Eastern Asia Society for Transportation Studies, 2010, Vol. 8: 1261-1274.

4   RATANAWARAHA A, CHALERMPONG S. Embracing Informal Mobility in Bangkok [M]. Bangkok: Department of Urban and Regional Planning, Chulalongkorn University, 2014.

为使大众轨交系统更具有包容性，未来轨交线路的规划必须结合 TOD 方式来支持这些贫困人口，譬如开发靠近轨交站的低收入住宅项目等。

2.3 非正规交通运营服务

除了轨交和公交，在曼谷还有很多其他类型的交通服务，如私车、出租车、摩托三轮车、船运、卡车、面包车、摩托车以及公司班车等。其中，面包车和摩托出租车占据主导地位，在城市的各个角落可见。据推测，每天大约有 100 万人次乘坐面包车，500 万 ~700 万人次乘坐摩托出租车[5]。中产阶级的中下层因无法负担私家车，大多依赖这些交通工具，高中生和大学生也经常在市中心乘坐这些交通工具。这些非正规交通运营满足了城市日益增加的交通需求，在正规和非正规交通方式之间的整合衔接还有很多可以改进的空间。但城市目前的交通政策和规划并没有把非正规交通运营服务纳入考量，对它们的管理结果往往只是负面的排斥与打压。

3　经济和空间资源的不平等

曼谷面临的另一个严峻考验为它是泰国经济和空间资源配置上差距最大的城市。泰国的贫富悬殊通过基尼系数 (Gini coefficient) 显示正逐渐加剧，并已高于东南亚其他国家 (图 2-7)。有两方面的不平等性与曼谷城市发展有关：第一即城市空间资源配置的不平等，第二则为土地所有权过度集中。

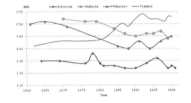

图 2-7
泰国和其他东南亚国家收入的基尼系数
图片来源：Pongpaichit P., 2010

3.1 空间资源配置不平等加剧

曼谷作为泰国的主要城市，它在城市级别上却是巨大得不合比例。2010 年曼谷人口占全国人口之比增加了 12.5%，随着泰国城市化进程的加速，居住于曼谷大都市行政区 (BMA) 的城市人口却在下降，从 1960 年的 65% 降至 2010 年的 28% (表 2-1)。这说明泰国的城镇化在 BMA 以外围绕曼谷的省份进行，表明了曼谷大都市区域 (BMR) 的增长。在经济体量上，BMR 的地区生产总值已达到泰国国内生产总值的 40% (表 2-2)。政府在三十多年里通过促进区域增长、向地方政府下放行政职能等不同的政策，试图缩小泰国其他城市和曼谷之间的经济差距，但收效甚微。

BMR 内的省份和泰国其他贫穷省份的经济差距也十分惊人。曼谷人均省生产总值和那些东北地区省份最低的人均省生产总值之比，从 1981 年的 12 倍发展到 2002 年的峰值 20 倍，2011 年降到 16 倍 (图 2-8)。这些贫富差距导致季节性和临时移民涌入曼谷地区。曼谷城中不同区域的人均月收入也有很大差异。2007 年的国家统计局调查显示，一些区域的平均收入水平是其他地区的 3 倍。收入差距在城市内划出了阶级界限，城郊成为高收入人群聚居地，而旧城中心是低收入区。但这并不代表没有富人居住在城中心区，恰恰相反，非常富有的人居

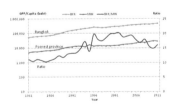

图 2-8
曼谷和泰国最穷省份的收入差距

5　同注释 4。

表 2-1　BMA 内的人口数量（1960—2010 年）

Year	Population size (million)	% of national population	% of national urban population	National Urbanization Level
1960	2.1	8.1	65	21.4
1970	2.5	8.9	55	22.8
1980	4.7	11	59	26.4
1990	5.8	11	58	29.4
2000	6.4	11	34	31.1
2010	8.2	12.5	28	44.1

数据来源：National Statistics Organization, Population and Housing Census

表 2-2　2010 年和 2013 年区域经济和人口比例

Region	% of GDP		% of Population	
	1995	2013	1995	2013
Bangkok Metro Region	52.5	44.3	16.4	22.8
Eastern	12.0	18.0	6.5	8.1
Northeastern	9.0	10.9	34.3	28.2
North	7.6	8.8	19.0	17.3
South	9.6	8.6	13.2	13.5
Central	5.6	5.8	4.9	4.7
West	3.8	3.5	5.7	5.4

数据来源：NESDB, Gross Domestic Product reports

表 2-3　曼谷和泰国其他大城市土地私有比例

Province (with major cities)	Top owner (sq.km)	50 top owners (% of total land)
Bangkok	23.64	10.1
Phuket	5.04	14.2
Pathumthani	46.40	12.4
Samutprakarn	27.23	11.7
Nonthaburi	10.71	7.7
Nakornnayok	54.96	5.3

数据来源：Pongpaichit P., 2010

住在老城中心，因为他们的土地所有权通过继承获得，因而可以享受很低的地产税率。城郊的富人则是那些负担不起城市中心高房价的中产阶级，他们在城郊可以购买面积更大的别墅。

土地所有权极度扭曲的格局也进一步造成泰国空间资源配置不平等。曼谷最大的私人土地所有者拥有城中 24km² 的土地，前 50 名最大的私人土地所有者共拥有约 157km² 的土地，约是 BMA 内 10% 的面积（表 2-3）。因为泰国的地产税条例非常不健全，土地所有权的不平等将影响财富的分配和泰国建设一个包容性城市的能力。

3.2　空间的隔离

在人口变化、城市扩张以及贫富日益悬殊的过程中，封闭式小区呈现增长趋势。曼谷历史上不同阶层和种族长期共存，如华人、穆斯林社区等，但是这些社区之间从来没有像今天的封闭式社区一样，通过高墙和大门进行物理性隔离。封闭式小区是对于不断增加的现代城市病，如拥堵、生活质量恶化以及和大城市相关的各种压力的当代解决办法。这种生活方式也被认为是一种身份的象征。对安保、安全、安静、私密性以及身份的向往，吸引着那些有支付能力的人搬入这些有墙的"村庄"。围墙和大门成为满足生理、心理和社会需求的物理工具。泰国正在增长的中产阶级有着强劲的消费力以及不断增强的身份意识，封闭式小区正呼应了这种需求。这些小区往往坐落在城郊或远郊，公交线路有限，因此住户不仅要能够负担得起住房，还有私车。

而大量占比的低收入人群居住在遍布城市角落的贫民窟里。据 2008 年的调查显示，曼谷仍然有超过 1 000 个贫民窟，在其三个周边省份里还分布了约 682 个贫民窟。许多贫民窟位于国家所属的地块，或位于私有地块里。地块的业主等待时机出售或开发这些地块以获得更高收益，因此不会对其采取任何改进措施。

4 城市规划和管理的挑战

曼谷的决策者和规划者已经意识到城市所面临的可持续性和包容性发展的挑战，但是许多政策和管理的缺陷使得无法制定和实施那些适合城市发展模式所必需的土地使用政策。

这些机制问题长期根植于泰国的规划系统。泰国在 1961 年通过实施第一次全国经济发展规划 (First National Economic Development Plan) 拉开了现代经济规划的序幕，曼谷得以快速发展。至 1950 年后期，泰国得到美国援外使团 (United States Operation Mission) 的帮助，泰国内政部 (Thai Ministry of Interior) 邀请纽约的利奇菲尔德 - 韦定 - 鲍恩联合事务所 (Litchfield, Whiting, Bowne and Associate) 制定曼谷的第一个总体规划，即大曼谷规划 B.E.2533 (The Greater Bangkok Plan, B.E. 2533, 1990)。最终的规划工作由马萨诸塞州剑桥的亚当斯 - 霍华德 - 格里利事务所 (Adams, Howard, and Greeley Planning Consultants) 完成。这是一个完全美国式的城市规划，强调机动车主导的基础设施以及分区划的土地使用模式。泰国接纳了其中的很多规划建议。1975 年城市规划法规制定，之后国家级的规划机构设立，即现今的公共工程和城乡规划部 (Department of Public Works and Town and Country Planning)。大曼谷规划 B.E.2533 也成为曼谷乃至泰国的总体规划和区划法规的基础。

曼谷于 2013 年开始实施新一轮的五年总体规划。然而，两个关键要素至今仍未解决，即土地使用规划的制度结构和规划程序。结构的问题存在于三个层面——国家、区域和地方——的三个相关要素中，即政策框架、规划制定部门、通过法律或其他措施的实施方法。高效、有效和公平的土地利用总体规划极大地依赖于综合性、一体化以及各组成部分的协同作用。在规划程序方面，公众参与一直是政策和规划的一个时髦词，在泰国当前规划过程中，利益相关方的参与度还非常有限。

4.1 制度结构问题

1. 在国家和区域层面缺乏政策框架和具有法律效力的规划

首先，泰国没有国家层面的、针对空间发展的政策框架，同时也没有一个具有法律和行政权力的国家土地使用规划。过去由国家经济和社会发展委员会办公室 (Office of the National Economic and Social Development Board，NESDB) 制定的国家经济和社会发展五年计划常常包含一些空间发展策略，可为相关部门引用作为自己的制度条例。许多基建和发展项目的审批也很大程度上取决于是否与国家发展计划相符。自 2002 年基建投资的决策权从 NESDB 转移到其他部门后，国家发展计划下的空间发展政策的重要性和相关性已经大幅度削弱。随后的国家计划尽管包含总体空间发展策略政策框架，但很少有机构遵循，许多基建发展项目更偏向于服从领导而不是国家计划。

对 BMR 而言，两个不同的机构——NESDB 与公共工程和城乡规划部（Department of Public Works and Town and Country Planning，DPT）又各自制定了针对 BMR 的区域规划。自从第五个全国计划（1982—1986 年）之后，NESDB 对整个首都区域制定了自己的区域政策；而 DPT 则制定了一个国家规划和多个区域规划，其中包含 2006 年的 BMR 规划（图 2-9）。与 NESDB 制定的以政策为主导的国家计划有别，DPT 规划的关键点是空间规划，包含基础设施发展、城镇发展，以及与各个区域、次区域经济发展策略相关的土地使用模式等。它主要针对空间规划的经济效益，譬如路网和工业商贸区的地点等，很少关注到环境、洪水等要素。

尽管 DPT 制定的规划有好的出发点，但仍有其部门的局限性。首先，DPT 的行政和法律权力并不足以涵盖城市周边地区，而这些区域也正是城市管理最薄弱的点。其次，因为 DPT 的国家和区域规划并不具有法律和行政权力，它们必须依靠其他行政机关和自身的协调能力来得到推行。原则上来说，DPT 的总体规划包含城市层面的土地使用规划，可以作为城市和城市周边区域规划的主要工具，然而现实中，这个规划常被忽略，土地使用模式和强度往往由城市层面自行决定。这些原因导致 DPT 的国家、地区和次区域规划无法实施。

像曼谷这样的超级都市，其社会经济活动和相关的城市问题都已超越了其行政边界，因此急需一个包含整个地区的区域规划，以及一个能全面且综合地来处理地区问题的区域级机构。针对这一典型的城市管理问题，许多学者建议更改目前的行政和组织结构以覆盖 BMR 整个城市和农村地区，抑或是一个更大的区域。1991 年，泰国发展研究院（Thailand Development Research Institute，TDRI）提出建立一个国家级委员会，针对不断扩张的 BMR 制定政策并实施管理；同时将已经在负责协调 BMR 城市政策的曼谷大都会地区发展委员会（Bangkok Metropolitan Region Development Committee，BMRDC）的权力升级到覆盖更大的区域。按期望，这个国家级委员会由总理领导，且由其他高级别官员共同组成。委员会的这种结构将确保决策能够得到有效执行，并期待能够在 BMR 推行一体化发展，协调各机构并评估重大基础建设项目，以确保它们与总体发展方向的一致性。但这一建议和其他若干提案最后都是不了了之。

理想的解决方案是 BMA 的当地政府以及周边的省份政府合作制定总体规划，并一起管理需要跨地方合作的基础建设。但是，在目前的行政环境下不可能进行这样的合作。就总体规划而言，一方面，没有法律要求 BMA 及周边省规划局和政府制定一个共同的综合规划，也没有相关法律或行政条例指导如何跨地区合作；另一方面，当地政府禁止将预算资金投在其行政区划以外的地方，因此跨地方联合投资基础设施根本无法操作。

根据第十一次全国经济和社会发展计划（the Eleventh National Economic and Social Development Plan），2013 年 BMA 在制定曼谷五年总体规划（Bangkok Comprehensive Plan，B.E. 2556，2013—2018）的过程中和邻近省份代表进行了一定程度的合作。但因 BMA

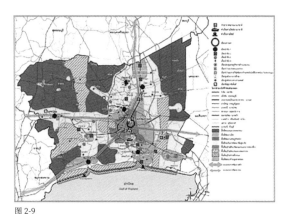

图 2-9

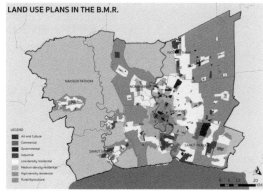

图 2-10

图 2-9
DPT 制定的 2006 年 BMR 区域规划

图 2-10
2015 年 BMR 土地使用规划和控制
图片来源：Department of Public Works and
Town and Country Planning

没有法律义务遵循 DPT 或其他机构起草的区域规划，因此不能保证下一个 BMA 总体规划将很好地与现有的区域规划保持一致。

2. 职能的重叠和脱节

上述制度不完善的问题也体现在对城市和乡村土地具有开发控制权力的机构间匮乏合作。目前泰国有多达 21 个与土地管理职能相关的政府机构，也存在职能机构之间相互竞争资金预算和公众认可度的问题。譬如，DPT 可以制定总体规划和区划法规来引导与水资源和洪水管理相结合的土地利用方向，但是其他基础设施发展部门，如农村公路部（Department of Rural Roads）可能无视这些规划，而按照自己的计划和战略重点来实施。DPT 几乎无权干涉其他机构的决定，也不具有说服或迫使其他机构效仿的法律和行政权力。因此，泰国没有一个具有法律和行政权力的机构来制定、推动实施全国性的土地使用规划。

就 BMR 而言，与城市基础设施建设和发展任务相关的组织无数。首先表现在 BMR 各省内错位和不连贯的土地利用规划和区划（图 2-10）。因为这些省份和曼谷的总体规划都不是从相同的区域规划中派生出来的，由此致使土地使用控制要求彼此不同。事实上，如前图 2-4 所示，曼谷实际建成区早已延伸超出图 2-10 所示的地域管制范围，这表明政府根本无力控制 BMR 近郊的土地开发。

BMA 内规划职能重叠和脱节的问题也很明显。BMA 内有两个部门负责城市政策和规划，一个是战略和评估部（原政策与规划部，Department of Strategy and Evaluation，DSE），另一个是城市规划部（Department of City Planning，DCP）。前者负责制定城市发展政策和战略，而后者制定曼谷总体规划。理想状态下，规划的目标、政策和战略方法应该与土地利用和基础设施规划相整合。然而，在现实中，DSE 和 DCP 各自发布自己的规划。

曼谷五年发展规划最早由 DSE 于 1977 年发布，但之后的一系列规划并不以曼谷发展为重点，而主要是关于 BMA 的工作计划和责任。近期在其 2007 年颁布的最新的曼谷发展规划——"曼谷：一个可持续发展的特大宜居城市"中开始提出以城市发展为首要重点，计划建设门户区域和绿地，以创建美好生活作为概念框架，规划期限也被延长为十二年，反映了长期规划的理念，是未来将曼谷发展规划和 DCP 总体规划结合起来的一个好的起点。

目前曼谷发展规划的起草过程不涉及公众参与，一般由 DSE 与外部顾问合作起草，因此规划往往只反映技术专家的意见和希望，并不是曼谷人民的需求。然而，这种情况在 2009 年有了转变。2009 年 BMA 宣布聘请顾问小组起草下一个曼谷二十年（2010—2030 年）发展规划，其规划过程涉及公众参与，并在 2010 年举办了一系列的小组会议和公开听证会。因为 BMA 并没有法律义务安排公众参与计划制定，这无疑是一个进步。而对于 DCP 而言，尽管城市规划法已要求在规划过程中至少需要一次公开听证会，公众参与问题也正逐渐受到更多重视。

3. 对土地使用密度有限的控制

泰国的土地利用规划体系的另一个主要问题是控制土地利用强度的监管措施不健全。根据总体规划下的区划条例虽包含对土地功能的控制，但它们并不包括建筑密度和体积这些基本体量控制要素。因此，包含这些体量控制要素的曼谷 2006 年总体规划被视作泰国城市规划的一个里程碑。2006 年规划中所包含的容积率（FAR）、空地率（OSR）与每个功能区最小地块尺寸的控制都反映了城市规划在泰国的发展。虽然这一改进对于外国专业人士而言似乎微乎其微，因为区划法规包含体量控制是理所当然的事，但泰国自 1975 年颁布城市规划法（*City Planning Act*, B.E. 2518）以来，花了三十多年来实现这个看似微不足道的改进。

泰国的规划条例也并不是完全没有体量控制，2000 年修订的 1979 年建筑控制法（*The Building Control Act*, B.E. 2522）就包含各种类型的建筑法规，从安全规范到建筑高度和地面覆盖率等。然而，这一法规并无区域限制，因此无法用于控制城市各个不同区域的建筑密度。以建筑覆盖率为例，条例规定无建筑覆盖的最小开放空间在居住性地块应为 30%，商业性地块为 10%，但由于这一控制无特定区域限定，因此出现商业楼宇建在低密度的农地和乡村的现象。

尽管 BMA 已率先在总体规划内采用体量控制，但至今它仍然是泰国唯一一个拥有体量控制规划的城市。至 2014 年 10 月，2006 曼谷总体规划已经实施八年，但曼谷周边五个省份和泰国的其他城市没有任何一个试图效仿。很显然，尽管知道很多条例非常不恰当，DPT 内的制度惯性使得它难以改变以前的做法。同时，因为体量控制意味着增加建筑密度的自由度减少，房地产开发商和土地所有者也对于体量控制的实施给予极大阻力。

目前土地利用法规的另一个问题是关于住宅项目的土地细分条例。泰国目前的土地细分条例遵循 2000 年的土地开发法（*Land Development Act*, B.E. 2543）。类似于许多其他城市的细分控制法规，这些条例涉及项目占用的最小土地面积、规模、地块内的公用设施和基础设施等。但在曼谷总体规划对用地区划的规定中并不包含这一土地细分控制条例，这使得它无法控制土地细分项目的开发，亦无法控制在不合适土地细分地区（如农村和 BMR 远郊）的建筑密度。

4.2　程序问题

在规划程序方面，公众参与尚未进入泰国的城市规划和社区发展，在当前土地利用总体规划过程中真正的利益相关者的参与也还非常有限。作为总体规划过程一部分的公众听证会往往只能由利益集团代表。目前的规划过程并没有为利益相关者之间的协商、讨论以及建立共同的愿景创造空间、机会和方式。

1975 年的城市规划法要求，至少安排两个公开听证会作为总体规划程序的一部分，以接收来自规划区域内各利益相关方的意见。由于公众参与中强有力的反对力量曾造成一系列总体规划无法进展，这一要求后来被减少到至少一个公开听证会。原以为这种制度上的放松将增加 DPT 制定和批准总体规划的数量，然而因为它减少了利益相关者参与其中的机会，反而进一步激发了人民的不满，而且这些分歧也没有正式的矛盾调节机制得以疏导和解决。这样的冲突不仅发生在土地使用决策中，也产生在对水资源和洪水的相关决策中。

5　结语

作为泰国的经济、社会和政治中心，曼谷这个超大都市正面临着可持续性和包容性城市发展的若干挑战。城市扩张导致城市边缘地区的农耕用地丧失、自然环境退化和生物多样性破坏。近年以公交为导向的城市发展和开发模式引发了城市结构转型，尽管目前 TOD 还发展不足，但对于曼谷这样的超级都市，这是其朝向可持续发展的一个必要手段。目前曼谷的低收入和弱势群体尚不能从这些 TOD 模式中受益，贫富悬殊和不合理的土地所有权造成曼谷和其他地区间的空间资源配置不平等，这些都是继续困扰泰国社会和促进可持续公平发展的主要障碍。

许多规划和管理方面的弊病也使城市在可持续和包容性发展方向步履维艰。目前泰国的规划，尤其是土地使用条例的不完善造成城市区域内的各种问题，长期遗留的制度体系也在阻碍城市的积极变化，将规划分权至地方政府和政府简政放权也并没有起到预期作用。目前曼谷以促进城市可持续和包容性发展的民间社会团体数量有限，未来有很大的空间促进这类群体数量增多、作用增强。

虽然问题很多，有待完成的工作更多，我们还是看到在泰国未来实现可持续和公平的城市发展的希望。私营部门参与 TOD 开发的趋势正在发生并将持续多年。BMA 制定的、包含体量控制的总体规划亦是控制城市良性发展的里程碑。其他几个相关土地使用条例也已制定并正逐步实施。公众意识对自然环境和气候变化的提高也为体制和政策的积极变化创造了机会。曼谷现在最需要的是强有力并富有同情心的领导者能抓住新的机遇，为未来曼谷实现可持续和包容性发展带来具体且真实的改变。

（感谢 Adisak Guntamuanglee 和 Siwakorn Pisagenitichot 对本文的帮助。）

参考书目 Bibliography

[1] Bangkok Metropolitan Transit Authority. 2014 Annual Report[R]. Bangkok: BMTA. 2014.

[2] CHALERMPONG S. Rail Transit and Residential Land Use in Developing Countries: Hedonic Study of Residential Property Prices in Bangkok, Thailand[J]. Transportation Research Record: Journal of the Transportation Research Board, No. 2038(2007) : 111-119.

[3] CHALERMPONG S, RATANAWARAHA A. Travel Behavior of Residents of Condominiums near Bangkok's Rail Transit Stations [C]. Paper presented at 13th WCTR, Rio de Janeiro, Brazil, July 15-18, 2013.

[4] RATANAWARAHA A, CHALERMPONG S. Embracing Informal Mobility in Bangkok [C]. Paper presented at Department of Urban and Regional Planning, Chulalongkorn University, Bangkok, 2014.

[5] PONGPAICHIT P. Inequality and Injustice in Access to Resources and Basic Services in Thailand[M]// RATANAWARAHA A. Inequality and Injustice in Access to Resources and Basic Services in Thailand. Bangkok: Department of Urban and Regional Planning, Chulalongkorn University. 2010.

[6] RATANAWARAHA A, CHALERMPONG S, CHULLABODHI C. Walking Distance of Commuters after Modal Shift to Rail Transit in Bangkok[C]. Paper presented at the Eastern Asia Society for Transportation Studies Conference 2015, Cebu, the Philippines, 7-13 June, 2015.

[7] Thailand Development Research Institute. Recommended Development Strategies and Investment Programs for the Seventh Economic and Social Development Plan (1992-1996) [R]// Draft Final Report, the National Urban Development Policy Framework Project. Bangkok: TDRI, 1991.

[8] WIBOWO S S, CHALERMPONG S. Characteristics of Mode Choice within Mass Transit Catchments Area[J]. Journal of the Eastern Asia Society for Transportation Studies, Vol. 8(2010): 1261-1274.

点评

对于很多中国人来说，曼谷是一座旅游城市。一部《泰囧》，又激起更多中国人对曼谷风情的畅想。源远流长的历史联系，千丝万缕的人缘血脉，让曼谷在国人眼中总是既亲近又神秘。的确，对于任何一位游客来说，曼谷到处都充满着强烈的对比——寺庙皇宫与街巷摊贩、高楼大厦与水上棚户、秀美多姿和混乱嘈杂、购物美食与色情诱惑，总是让初来乍到的游客时时感受惊诧。

作为一座旅游业极为发达的国际化大都市，曼谷曾经多年居于世界旅游业的榜首，每天迎送一批又一批的国际游客。世人对于这座城市的评判，也总是更多地从一个外来游客的视角。然而对于这座城市的决策者和建设者而言，曼谷远不仅仅是一座旅游城市，这更是一座千万人口数量级的现代化国际大都市，为市民提供舒适便利的生活工作环境远比让国际游客满意更重要，尽管旅游对于这座城市的经济而言几乎达到了"命脉"一般的重要程度。

1970 年代以后，趁着世界亚洲经济发展的势头，曼谷获取了经济社会快速发展的历史机遇。其国际化程度至今还让上海只能望其项背。单是重要国际机构的亚洲分支的数量，就让上海望尘莫及。但同样也因为受到世界和亚洲经济大势的影响，曼谷近年的发展受到严重制约。与上海相比，曼谷的快速发展起步更早，但如今却越来越滞后于上海的蓬勃发展。

面对曼谷城市发展的种种制约瓶颈，本文作者将其概括为三大挑战：交通建设（也应该包括其他基础设施建设）远远不能满足城市的需求；财富和资源的高度集中占有既加重了社会不公与贫富分化，又为城市的统一规划建设带来困难；城市缺少有力与有效的规划管制能力。

关于基础设施的规划与建设，与曼谷相比，上海占尽了制度优势。我们的强势政府管制环境下的统一规划并全力实施规划令整个世界羡慕和嫉妒。而曼谷的同行面对他们雄心勃勃的轨道交通规划蜗牛般的实施过程却毫无办法。但曼谷同行坚韧不拔的规划追求却也让我们汗颜。曼谷花了比我们长的时间修建了不到我们三分之一长度的轨道交通线，但这有限的快速公交系统却有效地体现交通引导开发的城市发展理念。而我们令世界震惊的快速轨道交通建设，除了为中心城区的市民提供快速便捷的公共交通工具外，却对推动我们城市规划的空间战略实施几乎没起什么作用，甚至还起到一些反作用（比如在空间规划战略中非人口导入区由于轨道交通的经过而导致大量人口的导入并刺激了巨量房地产的开发，结果不仅没能起到向新城疏解人口的作用，反而成了中心城区不断"摊大饼"现象的主要推手），"TOD"在上海不少情况下实际上成了"DOT"。

关于城市的不公与社会阶层分化问题，上海和曼谷其实面对着同样严重的问题。曼谷因土地所有制所造成的少数家族垄断资源和财富现象，加重了社会的不公和空间隔离，而我们虽没有历史延续下来的资源财富垄断，但分配制度带来的贫富差距拉大也是不争的事实。更加糟糕的是，我们错误的规划导向和房地产开发模式正导致更为严重的空间隔离。城市居住空间完全按经济阶层分割，封闭式的城市居住模式比起曼谷更是有过之而无不及，已成为严重制约城市空间活力的"毒瘤"。我们的曼谷同行及时提出了城市包容性发展的问题，城市规划应推动不同阶层群体的融合而非隔离，对于城市底层的"非正规"生活应给予更多宽容，而不应以一种过度"洁癖"的心态来应对，仿佛非得彻底铲除而后快似的，这实在也是一个值得我们深思并需要转变观念的问题。

至于城市规划管理的效力与效率，我们的曼谷同行应该会羡慕我们。这一点，我认为是我们能令全世界感到羡慕和嫉妒的。而曼谷这样的规划管制体制在整个东南亚国家都具有相似性。比起一些完全规划缺失的亚洲城市，曼谷的情况还不是最坏的。但我们在骄傲之余也应反思，我们成功实施的那些规划本身，真的一点问题也没有吗？错误的规划得到高效实施，岂不是更大的错误吗？曼谷在近两个世纪的近代发展过程中还有一个与上海很是相似的地方，那就是大量的填河修路，以道路交通来取代传统的水上交通。但不同的是，如今的曼谷仍然以一座水城闻名于世，水上交通乃至水上生活和水上商贩仍然是曼谷最吸引游人的城市特色。而曾经的水乡上海，错综密布的水网早已不复存在，只剩下不少地名和路名还能让人想到曾经的历史。百年间上海土地上的水道到如今已剩下不到十分之一，这不能不说是最让今天的上海人感到失望和怀念的。联想到当下关于"海绵城市"的讨论，这就更是我们无法修复的伤痛了。

上海和曼谷，不仅有许多可以类比的地方，还有更多可以相互学习与借鉴的地方。

伍江

北京

施卫良 杨春 杨明 著

施卫良，北京市规划和国土资源管理委员会总规划师，
北京市城市规划设计研究院院长，教授级高级工程师，
中国城市规划学会副理事长
杨春，北京市城市规划设计研究院工程师，注册城市
规划师
杨明，北京市城市规划设计研究院主任工程师，教授
级高级工程师，注册城市规划师

BEIJING

北京城市空间结构演变及优化路径思考
New Thoughts on Spatial Structure Optimization of Beijing

本文系统回顾与评价了北京"多中心"建设成效,梳理既有空间优化调整的问题及成因,并针对"副中心"战略的提出,结合既有理论研究和实践经验,对北京建设"副中心"的基础条件与发展重点进行思辨,提出"副中心"建设背景下对于北京城市空间结构优化调整的建议。

This article reviews and evaluates the construction effect of polycentricity in Beijing, sorts out the existing problems and reasons. Meanwhile, it analyzes the basic conditions and key aspects about the subcenter construction based on theoretical research and practical experience, and makes suggestions on Beijing spatial structure optimization against the background of subcenter strategy.

03

北京城市空间结构演变及优化路径思考
New Thoughts on Spatial Structure Optimization of Beijing

1　引言

　　城市空间结构是城市自然环境、经济发展与社会关系在空间上的投影，综合反映了城市物质要素与非物质要素在一定地域范围内的分布特征与组合关系。空间结构引导城市统筹布局安排"三生"空间（生产、生活、生态），落实城市建设目标，对城市发展至关重要。对于有着三千多年建城史和八百多年建都史的北京——如今这个超大型城市而言，其城市结构一直以来都备受关注。在过去数千年的城市发展历史过程中，北京形成以城市中轴线贯穿南北，皇城居中的基本格局。近几十年来，历版总体规划的编制和实施始终致力于优化城市空间布局，营造健康且有序发展的城市环境。2004 年版北京城市总体规划提出"两轴—两带—多中心"[1] 的城市空间结构，其中，"多中心"剑指一直以来饱受诟病的"摊大饼"问题，希望通过功能与空间的有机分散缓解城市单中心发展带来的"大城市病"问题。然而，规划实施十年来，在众多因素的作用下，这一优化策略收效甚微。自 2012 年起，北京市提出建设"城市副中心"的思路，开展"聚焦通州"工作；2015年，随着《京津冀协同发展规划纲要》的颁布实施，正式明确将通州建设成为北京"城市副中心"的战略部署，促成北京城市空间结构优化的重大战略调整。本文以城市空间结构演化脉络为切入点，剖析城市发展与规划演进之间的相互关系，并将重点落在自 2004 年版总体规划实施以来对北京城市空间结构优化的评价，同时就建设"副中心"这一重大战略转变进行分析和思辨，以期对城市空间结构规划问题的相关研究有所裨益。

2　北京城市空间结构历史格局的形成

　　北京的建城历史可追溯到西周时期（公元前 11 世纪），此后一直作为中国北方的重镇和交通要冲。辽、金、元时期它作为当时北方统治政权的陪都和新都存在。明永乐四年（1406）至永乐十八年（1420），北京城在元大都基础上形成，正式成为统一国家的首都。彼时的北京城，以中轴线贯穿南北，皇城居中，左祖右社，前朝后市，五庙八坛，

1　"两轴"指的是沿长安街的东西轴和传统中轴线的南北轴；"两带"指的是包括通州、顺义、亦庄、怀柔、密云、平谷的"东部发展带"和包括大兴、房山、昌平、延庆、门头沟的"西部发展带"；"多中心"指的是在市范围内建设多个服务全国、面向世界的城市职能中心，提高城市的核心功能和综合竞争力，包括中关村高科技园区核心区、奥林匹克中心区、中央商务区（CBD）、海淀山后地区科技创新中心、顺义现代制造业基地、通州综合服务中心、亦庄高新技术产业发展中心和石景山综合服务中心等。

严整有序。清朝定都北京之后，基本延续明北京城的空间格局，同时建造了西北郊的"三山五园"[2]皇家园林建筑群。

作为中国古代都城的集大成者，北京的都城建设主要强化了皇权中心的原则，在功能结构、空间布局、建筑形制、高程设计等方面完整地体现了《周礼·考工记》中"左祖右社、前朝后市、市朝一夫"的都城规制。紫禁城作为全城的中心，城市建设则沿着中轴线延展。明代中轴线从钟楼到正阳门，后扩展至永定门，沿线均衡对称布局重要的皇家设施，街道整齐方正，宛如棋盘。清代北京城则在延续这一空间格局基础上进一步优化调整功能。民国时期顺应当时交通格局和城市发展的需求，对皇城和内外城城墙进行一系列改造，但城市基本格局并未有大的变动。

1949 年中华人民共和国成立至今，北京的人口规模和城市建成区面积均实现了超过 10 倍的增长，迎来其城市发展史上增长速度最快的阶段，而城市空间格局也伴随着六次城市总体规划的编制，逐渐从"单中心城市"向"多中心都市区"进行战略转型。在 1949 年时，按照"变消费城市为生产城市"的要求，北京以旧城中心为中心进行城市的改建与扩建。在 1953 年对"北平市都市计划委员会"的甲、乙方案讨论后，最终形成首都的第一版城市总体规划。该版规划按照政治中心、文化中心和经济中心（工业基地）的城市性质，同时考虑到当时社会经济条件困难的前提，采用以旧城为中心逐步向外改建与扩建的方针。在经历五年的快速发展后（即 1958 年），为了彰显首都的形象代表作用，开始第二轮总体规划的编制。该版规划确立了 1 000 万人口的特大城市空间格局，并构建"子母城"和"分散集团式"的布局形式，即在市域范围内由市区和卫星城镇构建"子母城"格局，市区内部形成"分散集团式"布局。该版规划亦吸纳了田园城市和卫星城建设的理念，确定在原有方格棋盘路网基础上规划"环路＋放射"的路网体系，奠定了未来五十年城市发展的远景框架。

在经历 1973 年的过渡版规划后，在改革开放后的 1983 年，按照"首善之区"的建设目标，北京规划突出其全国政治中心和文化中心的城市性质，但在城市布局上仍然延续以往"分散集团式"的格局，并强调将近郊调整为配套齐全的新城区。这一格局直到 1993 年版总体规划编制时才有了新的变化，针对当时北京城市发展的新趋势和出现的"大城市病"势头，该版规划围绕建设现代国际城市的目标，提出两个战略转移的方针，即城市建设重点逐步从市区向郊区做战略转移、市区建设要从外延扩展向调整改造转移，同时提出整体上城市空间向东南方向拓展。

进入 21 世纪后，在中国加入世贸组织和北京申奥成功的大背景下，北京市启动第六版城市总体规划的编制。新总规延续 1993 年总体规划空间结构调整的思路，明确提出建设"多中心城市"的空间方

---

2 "三山五园"是北京西北郊一带旧时皇家行宫园囿的总称。"三山"一般指香山、万寿山和玉泉山；"五园"一般指静宜园、清漪园（颐和园）、静明园、畅春园和圆明园。

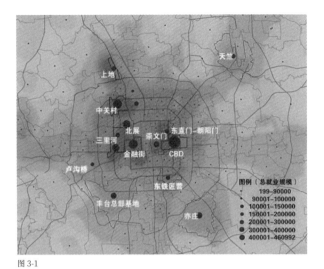

图 3-1

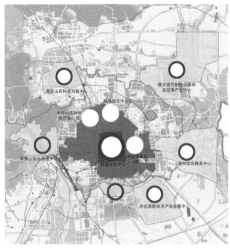

图 3-2

图 3-1
北京市主要就业集聚地区分析

图 3-2
2004 年版北京城市总体规划确定的"八大职能中心"

针。按照 1993 年的城市总体规划，2000 年预期北京市城市人口达到 1 160 万人，2010 年达到 1 250 万人；而 2003 年北京全市常住人口已经达到 1 456 万，城镇建设用地规模也已经达到 1 150km²。在规划的城市空间趋于饱和的情况下，传统的城市"单中心"布局使北京出现了交通严重拥堵、生态环境恶化、公共空间缺乏等"大城市病"问题。因此，2004 版总体规划按照"国家首都、国际城市、文化名城、宜居城市"的目标，提出"两轴—两带—多中心"的空间布局，即在延续沿长安街的东西轴和传统中轴线的南北轴基础上，在市域范围内选择条件合适的新城建设多个城市职能中心，形成东、西两条发展带。这是对市域层面的又一次战略转移，即中心城调整优化、外围新城加强建设，形成中心城与新城分工明确的多层次空间结构。

3   北京"多中心"空间结构建设的成效评估

3.1   分散化的单中心

利用北京市第二次经济普查的相关就业数据，综合比较后选取相对合理的阈值进行分析，可认为全市已形成 14 个主要的就业集聚地区（图 3-1）。其中，具有高就业密度和高就业规模的地区共计四处，分别是中央商务区（CBD）、金融街、中关村和三里河地区。若以就业的统计数据为测度，可以认为它们共同组成目前北京的"多中心"结构。尽管中心区域的就业中心位置相对分散，但放置于全市域的尺度，甚至是在包含"城六区"的中心地区来看，北京仍然是以多点分散状态凝聚而成的"单中心"空间结构发展。

3.2   收效有限的规划引导："八大职能中心"发展评述

2004 年版城市总体规划提出将"八大职能中心"建设作为实施"多中心"空间体系的关键，包括中关村高科技园区核心区、奥林匹克中心区、中央商务区（CBD）、海淀山后科技创新中心、顺义现代制造业

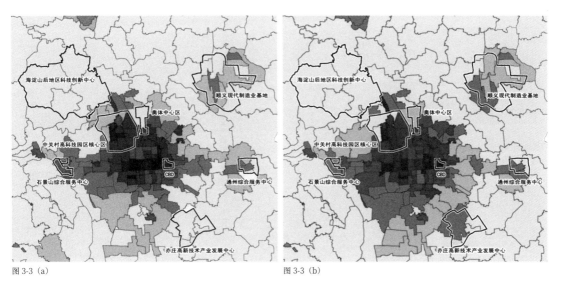

图 3-3（a）　　　　　　　　　　　　　　　　　　图 3-3（b）

图 3-3
2004 年及 2008 年"八大职能中心"就业密度
情况（颜色越深代表就业密度越高）：(a) 2004
年就业密度；(b) 2008 年就业密度

表 3-1 "八大职能中心" 2004 年至 2008 年就业人数在全市的占比情况比较

序号	八大职能中心	2004年占比	2008年占比	变化情况
1	中关村高科技园区核心区	9.27%	9.87%	0.60%
2	奥林匹克中心区	1.07%	0.96%	-0.11%
3	中央商务区（CBD）	2.21%	3.19%	0.98%
4	海淀山后科技创新中心	0.85%	0.68%	-0.17%
5	顺义现代制造业基地及空港产业中心	2.01%	2.73%	0.72%
6	通州综合服务中心	0.45%	0.57%	0.12%
7	亦庄高新技术产业发展中心	0.22%	2.31%	2.09%
8	石景山综合服务中心	1.47%	0.71%	-0.73%

基地及空港产业中心、通州综合服务中心、亦庄高新技术产业发展中心和石景山综合服务中心（图 3-2）。

　　"八大职能中心"逐渐成为全市土地投放的重点，从 2003 年至 2010 年，累计投放土地约 141.5km²，占全市投放总量的 28.5%。其中，顺义现代制造业基地、海淀山后地区科技创新中心、亦庄高新技术产业发展中心及中关村高科技园区核心区四个地区的投放量又占到总投放量的 87.1%。然而，从就业集聚的程度来看，全市原有的四个就业中心中，只有中央商务区与中关村高科技园区位列"八大职能中心"；从总的就业人数占比变化程度看（表 3-1），"八大职能中心"并未按照预期产生明显的就业集聚效应（图 3-3），整体增长缓慢，奥林匹克中心区、石景山综合服务中心、海淀山后科技创新中心三处吸引就业的能力不升反而有所下降。

　　从实际发展效果看，尽管政府有意按照规划采取积极的引导策略，但实际就业中心与规划引导发展的职能中心并未完全契合，"多中心"战略的实施效果并不理想。

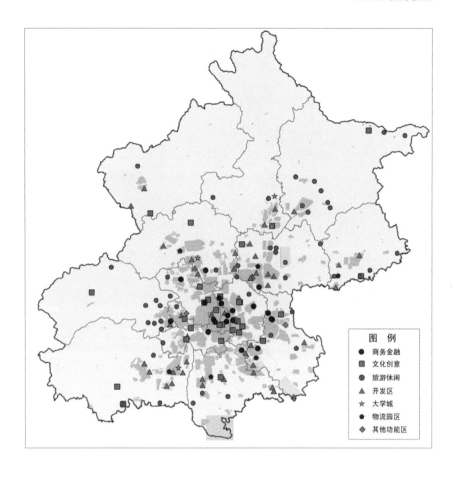

图 3-4
北京市产业功能区空间分布示意图

3.3 小结

长期以来，破解北京单中心蔓延的问题始终是首都规划工作的重点和难点。早在 1958 年版城市总体规划中就提出"分散集团"式的空间布局结构，用以防止城市圈层式蔓延，这一思路一直贯彻至今[3]。城市功能决定空间形态，北京作为大国首都，受到国家政策、经济结构与行政制度的深刻作用，城市功能分布具有特殊性，空间问题进而变得更加复杂：一方面，"首都职能"的锚固作用使得城市功能与就业集聚无法摆脱中心地区的强大磁力，向心发展趋势难以扭转；另一方面，对于北京而言，虽然积极推进"新城战略"，但区县经济发展所形成的"分散格局"以及发展惯性难以转变。由于历史原因，尤其是 1990 年代末"退二进三"的浪潮使得北京形成"产业分散"的格局（图3-4），中心城区强化高端服务功能，外围新城主要推动工业发展，经济分散发展存在惯性。面临多元利益相互协调的复杂境地，区县政府的统筹力度实属有限，产业功能区"遍地开花"现象在现有体制下难以改变，如若政策、资金和人才等资源要素不能形成汇聚，战略目标和空间重点不能突出，则中心城区"一枝独大"的"单中心"空间结构将会进一步强化。

---

3 董光器. 古都北京五十年演变录 [M]. 南京：东南大学出版社，2006.

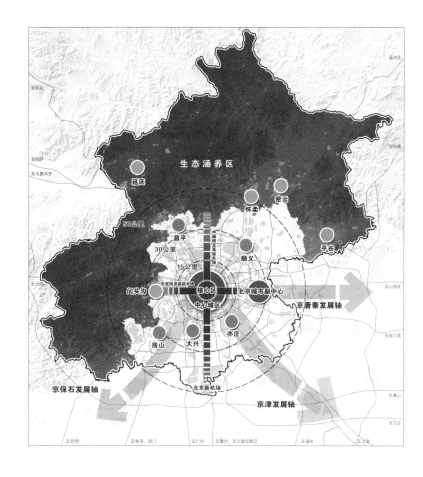

图 3-5
"一核一主一副、两轴多点一区"的城市空间结
构示意图

4   从"多中心"到"副中心": 对于空间优化战略转变的思辨

客观认识到北京"单中心"集聚发展的惯性将长期存在,"多中心"引导尚需漫长的协调过程,而这一磨合阶段产生的"大城市病"问题又亟待解决。因此,如何转变思路,实现城市空间的战略性调整成为新阶段北京总体规划编制工作的核心问题。2012 年,北京市首次提出将通州建设成为"城市副中心"的发展思路,"聚焦通州"随之成为全市工作的重点。2015 年,《京津冀协同发展规划纲要》颁布实施,建设北京"城市副中心"的战略部署正式得以落实,并在新一轮的北京城市总体规划中得以体现,城市空间结构调整为"一核一主一副,两轴多点一区"[4](图 3-5)。

4.1 "四个中心"战略目标下的城市空间结构调整

此次城市空间结构的重大调整,深刻体现了首都城市发展思路的战略转变:基于中国已逐步处于世界政治经济舞台的中央,从完善大国首都职能、提高外交影响力的角度,强化首都的"国际交往中心"职能;

---

4 程宇腾,周伟林,吴建峰,等. 城市从单中心到多中心的理论解读 [N]. 中国社会科学报,2013-
02-04.

适应"中高速、优结构"的新常态，从要素驱动到创新驱动，转变发展方式，强化首都的"科技创新中心"职能。因此，新版规划在城市定位方面较 2004 年版的"两个中心"（政治中心与文化中心）增加了国际交往中心和科技创新中心。在强化四个首都核心功能的同时，新版规划将疏解非首都功能作为空间优化调整的"牛鼻子"来抓。"一核"的首要定位是政治中心功能，全力做好政务服务保障；"一主"要持续开展"疏解整治促提升"专项行动，提升城市品质；"一副"要示范带动非首都功能疏解；平原地区五个新城以"多点"形式承接中心城区的适宜功能，"一区"（生态涵养区）则明确首都生态屏障的重要使命。以"一副、多点、一区"替代 2004 年版规划中均衡发力、分散发展的"多中心"，强调各类空间发展中的"有所为，有所不为"。

"一副"的提出无疑又是新版城市空间结构最大的突破，从"多中心"转为"主中心"（中心城区）、"副中心"（通州新城）共同发展，北京城市空间结构优化调整思路实现了重大转变。之所以能够产生这样的思路与共识，一方面是基于此前城市空间优化成效的反思，即北京应该将分散的资源在"副中心"进行集中投放，推动城市空间结构的战略调整；另一方面充分借鉴世界城市发展的实践经验，诸如巴黎、东京等国际大都市，都曾通过建设"副中心"缓解原有中心地区人口压力。此外，在推动京津冀地区协同发展的进程中，北京市也必须率先发挥示范作用。

空间结构优化策略的转变建立在一系列现实条件和发展动因的基础上，"副中心"与"主中心"相对自发的形成模式不同，其规划的能动作用更加突出，有效通过"副中心"调剂城市发展秩序与环境，就必须明确目标定位与发展条件，这一点十分值得探讨。

4.2 实现空间结构的战略性调整必须明确概念，建成"副中心城市"

"副中心"作为空间结构分散化过程中主中心的外延，通常可分为"城市副中心"和"副中心城市"两种类型，前者仍需要依附于主中心发展，与之保持较强的发展关联，此类"副中心"通常以某项功能为主导，结合其他附属功能来形成疏解和分担主中心部分职能的作用，如商务副中心、行政副中心、产业副中心等；而后者一般与主中心相对独立发展，具有较大的发展规模和完整的城市功能，力促实现"产城融合"的发展模式[5]。由于具有发展的相对综合性，"副中心城市"与主中心以外的其他地区在发展程度和条件上需要拉开一定距离。

对于北京而言，建设"副中心"的核心目的是分担现有中心地区的功能，实现人口、产业等要素的转移，减少对于主中心的依赖。因此，必须以建设"副中心城市"的力度与策略来实现这一战略目标，注重城市功能的综合性，实现地区内职住均衡，完善城市配套职能。

5　杨明. 北京城市空间结构调整的实施效果与战略思考 [C]// 中国城市规划学会. 多元与包容：2012 中国城市规划年会论文集. 昆明：云南科技出版社，2012.

4.3 "副中心"建设需要在基本培育条件基础上获得政策要素汇聚与核心功能置入

结合国内外特大城市经验，"副中心"在建设过程中必须具备基本培育条件，主要包括：一是与主中心应保持一定的空间距离，避免发展要素被主中心过度吸引；二是具有较强的经济基础和人口规模；三是与主中心之间具有便利的交通条件；四是具有可以辐射带动发展的经济腹地（通常为临近的城镇群，并与之有密切的产业、居住联系）；五是具有承载城市综合功能的用地条件；六是具有良好的生态环境和较高水平的配套服务设施水平[6]。

从北京市域范围来看，2004 年版总体规划确定的通州、顺义与亦庄三个重点新城在近年来实现了快速发展，最有条件成为北京城市空间优化调整的抓手，也最有机会成为"副中心"。按照上述"副中心"培育的基本条件，结合相关统计数据与信息，对三个重点新城进行综合比较(表 3-2)，可知目前三个新城的发展程度差异较小，且与"副中心"的发展要求还存在一定差距。

首先，新城在集聚程度方面与中心地区差距仍然悬殊。从人口规模看，通州新城常住人口规模仅为中心城的 1/18，顺义及亦庄则差距更大。就业方面，新城之间差异明显，通州新城就业规模仅为顺义与亦庄的 1/5。其次，配套设施建设严重滞后。目前，各重点新城在教育、医疗以及商业设施的建设上严重滞后于需求的增长，设施水平的局限也导致重点新城发展仍需主要依附于中心城区的设施资源。再次，随着发展建设加速，土地投放增加，未来新城存量的发展空间相对有限。近年来，新城产业用地投放过快，现有产业用地存量均仅占建设用地存量的 30% 左右，对于城市新功能的引入和综合发展的支撑能力有限。

中心城区"单中心"发展作用下，东部重点新城的发展仍然存在许多阶段性问题，要促成"副中心"的建设，除了按照基本条件不断提升城市发展能级之外，还需要更加关键的带动因素，以实现发展条件的根本性转变。从既有经验看，这种带动因素通常为政策性的汇聚或者主中心核心功能的外迁，前者是指国家层面赋予地区更高的发展定位和建设条件，如国家级新区建设，上海浦东新区和天津滨海新区均属于此类；后者则通常是指行政功能的迁移，目前中国已经有 34 个地级市采用或者计划采用这样的方式优化城市空间结构，以带动新区发展。2015 年，为促进"副中心"建设，北京市提出市属行政单位搬迁至通州的战略部署，为通州建成"副中心"提供重要的促动条件，行政功能搬迁所带来的一系列连锁效应，对于通州城市功能的完善与建设环境的提升具有深刻影响。因此，副中心建设必须充分利用这一条件，规划建设应当紧密围绕行政办公职能展开。

6　北京市人民政府. 北京城市总体规划（阶段性成果）[R]. 2015.

表 3-2 三个重点新城综合发展条件比较

		比较内容	通州新城	亦庄新城	顺义新城
集聚程度比较	人口	人口规模	常住人口总规模(万人)	68	34.3	53.4
			近五年常住人口平均增长率	6.8%	11%	8%
		人口构成	常住户籍人口(万人)	33.8	9.4	34.5
			常住外来人口(万人)	34.2	24.9	18.9
	就业	就业人口规模(万人)	19.4	23.4	31.9
	用地	现状城镇建设用地总规模(hm²)	6 831	5 600	7 482
		其中:居住用地总规模(hm²)	2 336	1 055	2 393
		其中:产业用地总规模(hm²)	1 718	3 441	3 706
	房屋(国有)	总建筑规模(hm²)	3 090	1 940	3 150
		其中:住宅建筑规模(hm²)	2 240	730	1 750
	经济	地区生产总值(亿元)	400.2	782.5	1 015
		人均地区生产总值(万元)	5.88	22.8	19
		近五年地区生产总值平均增长率(%)	19%	15%	27%
		产业结构(二产:三产)	1.1:1	1.5:1	10.8:1
区位环境	交通条件	与中心城连接的高速公路、快速路等主要通道数量及名称	5条 京通快速、京哈高速、两广路延长线、朝阳路、朝阳北路	4条 京沪高速、京津高速、成寿寺路、博大路	4条 京承高速、京沈路、机场高速、机场第二高速
		与主中心(天安门)交通距离	25.7km	24.2km	50.2km
		轨道交通数量	2条	1条	2条
	发展辐射	面向区域的主要发展连接方向	京唐发展带	京津发展带	东北发展带
主要发展职能	功能定位	发展定位	区域服务中心	区域产业中心	临空产业中心、现代制造业基地
		现状发展问题	有城无业	有业无城	业强城弱
	产业集聚	商务、金融、信息服务业及科研设计就业规模(万人)	2.9	2.6	5
		工业、制造业就业规模(万人)	13.7	10.8	16
宜居环境建设	教育设施	基础教育设施数量(所)	97	28	89
		其中:优质中学(示范学校)数量(所)	2	0	2
	医疗设施	综合医疗设施数量(所)	12	4	8
		其中:三级甲等医院数量(所)	1	1	0
		每千人拥有床位数(床)	2.65	2.42	4.31
	景观绿化	现状规模以上(按照5hm²区级公园核算)	5	5	5
		人均公共绿地面积(m²/人)	3.4	26.15	4.9
空间资源	用地	建设用地存量(hm²)	3 520	3 115	5 436
		其中:产业用地存量(hm²)	1 276	827	1 496
		其中:居住地存量(hm²)	490	780	1 048

4.4 小结

以"副中心"建设实现城市空间战略优化调整，是北京在面对"大城市病"问题和区域一体化发展要求下的探索与选择，与"多中心"分散化发展的策略不同，"副中心"战略将进一步聚焦城市空间优化的战略节点，以更大的力度促成空间结构的根本性调整。同时，"副中心"的建设推进，也将从一定程度上影响全市区县分散发展的惯性，对其他新城起到带动作用，有利于全市发展格局的进一步优化。尽管如此，"副中心"发展仍是机遇与挑战并存，确立科学的目标定位、进一步优化发展条件仍是当务之急。

5 "副中心"建设对于北京城市空间结构优化调整的认识与建议

随着"副中心"战略的明确和落实，北京城市空间优化调整进入关键阶段，"副中心"的建设势必带来包括中心城区、其他新城以及与通州相邻的东部跨界地区的联动调整，为规避"副中心"建设带来新的问题，北京应在未来的空间结构优化进程中处理好"副中心"自身建设、主中心功能重组、新城调控以及区域协同等方面的问题。

5.1 提升"副中心"的发展能级

提升建设标准与水平是"副中心"发展的关键。在全市疏解人口与非首都功能的要求下，"副中心"必须严格控制建设规模，强化城市功能的综合，引导职住关系平衡，避免产生新的"城市病"。同时，积极引入主中心的优质公共资源，加强"副中心"与主中心及东部跨界区域的交通联系，促进交通与城市功能耦合，实现空间有序组织。此外，由于通州与中心城区距离较近，建设空间存在连绵发展趋势，未来还应继续强化绿化隔离地区的管控，防止建设用地蔓延而导致主副中心连接成片。

5.2 推动主中心的功能重组

集中力量建设"副中心"的同时，仍要进一步强化主中心的首都核心职能建设，实现中央职能细分。市属行政办公职能外迁之后腾退出的空间应优先保障首都核心功能的完善，用于增加绿地及必要的公共服务设施和基础设施，严格控制核心职能的附属与衍生职能集聚，避免主中心疏解目的落空。中心城区在已经成形的就业中心基础上进一步强化功能整合与建设，提升用地效益。

5.3 调控市域"多点"的建设

"副中心"建设应处理好与北京城市空间结构中"多点"，即新城的发展关系。一方面，要有效控制新城的发展规模，避免因攀比"副中心"造成新一轮的发展冲动；另一方面，继续优化新城的功能定位，利用现有发展基础积极承担主中心的部分职能，构建特色突出的专业化节点城市，扭转"遍地开花"的发展局面。例如，顺义新城依托首都机场和临空经济区建设形成临空产业中心；亦庄新城利用中心城科技外溢和本地高新技术产业孵化能力，建成高新技术产业中心等。从长远发展来看，通州建设"副中心"是全市空间优化的一个先行示范，随着未来新城建设的日臻成熟，北京乃至更大的都市区范围内仍有建设多个"副中心"的可能，届时区域空间结构将进一步完善，"多中心"发展的空间格局也很可能强势回归。

5.4　面向区域的协同发展

"副中心"建设必须统筹考虑与河北省北三县地区的发展关系，做好城市功能的分工与联动，加快建立跨界地区的规划衔接机制，实现规划"共编共管"，引导城镇规模和产业有序发展。北京城市空间结构的调整与优化必须面向区域，以协作开放方式来实现，而城市发展面临的种种问题，也必须要在更大的区域范围内寻求思路与对策。

（本文主体部分受邀在 2016 中国城市规划年会专题会议上宣读，并以《多中心到副中心：北京空间结构优化的新思考》为题收入《2016中国城市规划年会论文集》，文中第二部分"北京城市空间结构历史格局的形成"主要参考刘欣葵所著《首都体制下的北京规划建设管理》和董光器所著《古都北京五十年演变录》。感谢上海市城市规划设计研究院石崧先生对本文修改完善提出宝贵意见。）

参考书目 Bibliography

[1] 北京市城市规划设计研究院. 北京城市空间结构与形态的变化和发展趋势研究[R]. 2015.

[2] 北京市人民政府. 北京城市总体规划 (阶段性成果) [R] . 2015.

[3] 程宇腾, 周伟林, 吴建峰, 等. 城市从单中心到多中心的理论解读[N] . 中国社会科学报, 2013-02-04.

[4] 董光器. 古都北京五十年演变录[M]. 南京: 东南大学出版社, 2006.

[5] 刘洁, 高敏, 苏杨. 城市副中心的概念、选址和发展模式——以北京为例
[J]. 人口与经济, 2015 (3) : 1-12.

[6] 刘欣葵. 首都体制下的北京规划建设管理[M]. 北京: 中国建筑工业出版社, 2009.

[7] 魏嵘. 我国城市副中心发展演变规律及生成机制研究[D] . 西安: 长安大学, 2007.

[8] 杨明. 北京城市空间结构调整的实施效果与战略思考[C]//中国城市规划学会. 多元与包容: 2012中国城市规划年会论文集. 昆明: 云南科技出版社, 2012.

科伦坡

[斯里兰卡] Jagath Munasinghe 著
Jagath Munasinghe, 斯里兰卡莫勒图沃
大学规划系主任

纪雁 沙永杰 译
纪雁，Vangel Planning & Design设计总监
沙永杰，同济大学建筑与城市规划学院教授

COLOMBO

重塑东方花园城市: 科伦坡当代城市发展分析

Regaining the Garden City of the East: A Critical View upon the Current Developments in Colombo, Sri Lanka

作为斯里兰卡商业和政治活动中心城市,科伦坡正经历前所未有的变化,城市一方面是显示出建设雄心和全球化目标,另一方面也希望当代的发展能够延续以往的花园城市规划理念。本文分为三部分内容,第一部分根据科伦坡城市的演变过程,介绍了从霍华德田园城市的乌托邦思想而来的最初的花园城市规划以及经过多次政权交替和历次规划而延续转变的过程;第二部分阐述了2009年之后科伦坡在新的发展战略重点引导下进入新的发展时期;第三部分剖析了科伦坡当代的建设发展为实现具有包容性、竞争力和凝聚力的花园城市所带来的挑战。

Sri Lanka is experiencing a major transformation in the aftermath of a thirty year long civil war that affected the entire island. Colombo, which is the main commercial, administrative and political center of Sri Lanka, is at the epicenter of that transformation. The ongoing development programs in Colombo, despite the ambitious targets, massive scales and the global outlook embodied in them, often revere making this city of one million people a Garden City of Asia. Referring to many sources of information about the City of Colombo and its evolution, this paper discusses the origin of the idea of a Garden City in Colombo, adapted from Ebenezer Howard's utopian concept and how it has been kept intact throughout, by many development plans under different regimes until today, but under different guises. The paper also critically reviews the ongoing projects in terms of their capacities to achieve an inclusive, competitive and cohesive garden city in Colombo.

04

重塑东方花园城市: 科伦坡当代城市发展分析
Regaining the Garden City of the East: A Critical View upon the Current Developments in Colombo, Sri Lanka

图 4-1
科伦坡地理位置示意图

图 4-2 (a)

图 4-2 (b)

图 4-2
科伦坡当代城市风貌:(a) 城景鸟瞰;(b) 可见城中的贝拉湖和远处的世贸中心
图片来源 http://storysouthasia.com

1 引言

在见证了斯里兰卡近三十年内乱和无政府状态之后[1],这个岛国最重要的城市——科伦坡(Colombo)目前正经历着前所未有的变化。城中的建设工地随处可见,城市天际线正在快速变化,城市环境呈现出崭新的面貌:公共建筑周围的高围墙拆除了;每个路口带枪执勤的士兵消失了;公共空间周围的围栏清除了;需要绕行的道路开放了;市民又回到了街道上;贫民区的人口被安置在新建的高层住宅里;曾遭遗弃的自然保护区成为城市的绿色空间;被忽视的沼泽周边修建了美丽的滨水区。作为历史上曾经闻名的东方花园城市,科伦坡正在进入重塑形象的新时代(图 4-1,图 4-2)。当前城市的发展正受到多方面评价,有许多期待和赞许,但也有误解和争议。一些评价认为现在的建设只是出于政治目的,是纯粹的城市美化运动,缺乏理性和深度;另一些声音则认为这是利用国家资金的商业活动。在这样的背景下,本文对科伦坡当代城市发展进行分析。

2 科伦坡的城市演变过程

根据僧伽罗《大史》[2]记载,斯里兰卡的城市规划可以追溯到公元前。位于斯里兰卡岛北部中央的阿努拉德普勒(Anuradhapura)是公元前 5 世纪第一个经规划建设的城市,并成为僧伽罗王朝的权力中心直至公元 10 世纪。许多其他城市随之涌现,而位于该岛西南部的科伦坡从 19 世纪初开始成为这个岛国的社会、政治和经济的中心。

科伦坡坐落在克拉尼河(Kelani River)河口,由 11 世纪摩尔(Moor)商人的小海港发展而来,其作为近代城市的历史始于 1505 年葡萄牙的入侵。葡萄牙人占领科伦坡后,为防御当地人的袭击,建设了面积约 1km² 的军事要塞,把所有的城市活动都圈定在要塞里(图 4-3)。1658 年荷兰人打败葡萄牙人夺取了科伦坡,城堡要塞规模缩小,但是所有的行政活动、官员住宅等仍在要塞中,其他城市活动扩展至要塞以外几平方公里的范围。在要塞东部形成进行商业贸易的贝塔区(Pettah);在南部沼泽围绕的高地则聚居着奴隶和工匠;在南部沿海的开阔地带形成休闲活动区,即今天的加勒菲斯绿地(Galle Face

---

1 指 1983—2009 年斯里兰卡所经历的内乱。
2 《大史》(Mahawamsa),是关于僧伽罗众王(Sinhalese Kings)的编年史诗,从公元 4 世纪开始编写。

图 4-3

图 4-6

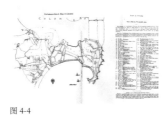

图 4-4

图 4-7

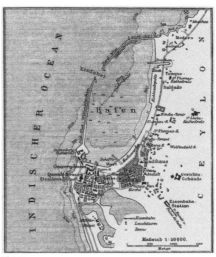

图 4-5

图 4-3
葡萄牙殖民时期的科伦坡
图片来源：Brohier, 1984

图 4-4
荷兰殖民时期的科伦坡
图片来源：Brohier, 1984

图 4-5
1800 年代早期英国殖民下的科伦坡
图片来源：Survey Department of Sri Lanka

图 4-6
1900 年代早期的科伦坡
图片来源：Survey Department of Sri Lanka

图 4-7
20 世纪初科伦坡中心区景象
图片来源：Collection of R Weerakoon

Green)；北部成为商人的住宅区；这些区域之间是大片农田、沼泽和森林（图 4-4）。

1796 年英国人从荷兰人手中夺得该岛的沿海地区。1815 年斯里兰卡成为英国殖民地，称为锡兰（Ceylon）。在对于殖民城市的处理方式上，英国与葡萄牙、荷兰完全不同。他们首先把商业贸易和行政中心从岛南部的中心城市加勒城（Galle）迁至科伦坡，然后建设了联系科伦坡和岛上其他一些重要城市的一系列碎石道路。沿科伦坡海滨向南建设了如今的加勒路（Galle Road），在克拉尼河谷向东建设了今天的雅维沙威拿路（Avissawella Road），穿过克拉尼河往北建设了莫德拉路（Modera Road），以及两条穿越沼泽向东南部科特（Kotte，如今斯里兰卡的行政首都）的道路，碎石干道之间则是肉桂种植园、椰子林和沼泽（图 4-5）。在英国殖民的早期，行政管理职能仍然集中在科伦坡要塞内，而其他城市活动大多沿这些干道向周边扩展。当殖民地建设初具规模后，殖民官员及欧洲商人居住在要塞外贝拉湖（Beira Lake）畔环境优美的小屋里；当地的富裕商人和精英阶层集中居住在北部、南部和东部的住宅组团里。随着海港及相关设施的建设，要塞北部和贝塔区扩展成为商贸中心，商品货物从岛上各处聚集在科伦坡，港口附近服务业兴盛，大量的就业机会吸引来岛上各处的人口。

英国殖民政府在 1847 年引入市政局条例（Municipal Councils Ordinance），并由此成立科伦坡市议会（Colombo Municipal Council），不仅翻开了城市治理的新篇章，也孕育了一批城市精英阶层。这一阶层拥有欧洲与当地混合的价值观，说英语，穿西式服装，崇尚西化的生活方式。从这一阶层中选举出来的议员组成市议会，管理城市和环境。这样的管理背景使得科伦坡在锡兰独树一帜，并在 20 世纪初发展成为这个岛国的重要城市，成为锡兰及其地缘政治的代表（图 4-6，图 4-7）。

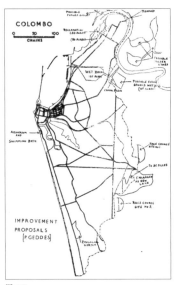

图 4-8

图 4-9

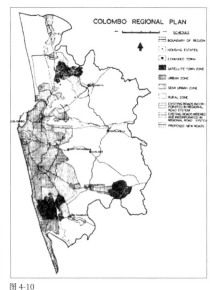

图 4-10

图 4-8
帕特里克·格迪斯（Patrick Geddes）所做的
科伦坡规划示意图
图片来源：Geddes, 1921

图 4-9
1940 年代的科伦坡，地图中央大片圆形绿地即
为维多利亚公园（Victoria Park），现为维哈马
哈德维公园（Viharamahadevi Park）及市政
厅所在位置
图片来源：Survey Department of Sri Lanka

图 4-10
帕特里克·阿伯克隆比（Patrick Abercrombie）的科伦坡规划
图片来源：Abercrombie & Weerasinghe, 1947

　　为进一步扩展科伦坡的城市面积，英国殖民者计划完善交通，增强城市在各个方向的通达性和拓展性，由此在未来城市发展用地上建立起一套新的路网系统，以南北向的基线路（Baseline Road）作为新城的东部边界。在新规划的科伦坡城内，一部分的行政管理功能转移至贝塔区东部；富裕阶层和官员居住在城市的东南部；快速增长的城市的人口主要集中在城市的北部和南部；贝塔区东北部和奴隶岛（Slave Island）局部聚居着工人阶层。1915 年，英国殖民政府设定了《住宅和市镇改进条例》（Housing and Town Improvement Ordinance），是斯里兰卡史上第一个规划条例，其内容和实施方法与英国本土的条例相似，用于改善日益恶化的城市环境卫生。同时，殖民政府也感到了通过正式和完善的规划来满足科伦坡城市扩张的强烈需求。因此，1921 年锡兰总督邀请英国规划师帕特里克·格迪斯（Patrick Geddes）进行科伦坡规划。格迪斯既惊叹于当地市民所特有的园艺精神和对乡村的热爱，也被科伦坡的自然环境所折服，作为埃比尼泽·霍华德（Ebenezer Howard）的追随者，他认为科伦坡具有成为花园城市的潜质，可以通过仔细规划成为东方的花园城市（The Garden City of the East）。格迪斯的科伦坡规划表达了霍华德田园城市的最初理念，整个规划突出公园、水岸、动物园、景观大道和迂回的道路。市政厅模仿美国国会大厦而建，在前面有大片的开放绿地，现为维哈马哈德维公园（Viharamahadevi Park，原名维多利亚公园 Victoria Park）（图 4-8，图 4-9）。

　　随后的 1940 年和 1948 年又相继诞生了两个科伦坡规划。克利福特·霍利德（Clifford Holiday）提出的 1940 年规划建议城市区域可为卫星城环绕，其规划的步骤、条例和方法在 1947 年整合入住宅和市镇规划条例（Town & Country Planning Ordinance）中，并由此设立了市政规划局（Town & Country Planning Department），是斯里兰卡首个完全负责规划管理的部门。1948 年，市政局邀请帕特里克·阿伯

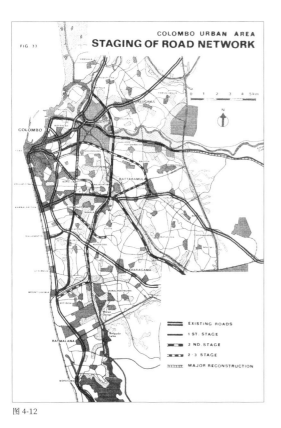

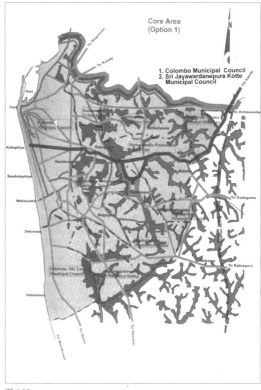

图 4-12   图 4-13

图 4-11

图 4-11
1960 年代的科伦坡局部城市景象
图片来源：200 Anniversary Souvenir of
Cinnamon Gardens Baptist Church (1813-
2013)

图 4-12
1977 年科伦坡结构性规划
图片来源：Colombo Master Plan Project

图 4-13
科伦坡及新的首都区——斯里贾亚瓦德纳普拉科
特（Sri Jayawardanepura Kotte）
图片来源：Urban Development Authority

克隆比（Patrick Abercrombie）编制另一个科伦坡规划。阿伯克隆比的规划建议科伦坡区域化发展，将工人阶级和中产阶级集中在三个卫星城内，每个卫星城都是分级管理，远离科伦坡市中心，通过环形道路在区域边界相连接。在欧洲传统城市规划概念中，都市往往与乡村有别，所有城市的弊端都指向对于乡村优点的破坏。而霍利德和阿伯克隆比的规划都表达了他们对科伦坡城市和郊区乡村绿色特质的理解和关注，从而使得花园城市理念得以保持并延续（图 4-10，图 4-11）。

1948 年科伦坡从殖民统治下独立，执政和商业管理权移交当地政府，公共交通开始出现，城市结构随之发生新的变化。曾经的科伦坡要塞撤除了军事和管理功能，变成商业贸易的热点地带，并延伸至相邻区域；城内尽管还有大片的稻田、橡胶园和农庄，但许多农地已经转变为住宅用地。斯里兰卡自由党（Sri Lanka Freedom Party）领导的中央政府在联合国援助下于 1970 年开始编制新一轮的科伦坡总体规划，这个规划也同样建议通过改善交通和公共设施将科伦坡的城市功能区域化。这个总体规划在 1977 年公布（图 4-12），但是对城市并没有起到明显的改进作用。1978 年统一国民党（United National Party）执政，推进经济贸易自由化，科伦坡开始向全球化方向发展。

1980 年代，在通过自由贸易条例创建的新经济环境下，要塞区仍然是主要的经济和商贸地点，很多大型商业活动开始沿着曾经是花园住宅区的主要道路蓬勃兴起。城市北部成为仓储和工业用地以及工人住宅区；中心城区外主要居住着在政府部门或服务行业就职的中产

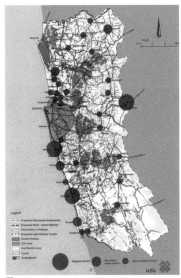

图 4-14

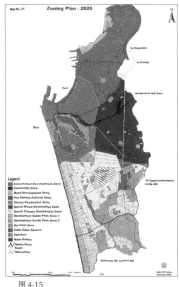

图 4-15

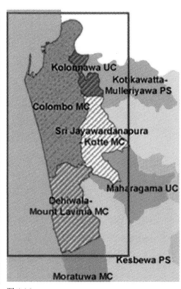

图 4-16

图 4-14
1999 年科伦坡都市圈结构性规划
图片来源：Urban Development Authority

图 4-15
1999 年科伦坡都市圈结构性规划所划定的主要
住宅特区(图中央斜线示意区域周围的浅色区域)
图片来源：Colombo Metropolitan Region
Structure Plan, 1999

图 4-16
科伦坡都市区域发展项目里的中心区域范围
图片来源：Urban Development Authority

阶级，为这些居民提供商业服务的小型商业中心逐渐在主城周边产生。
经历近二十年的发展，中心城区周边的卫星市镇和科伦坡城一起形成
一个大的城市区域，该区域内的人口近 200 万；而当时 (2001 年) 科
伦坡的城市区划范围 (仍然是英国殖民政府所划定的城市范围) 内的
人口为 78 万。由此可见，21 世纪初时科伦坡周边地区的开发已初具规模。

为了进一步促进和规范发展建设，科伦坡成立了城市发展局
(Urban Development Authority) 和大科伦坡经济委员会 (Greater
Colombo Economic Commission)，后者现更名为投资局 (Board of
Investment)。这两个部门负责进行规划、项目实施、土地征用、发
展建设以及联合投资等工作。科伦坡的扩张也得益于其他一些相关决
策，为了给科伦坡主城区不断增加的城市商业功能提供配套设施和空
间，政府所做的战略性调整是将行政管理职能搬迁至离古要塞 6km
以外的科特 (Kotte-Sri Jayawardanepura)。尽管被命名为国家的新
首都并进行规划和建设，科特不论从地理位置还是城市活动来看，都
更像是科伦坡城的一个扩展部分 (图 4-13)。富裕阶层的住宅也从科伦
坡城南部和中部区域转移到城外郊区，为城内不断涌现的商业和贸易
提供用地空间。这一期间，大量当地和国外的投资纷纷投入大规模城
市开发，城市景观发生很大改变。

然而繁荣景象并不长久，未预期的内战将整个国家在 1980 年代
中期推向无政府状态，安全成为国家的首要任务。在内战背景下，科
伦坡，一个曾经令人愉悦和充满希望的城市也笼罩在恐惧和不确定
的阴影下。在这一黑暗时期，仍然有一些大型城市建设项目继续进
行着，譬如 1979 年至 1989 年进行的百万住宅项目 (Million Houses
Programme) 之一的贫民区改善计划，使得居住在贫民区内的、几乎
占城市一半的人口受益；港口进一步拓展，工业和仓储从科伦坡中心
区搬迁出去，为未来城市的商业发展预留空间。

城市发展局在 1999 年颁布了科伦坡都市圈结构规划 (Colombo
Metropolitan Region Structure Plan)，这个规划提出了一个更大的科

图 4-17

图 4-18

图 4-19

图 4-20

图 4-17
2013 年的科伦坡城市景象
图片来源：Daily News, Associated Newspapers Limited, Colombo

图 4-18
殖民时期的建筑正在修复
图片来源：Urban Development Authority

图 4-19
新开放的滨水区域以及周边的公园和休闲场所
图片来源：Urban Development Authority

图 4-20 一些城市区域正逐步创建行人友好的环境并种植了行道树
图片来源：Urban Development Authority

伦坡都市圈，囊括了斯里兰卡的整个西部省（Western Province），但是对于花园城市的策略与之前的规划不同。受当时流行的"可持续发展"思想的影响和启发，这个规划保留了沼泽和农业用地（图 4-14）；在城中心，提出了主要居住特区（Special Primary Residential Zone）的区划概念——低密度的低层住宅被绿地环绕并伴有开阔的公共空间（图 4-15）。但由于当时的经济和政治原因，这个规划并没有按计划实现。

3　科伦坡城市发展的新时代

2009 年政府清除了国内的恐怖集团，社会逐渐恢复和平与秩序。斯里兰卡的新政府在经历了近三十年的社会冲突后，面临大量的修复重建工作，同时国家的经济急需摆脱落后的局面，这些任务既艰巨又充满挑战。新政府提出了未来发展战略，从航运、航空、商贸、能源和教育五方面着手引领未来发展，吸引当地和国外投资。科伦坡作为斯里兰卡的门户城市，城市发展必然要发挥重要作用。政府把城市防御功能融入城市发展中，将原先的城市发展局扩展为国防和城市发展部，这是斯里兰卡城市管理的重要举措。曾经因为国家安全原因以及缺乏远见的政策指导而长期停滞的城市建设如今开始紧锣密鼓地展开。平和的环境、恢复的经济以及良好的政府管理将科伦坡推向一个新的发展时期。

为整合城市区域的发展，2009 年提出了科伦坡都市区域发展项目（Colombo Metro Region Development Project），项目范围超出了科伦坡城，涵盖原先五个部门的管辖范围，从而确定了科伦坡新城的规模（图 4-16）。这个发展计划重点强调三个方面。

第一个发展重点是城市美化运动。良好的城市面貌是吸引投资的关键，因此相关举措包括对公共空间进行修复更新、改善所有道路交通、开放滨水区、建设新的公园以及周边娱乐休闲设施、对重要的殖民时代的历史建筑进行保护更新和再利用。城市美化运动期望找回科伦坡花园城市的面貌，虽然无法和 1921 年格迪斯规划的愿景媲美，但至少以创造一个在热带气候下，适宜步行的、愉悦的城市环境为目标。如今科伦坡城内外的许多项目顺利完工，这些新的公共空间和景点充满了生气，也赋予城市新的生命和魅力（图 4-17—图 4-20）。

图 4-21
贫民区的居民被安置到新的多层公寓内
图片来源：Urban Development Authority

图 4-23（a）

图 4-23（b）

图 4-23（c）

图 4-23
科伦坡当代典型的开发项目：
（a）克里荷广场项目（Krrih Square Development）
图片来源：http://www.edouardfrancois.com/；
（b）奴隶岛发展项目（Slave Island Development）
图片来源：Urban Development Authority；
（c）高级住宅区开发项目
图片来源：Havelock City Development Project

第二个发展重点是改善排水系统。排水问题长久以来困扰着这个经常发生内涝和遭受暴雨袭击的城市，尤其近几年遭遇多次严重的洪水灾害。排水系统改善计划包括修复和延伸现有的下水道、水渠，以及建设一系列保水区，譬如湖泊和沼泽保护区。这些措施非常迅速有效地改变了城市环境质量。

第三个发展重点是对贫困区域的土地再开发。科伦坡仍有相当多的人口和家庭住在贫民区内，这些区域占据了城市 10% 的土地，而许多贫民区占据非常好的区位。把这些贫民区的居民搬迁至高密度的多层公寓群内，清理土地并重新再开发，不仅可以吸引大量商业投资，也可为当地社区建设更好的住宅区（图 4-21）。

除此之外，许多国外投资项目也在蓬勃开展，其中最大的开发项目之一就是沿科伦坡要塞海滨建设的海港城。这个项目征用了近 200hm² 土地，是斯里兰卡历史上最大的国外投资项目，以期提供一个良好的商业投资环境，以吸引国际公司入驻（图 4-22）。建设中的莲花电视塔（Lotus Tower）将成为南亚最高的建筑，结合餐厅和休闲观光，将开发为当地的一个旅游景点。由一些跨国集团投资的高层建筑也在科伦坡市中心陆续建成，中心城区的国际商业连锁酒店提升了城市的商业休闲功能，城市未来将提供更多的办公、住宅公寓、娱乐设施来为满足需求。这些建设迅速改变了科伦坡城市的天际线（图 4-23）。

4　挑战和不确定性

尽管科伦坡及其周边的建设发展呈现雄心勃勃、欣欣向荣的景象，但政府有必要认清未来可能面临的挑战。

首先，建设项目的规模是让人关注的问题——充满雄心的国际级项目在投资量和尺度上都非常惊人，这些项目对于宜人尺度的花园城市过于强势。更重要的是，科伦坡及其都市圈现拥有人口低于 400 万，可能将面临待引进大量人口以维持和消费目前开发量的问题。整个斯里兰卡人口规划是至 2025 年接近 2 400 万，随着斯里兰卡其他城市的建设，可以预见科伦坡的人口不太可能突破 600 万。在这种情况下，对办公、住宅、商业和其他设施的需求不一定能够保持持续增加的态势，市场可能因为供应过量而失去平衡。同时许多南亚和东南亚城市也在相互竞争，吸引国际商业投资，市场通胀的危险不仅仅体现在房地产，同时也体现在整个国家的经济上，除非能够不断寻找到大型的国际商业体或者足以维系大规模的旅游业，否则目前的这些开发就需要在未来找到其他的方式来维持。

第二，从正在进行的开发建设中可以看到一个排他性的城市正在形成。有调查显示，在科伦坡及其周边区域的住宅开发中，超过 95% 的公寓和近 80% 的土地价格远远超过城市 90% 工薪阶层的经济承受能力，市场似乎只是迎合小部分富裕阶层。当那些贫民区的低收入群体可以迁移入新的住宅安置点，而富裕阶层可以进行地产买卖投资时，城市中占最大比例的中产阶层，同时也是需求最大的群体却似乎被排除在住宅市场之外。除此之外，高昂的商品价格也使得大量新兴的公

图 4-22
科伦坡海港城项目
图片来源：Sunday Observer, 23rd March
2013: http://www.sundayobserver.lk/

共场所和购物场所显现出排他性。有意无意地，阶层分化正在城内形成，政府希望聚集高收入人群，进而反过来刺激高科技产业的创新。这正是政府所期待的促进经济快速增长的手段，但是如果这种趋势继续蔓延，科伦坡将陷入和曾经的殖民时代一样的社会现象，即城市将再度出现特权阶层。

第三，科伦坡的城市特色正在消失。许多国际样式成为城中既有建筑或正在建设的绝大多数建筑的特点；作为单一性的大体量开发，许多项目与周边环境毫无关系，只是单纯追求图案化和独特性，可以被放在任何城市。在科伦坡城市形象快速转变的过程中，这些巨大体量的开发遮盖了殖民时期的历史建筑以及城市内复杂的自然环境，人们可能要质疑是什么使得科伦坡区别于其他城市而成为全球化都市，它将成另一个新加坡、迪拜或曼谷吗？它如何能够展现其特有的花园城市特点？

此外，斯里兰卡政府也面临严峻的挑战。科伦坡所得到的优越的政策条件和过度集中的开发与整个国家的发展计划渐行渐远，尽管国家政府试图在斯里兰卡南部的汉班托塔（Hambanthota）建设另一个港口城市，对北部和东部的岛屿开发也投注了很多资金，但科伦坡仍然保持最重要的城市地位。据斯里兰卡中央银行的最新统计，科伦坡都市圈的西部省，在 6% 的国家土地上几乎集中了近 1/3 的全国人口，而 10% 居住在科伦坡城及其周边区域，每天有超过 300 万的通勤人口；整个都市圈拥有国家 80% 的工业和超过 30% 的就业，1/10 的道路集中在这里，1/3 的机动车被这个区域内的人口拥有，整个都市圈也贡献了 45% 的国内生产总值。资源的不平等分配以及对其他地区的忽视成为 1972 年和 1988 年两起暴乱[3] 的主要原因，不平等也使得过去三十年北部和东部的恐怖活动活跃[4]。在所有的这些冲突中，科伦坡

---

3 由人民解放阵线（People's Libration Front）领导的斯里兰卡南部暴乱，1972 年暴乱屠杀了 2 万多年轻人，1998 年的暴乱中约 6 万人丧生。

4 在斯里兰卡北部和东部，泰米尔激进团体组成的泰米尔伊拉姆猛虎解放组织（Libration Tigers of the Tamil Ealam）自 1983 年起进行一系列暴力恐怖袭击活动。

都是被集中攻击的目标。通过总结分析这些过去的经验，斯里兰卡政府需要重新审视对于科伦坡的政策和态度。

5　结语

理查德·马歇尔（Richard Marshall）曾分析过亚洲国家发展的三个阶段。第一阶段为工业时期，国家的首要任务是积累技术能力，工业使得国家快速城市化。第二阶段，通过对科技、商业和金融的分流来吸引国际投资，各个国家全力在白热化竞争的全球经济中抢夺地位，不断涌现的大型国际性项目是这一阶段的特点。今天科伦坡随处可见的城市项目是为在全球经济中争得一席之地而进行的努力。所谓的花园城市形象已经偏离了霍华德的城市规划理念，成为宣传科伦坡城市发展雄心的一个口号。马歇尔预见的，但尚未到来的第三阶段——后危机时代，将是所有亚洲发展中国家的痛苦阶段，在第二阶段中发展膨胀越剧烈的国家，可能遭受的打击也越大。尽管预见的第三阶段可能不会到来，但今天大部分亚洲高速发展的国家都把城市环境的精彩细节、殖民时期所留下的辉煌、当地社区的真实面貌以及城市真实的地理地貌等，当作发展的赌注。这些城市的发展难逃这样的结果：城市能提供的生活体验、生活方式、场所感和城市内容几乎完全同质化，城市运行完全依赖于政治阶层、资本和技术管理手段。科伦坡也不例外。

参考书目 Bibliography

[1] ABERCROMBIE P, WEERASINGHE O. The Colombo Regional
     Plan [R]. Colombo, 1947.

[2] BROHIER R L. Changing Face of Colombo [M]. Colombo: Visidu-
     ma Prakashakayo (pvt) Ltd, 1984.

[3] FLORIDA R. Bohemia and Economic Geography [J]. Journal of
     Economic Geography, 2002, 2: 55- 71.

[4] GEDDES P. Town Planning in Colombo: A Preliminary Report [M].
     Ceylon: H R Cottle Government Printer, 1921.

[5] HULUGALLE H M. Centenary Volume of the Colombo Municipal
     Council: 1865-1965 [M]. Colombo: Colombo Municipal Council,
     1965.

[6] LEFEBVRE H. The Urban Revolution[M]. Translated by Robert
     Bononno. Minneapolis: University of Minnesota Press, 2003.

[7] MARSHAL R. Emerging Urbanity: Global Urban Projects in the
     Asia Pacific Rim[M]. London & New York: Spon Press, Taylor &
     Francis Group, 2003.

[8] PANDITHARATNA B L. A Critical Review of Plans for the Devel-
     opment of Colombo City and Some Trends in Planning [J]. Ceylon
     Journal of Historical and Social Studies, 1963, b(2): 111-123.

[9] PEVSNER N. An Outline of European Architecture[M]. 7th edtion.
     UK: Pelican Books, 1963.

[10] RYDIN Y. The British Planning System: An Introduction[M].   Lon-
     don : The Macmillan Press Ltd. , 1993.

点评

  科伦坡，印度洋岛国斯里兰卡最大的城市。论规模，不论是人口还是土地，大概也就相当于上海中心城的一个区，但它却是一座历史悠久的古城。当年郑和下西洋时就来到过这座古城，并留下保存至今的碑石。作为印度次大陆南面最重要的港口城市之一，科伦坡千百年来在印度洋—太平洋海上贸易途中一直扮演着举足轻重的角色。南亚印度洋温暖湿润海风的吹拂和海上丝绸之路途中繁忙的海上贸易，使它成为印度洋上一颗耀眼璀璨的明珠。

  自 16 世纪初被葡萄牙殖民者占领起，科伦坡便走上了一条长达四个多世纪的殖民地之路。从葡萄牙殖民地到荷兰殖民地，再到英国殖民地，为这座千年古城留下了来自欧洲不同民族文化不断叠加的深深烙印。与此同时，与其一衣带水、渊源颇深的古印度文化，包括佛教文化和印度教文化，更是深深地扎根于斯里兰卡岛，于科伦坡这片沃土间开枝散叶。多种文化的碰撞、冲突、交流与融合，为这座城市也为整个岛国带来独特的魅力。这一点，倒与上海颇有几分相似。同样，这种独特的多种文化交融形成的城市特色，也面临着今天全球化背景下国际商业风格的巨大冲击。如何面对全球趋同的大趋势而又能很好地保留自己特有的历史传统，对于上海和科伦坡来说同样艰难。好在上海近十多年来成功地形成了从决策者到普通民众的高度共识，保护与发展、现代与传统的难题正迎来正确的解答，路途艰难却有理由乐观。斯里兰卡在长期内乱后也正走向快速发展的轨道，其 GDP 的年增长率在亚洲是除中国之外唯一一个持续超过 7% 的国家。科伦坡会重蹈上海快速增长初期漠视城市历史文化遗产的覆辙吗？会与我们一样无法绕过追求"一年一个样、三年大变样"的集体狂热吗？

  四个多世纪的欧洲殖民统治，特别是近一个半世纪的英国殖民统治，使科伦坡成为一个极强规划导向的城市。从 20 世纪初的花园城市到 20 世纪中叶的现代城市，无不体现对于理想城市的追求。而对于英国殖民统治者来说，斯里兰卡得天独厚的自然地理条件和几个世纪亚欧贸易的财富积累，简直就是一处理想的世外桃源。在这里，理想城市的愿景甚至比在英国本土更接近现实。这就难怪英国人会如此正经八百地在科伦坡制定规划了。这一点，上海似乎并未得到殖民者如此"厚爱"。可能一方面是由于上海的"三界四方"，另一方面又由于"半殖民"（租界）的微妙处境，使上海这座号称"东方巴黎"的都市租界区却并没有一个像样的规划，更不用说一个关于现代理想城市的规划。但在独立之后的一段时间里，科伦坡却一直处于无规划状态，而上海则在三十多年的时间里走上了另外一条完全不同的轨道。1980 年代，趁着中国改革开放的东风，上海终于又回到了它本来就不该离开的正道——城市规划，这个即使在租界时代也没怎么露过面的角色终于成为引导这座城市发展的主角。而科伦坡则没这么幸运，多年的内乱使它无暇顾及英国人留下的规划传统，其城市发展，更多关注的是安全而非经济增长和社会进步，以至于今天斯里兰卡的城市建设和国防还属于政府的同一个部门——国防与城市发展部。这点让我们难以理解。摆脱内乱之后的斯里兰卡正走上经济社会发展的快车道。为保证健康的快速发展，城市规划自然而然会成为决策者台面上最值得关注的有效工具，更何况科伦坡有着值得他们自豪的规划传统。问题是，在巨大的经济发展压力下，当年英国绅士们制定规划时的那种从容今天仍会被继承吗？抑或规划仅仅是发展经济的工具，就像我们在中国常常看到的那样？期待科伦坡能够做得更好。

斯里兰卡是最早响应可持续发展潮流的国家之一。早在 1990 年代就在城市规划中试图体现可持续发展的理念。今天的斯里兰卡仍然是全球可持续发展最积极的推动者之一。相信这种深入人心的理念一定会有助于科伦坡以及整个斯里兰卡岛在快速经济发展中始终保持合理方向。而在中国，可持续发展理念仍谈不上真正深入人心，让可持续发展理念真正成为每一位国人的实际行动更是任重道远，路漫漫兮！

随着经济的快速发展，新兴中产阶级正在形成。但作为刚刚富起来的人群面对以更快速度融入国际市场的资本，财富积累的速度远远赶不上地价和房价上涨的速度。城市住房问题成为摆在科伦坡面前的又一个难题。一方面是积极引进国际资本的投入以推动经济的发展，另一方面市场的国际化又让普通民众招架不住。这种双刃剑效应不也正架在我们的脖子上吗？

科伦坡的发展还面临着另一个比较严重的问题：大量的贫民区。同大多数发展中国家一样，斯里兰卡贫富差别巨大。近年经济的快速发展更加大了这种差别。消除城市贫民区成为摆在科伦坡面前的艰巨任务。发展中国家在城镇化进程中普遍存在的贫民窟现象在中国目前似乎还没爆发。城乡二元体制在客观上约束了，实际上是延缓了贫民窟现象的产生。但正是这样一种二元体制，最后又必然引发更严重的社会矛盾。况且，谁又能保证，在我们花了九牛二虎之力完成了"旧城改造"任务之后，不会又迅速产生更大规模的贫民区呢？

由于城市规模相差悬殊，在全球经济网络中又处于太不相同的量级，科伦坡与上海的比较也许意义不大。但同为发展中国家的中国和斯里兰卡却同样面临着大量相似的问题。科伦坡对于中国大量中小城市特别是沿海城市，有着很强的可比性和相互借鉴性。

伍江

德里

DELHI

[印度] P. S. N. Rao 著
P. S. N. Rao,印度规划和建筑学院（新德里）教授

纪雁 沙永杰 译
纪雁，Vangel Planning & Design设计总监
沙永杰，同济大学建筑与城市规划学院教授

印度德里城市规划与发展
100 Years of Modern Urban Planning
in Delhi, India

本文对印度首都德里的城市演变、城市发展的主要问题和当代城市规划进行综合的介绍和分析，包含三部分内容：一是德里的城市演变过程，分为12—17世纪的德里七城、1911—1947年的英国殖民统治、1947年的印度独立和分裂及1967年至今的当代城市规划四个时期；二是分析德里当前城市发展面临的主要问题；三是阐述了德里当代城市规划的主要举措以及2002—2021年城市总体规划的新战略重点。

This article introduces the city evolution history of Delhi, from its hoary past as the capital of many kingdoms dated as early as 1450 BC, to the British colonial influence during early 20th century, to its painful independence and partition of India in 1947 till modern master planning began in 1962. It also further illustrates the problems and challenges Delhi is facing in its development process and the achievements and new strategies of the modern urban planning which attempts to being more meaningful and to improve the quality of life for the people of Delhi.

05

印度德里城市规划与发展
100 Years of Modern Urban Planning in Delhi, India

1　引言

德里（新德里）[1] 位于印度北部，据 2011 年统计，德里大都会总面积为 1 483km²，人口约为 1 675 万，是印度的政治、经济和文化中心，也是仅次于孟买的印度第二大都市。德里坐落在恒河支流亚穆纳河岸边，主要分为德里旧城和新德里。德里旧城是古印度历代王朝的首都所在，而新德里曾为英属印度的首都，也是现印度共和国的首都。

2　城市演变过程

2.1　德里七城（12—17 世纪）—— 多个王朝的首都

德里有着几千年的悠久历史，关于它的记载最早出现在印度梵文史诗《摩诃婆罗多》（*Mahabharata*）中所描述的都城因陀罗普拉沙（Indraprastha）。据史学家考证，因陀罗普拉沙最早可追溯至公元前 1450 年。德里也是若干个王朝定都的地方，从公元 12 世纪至 17 世纪，不同的政权在这里修建了七个不同的都城，史称德里七城（图 5-1）。

第一城，拉莱皮瑟拉城堡（Qila Rai Pithora）由公元 12 世纪印度兆汉王朝国王普里特维拉贾·兆汗（Prithviraj Chauhan）从公元 8 世纪的拉尔科特城（Lal Kot）扩建而来，其旧址位于现德里南部。公元 1192 年，来自阿富汗的古尔王朝（Ghori）打败印度的兆汉王，其留在印度的总督——古特伯·乌德·丁·艾巴克（Qutubuddin Aibak）在 1206 年于德里自立为王，开始库特布·沙黑王朝（Mamluk Dynasty，又称奴隶王朝），成为印度的第一个苏丹，以德里为都，开创北印度的穆斯林统治时期，并打造自己的梅劳里城（Mehrauli），称为德里的第二城。古特伯·乌德·丁·艾巴克为弘扬伊斯兰教，摧毁城中的印度庙，修建清真寺，最著名的是古特伯·米纳尔（Qutab Minar）清真寺，其高 72.5m 的古特伯高塔至今犹存，是印度境内第一座具有伊斯兰风格的标志性建筑。

继库特布·沙黑王朝后，卡尔吉王朝（Khilji）的统治者发动了大规模征服战争，将疆土大幅度向南印度扩展，卡尔吉王阿拉丁·卡尔吉（Allauddin Khilji）在德里建设了第三城——西里堡（Siri），城里开始设立教育机构。至公元 1320 年代，来自西部的吉亚斯·乌德·丁·图格鲁克（Ghiasuddin Tughlak）利用卡尔吉王朝内乱之机入侵德里，夺取政权，开始了图格鲁克王朝并建设德里的第四城——图格鲁克巴德城（Tughlakabad）。图格鲁克王朝前期是德里苏丹国最强盛的时期，

1　德里也称为德里国家首都辖区（National Capital Territory of Delhi）或德里大都会，下含三个直辖市——德里、新德里、德里坎特门（Delhi Cantonment），整个辖区的政治中心是新德里。

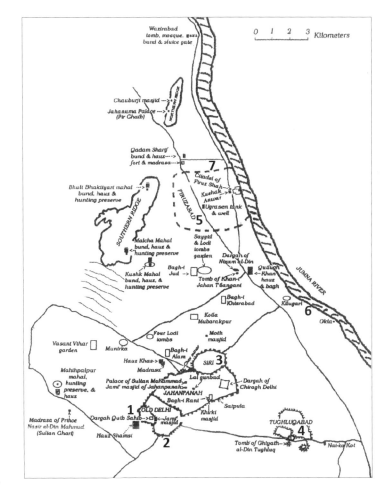

图5-1
德里七城的位置指示图:
1. 拉莱皮瑟拉城堡（Quila Rai Pithora）
2. 梅芳里（Mehrauli）
3. 西里堡（Siri）
4. 图格鲁克巴德城（Tuglakabad）
5. 菲罗兹巴德堡（Firozabad）
6. 舍尔嘎城（Shergarh）
7. 沙贾汉纳巴德（Shahjehanabad）
底图来源: Lort Jennifer Elizabeth, *Curious Seen: Baolis of the Delhi Sultanate*, University of Victoria, 1995

这一时期建设的清真寺、运河等都体现了其辉煌。图格鲁克王朝的第三代苏丹菲罗兹·图格鲁克（Firoze Tughlak）的执政使德里苏丹国维持了较长一段时期的安定和发展，他在亚穆纳河边建了第五城，即菲罗兹巴德堡（Firozabad）。城堡由高墙环绕，里面建有宫殿、清真寺、高塔等，体现了伊斯兰和印度建筑融合的特点。

公元 14 世纪后期，西亚的奥斯曼帝国、东亚的明朝、中亚的帖木儿帝国先后乘势而起，重建亚洲各农耕文明区域的格局。菲罗兹·图格鲁克苏丹死后，1398 年中亚征服者帖木儿（Samarkand Taimur）的可怕入侵终于使摇摇欲坠的苏丹政权彻底崩溃。德里苏丹国在帖木儿撤离后不久解体，独立王国林立各地。继图格鲁克王朝之后的德里没有太多的建设。

1526 年帖木儿的后裔自中亚南下再次入侵印度并建立莫卧儿王朝（Mughal）。1540 年莫卧儿的第二代国王胡马雍（Humayun）战败于阿富汗苏尔王朝的舍尔沙（Sher Shah），被逐出印度。舍尔沙摧毁了胡马雍在德里建设中的新都城，在其基础上开始修建自己的舍尔嘎城（Shergarh）。胡马雍重整兵力，于 1555 年卷土重来，恢复了帝国，夺回了德里，建设完成了舍尔嘎城，称为德里第六城。公元 17 世纪，莫卧儿帝国进入沙·贾汉（Shah Jehan）时代，王朝国势日盛，其所

图 5-3

图 5-4（a）

图 5-4（b）

图 5-4（c）

图 5-4（d）

图 5-2
德里旧城——沙贾汉纳巴德地图

图 5-3
德里旧城——1857 年的沙贾汉纳巴德从北向南
鸟瞰，图左侧为皇宫红堡
图片来源：The Illustrated London News,
Jan 16, 1858

图 5-4
德里旧城面貌：（a）皇宫红堡；（b）旧城内拥挤
的低层住宅区；（c）旧城内逼仄的居住环境；（d）
旧城内的街道景观

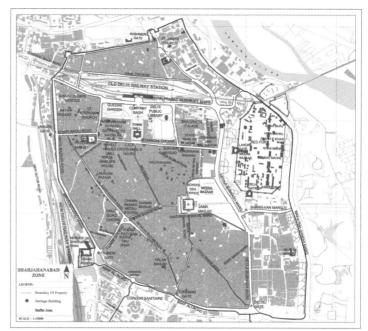

图 5-2

兴建的帝国首都沙贾汉纳巴德（Shahjahanabad）即今天的德里旧城
是德里的第七城（图 5-2，图 5-3）。举世闻名的泰姬陵（Taj Mahal）、
贾玛清真寺（Jama Masjid）和红堡（Red Fort）均是这一时期的杰作。

所有的七城中，仅有沙贾汉纳巴德保留发展了下来，至今仍然承
载着大量的人口，其他六城已经成为历史古迹散落在城市中。沙贾汉
纳巴德临亚穆纳河而建，由城墙环绕，并设多个出入口和外部联系，
城东是皇宫红堡（因用红色砂岩建造，称为红堡），城西是法泰普里清
真寺（Fateh Puri Mosque），连接着东西两端的是著名的昌德尼朝克
大街（Chandni Chowk，见图 5-4 及图 5-5）。这条街是城中的主街，
也是德里旧城的中心，沿街都是集市，如今依然是德里著名的批发市场。
昌德尼朝克大街的两侧则是拥挤的、高密度的低层住宅区，遍布狭窄
的巷弄。几百年来，沙贾汉纳巴德经历了很大的变化，一些老建筑被
拆除或根据商业功能重新分割，商业已经渗透入巷弄内街。

2.2 英国殖民统治（1911—1947 年）——新德里

英国早在 17 世纪已经建立东印度公司并开始在印度的商业贸易，
随后逐渐演变为殖民垄断，而公司当时的重心在印度东部的加尔各答
（Kolkata）。1857 年，印度士兵发动的反对英国统治的民族大起义以
失败告终，本已岌岌可危的莫卧儿帝国自此完结，英国人攻下红堡夺
取首都德里，印度开始置于英国的直接统治之下，称为英属印度（British
Raj 或 British India）。

英国殖民者开始在沙贾汉纳巴德清理红堡周边拥挤的城区，拓宽
街道，建设火车线路以及完善行政管理职能。当时英国殖民者主要集
中在沙贾汉纳巴德的北部，他们在那里建设了方格式路网和低层平房。

图 5-5（a）

图 5-5（b）

图 5-6

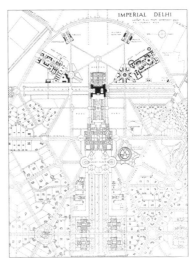

图 5-7（a）

图 5-5
德里旧城的主要干道昌德尼朝克大街：(a) 1860
年代英国殖民时期的昌德尼朝克大街，来源：
Victoria and Albert Museum；(b) 周末的昌
德尼朝克大街景象（2009 年）

图 5-6
新德里作为英属印度首都，选址在德里旧城南部

图 5-7
新德里规划图：(a) 英国建筑师艾德温·兰西
尔·鲁琴斯爵士的新德里规划图；(b) 新德里现
状地图

1911 年，英国殖民行政中心从加尔各答移至德里，德里再一次成为印度的首都，城市面貌至此发生巨变。

英国建筑师艾德温·兰西尔·鲁琴斯爵士（Sir Edwin Landseer Lutyens）被任命为规划师对英属印度的新首都进行设计规划。当时有两个选址，一个在沙贾汉纳巴德北部，另一个在旧城以南（图 5-6）。尽管此时英国人已经在旧城北部有了一些建设基础，但最终的选址还是确定在旧城南部建立新德里，新德里的形象要完全体现英国在其殖民地的权力象征。新德里的规划严格按照西方的城市理论——放射状的路网、强烈的轴线、林荫大道和公园绿地、作为空间结点的圆形广场、强调对景等（图 5-7，图 5-8）。城市的主要轴线是东西向的国王大街（Rajpath），而相当于政治权力中心的总督府（Viceroy's Palace）则建在西端的芮希那山上（Raisina Hill），俯瞰整个新德里。国王大街从芮希那山脚一直向东延伸至东端的战争纪念碑——印度门（India Gate），在总督府周边是办公管理机构的建筑，如议会大厦、高级法院等，同时也容纳了博物馆和艺术展览馆等文化建筑（图 5-9）。这个宏大的规划留存至今，总督府成为今天的印度总统府。

新德里的中心是康诺特广场（Connaught Place），这是一座沿着圆形喷泉广场而建的、带有拱廊的内外两层环形建筑，是新德里商业贸易的中心，也是展示当代都市生活的中心，因连接地铁中央车站，交通便捷，如今也是旅游购物的胜地。康诺特广场周边是鲁琴斯规划的低层住宅区，大部分区域仍保存完好，靠近广场的一些地块已经被允许重新开发为高层商业办公建筑。

2.3 印度的独立和分裂（1947 年）——被难民安置区包围的城市

1947 年印度独立，大英帝国统治下的英属印度解体，英属印度分裂为印度和巴基斯坦两个新国家。印度西部的旁遮普（Punjab）地区和部分西北部的领土被两国分割。印巴分治之后，由于印度以印度教

图 5-8
新德里表现出与德里旧城完全不同的城市风貌，体现了当时西方城市建设理论。图为总督府从芮希那山俯瞰整个新德里，国王大街从芮希那山脚一直向东延伸至东端的战争纪念碑——印度门
图片来源：Centre for South Asian Studies, University of Cambridge

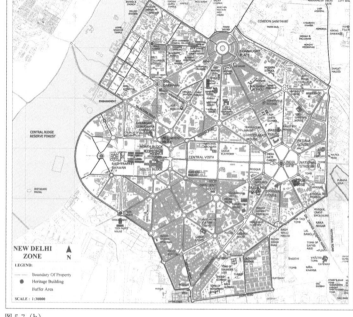

图 5-7（b）

图 5-9（a）

图 5-9（b）

图 5-9（c）

图 5-9（d）

图 5-9
新德里的城市景观：（a）从国王大道遥看总统府；（b）战争纪念碑——印度门；（c）议会大厦；（d）新德里商业中心康诺特广场

为主而巴基斯坦地区以伊斯兰教为主，为躲避宗教迫害，在这两个地区，居住在印度教区的伊斯兰教徒逃往伊斯兰教区，与之相反，伊斯兰教区的印度教徒和锡克教徒逃往印度教区。短时间内大规模的人口流动引发了大混乱，教徒之间发生了难以计数的冲突和暴动。

数以百万计的印度教徒从巴基斯坦逃出成为难民，主要集中在德里、加尔各答等大都市，造成这些地方住房奇缺。刚刚成立的印度政府需要立刻着力解决住房问题，德里市内建设了最大数量的难民安置区（图 5-10）。同时，这一事件也在印巴两国产生了巨大的都市贫困阶级。

德里市内的安置区大多是以小块土地小平房的方式给难民居住。经过几十年的变迁，如今这些安置区通过这些难民的辛勤劳动已经有了巨大变化和发展，以卡尔卡吉（Kalkaji）、马尔维亚纳迦（Malviya Nagar）、拉杰帕特纳迦（Lajpat Nagar）和拉杰德拉纳迦（Rajendra Nagar）最为典型。它们也不再仅仅是居住功能，它们的内部也囊括了大量的商业金融和办公等混合功能，成为城市内价格昂贵的地段，其中的居住人口结构也发生了很大变化。

2.4 当代城市规划（1962 年至今）——住宅区和卫星城

德里是印度第一个有城市总体规划的城市。德里政府根据 1957 年的《德里开发法案》（Delhi Development Act, 1957）设立了德里发展局（Delhi Development Authority）并开始准备总体规划。由于当时的德里发展局刚刚建立，德里的第一个总体规划是在福特基金会（Ford Foundation）支持下由印度政府机构下的城镇规划局（Town Planning Organisation）制定的。这一总体规划为其后的两个规划奠定了基础。从第一个总体规划（1962—1981 年）后，德里发展局相继制定了第二

图 5-10

图 5-11

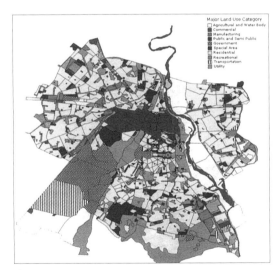

图 5-12

图 5-13

图 5-10
1947 年英属印度解体，印巴分治，因宗教原因
产生的百万难民使德里形成了大量的难民安置区

图 5-11
德里 1962—1981 年城市总体规划

图 5-12
德里 1982—2001 年城市总体规划

图 5-13
德里 2002—2021 年城市总体规划

个总体规划（1982—2001 年）和第三个总体规划（2002—2021 年）（图 5-11—图 5-13）。最新的 2002—2021 年总体规划在 2007 年提出，目前正在修改和调整阶段，使其更有利于经济发展且更好地被人民接受。

　　三个总体规划的精神是一致的：在环形放射性路网系统里建立多中心的城市；中心城区是商务贸易区，其他的商业中心散布在城市里；城市被不断细分为不同的区，每个区又有自己的详细规划；根据相对应的标准进行历史建筑保护、提供绿地、整合社区和各种不同等级的附属设施等。对于住宅规划，早期的总体规划着重小地建屋的形式，如今的总体规划开始强调开发多层和高层公寓，以提高密度。

图 5-14
德里东部的非法开发建成区

图 5-15 (a)

图 5-15 (b)

图 5-15
德里的城市贫民区：(a) 目前德里有近 860 个城市贫民区，占 250 万人口；(b) 城市贫民区的迁移安置点内空置现象严重

德里发展局全权控制城市内所有土地的征用、发展和处理，杜绝了第一个规划编制完成前出现的个人直接从农民手里购得土地而后发展住宅项目的问题。根据 1961 年的大面积土地征用、发展和处理政策，德里发展局征用了将近 90 000 英亩（约 364km²）的土地，计划根据总体规划逐步分期开发。然而一方面由于其开发速度缓慢，这么多土地无法一下消化；另一方面，城市人口急剧增长，从 1961 年的 266 万发展至 2011 年的 1 675 万，人口增长给住房需求带来巨大的压力，造成近 25 000 英亩（约 101km²）的土地被非法侵占私自开发。同时根据规划，德里发展局原本打算开发 20 个商业综合区，然而其缓慢的开发能力使得最后只有 5 个能够真正实现，造成德里住宅区广泛的商业化。

3 当前城市发展面临的主要问题

3.1 非法开发和贫民区

根据德里的土地政策，只有德里发展局拥有土地开发的权力，然而由于其缓慢的开发速度无法满足需求，人们自己开始非法地建设和开发。农地被重新划分为若干小地块并由其所有者转售，而后人们再在这些地块里建屋。这些建设行为虽然非法，然而对于大多数德里市民来说，是经济上唯一能够承受的方式。至今，德里大约有 1 600 个这样的非法居住区，囊括了近 400 万人口（图 5-14）。这些居住区散落在城市各处，不仅仅只是满足居住功能，也有随之相伴的一些家庭作坊式的商业功能。由于居住人口数目巨大，占选民的很大比例，政府决定逐渐将这些居住区合法化。

德里还有大量的、由非法搭建的临时性建筑组成的贫民区。这些贫民区占用政府用地，且大多沿铁路轨道或者亚穆纳河沿线。据不完全统计，有 250 万 ~300 万人居住在这种贫民区里，其物理状况破败，政府一直致力于把这些贫民区内的人口转移到新的安置区。一些沿河的贫民已经拆除，人们被迁移到偏远的安置区，现实情况显示这一计划并不成功，新安置区内空置现象非常严重（图 5-15）。

德里约一半的城市人口居住在未经规划、不被认可的非法居住区和贫民区内。这种城市发展的畸形状态表明政府缺乏有效的策略来解决人民的住房需求，也表明政府垄断下的城市规划与开发模式的缺陷。这些非法居住区不断扩展，在基础设施匮乏和物理状况破败的条件下，其内的一些工厂和商业活动竟然发展成为城市经济的有利支撑点。对于数以百计的这种非法居住区，政府并没有采取任何可行措施使它们得以尽可能地融入城市。2006 年印度高等法院下令开始强制拆除一些非法居住区时，许多工厂被迫一起迁出德里。

3.2 住宅短缺、高房价以及城市向郊区蔓延

过去几十年，德里的房价非常高，德里发展局的土地开发垄断政策造成了住宅供需之间的巨大差距，成为推高房价的主要原因。如今德里 21m^2 的土地售价约为 400 万印度卢比（约 38.8 万人民币）。高房价推动郊区化居住模式，这也是德里郊区成为住宅开发的热土以提供更多住宅选择性的原因。

德里土地开发的私人力量被排挤到德里的偏远郊区。私人开发商抓住德里市内地产价格奇高的机会，希望通过在郊区的房地产开发来吸引买家。德里西北部的哈里亚纳邦（Haryana）和东南部的北方邦（Uttar Pardesh）因鼓励这种私人开发的行为而成为郊区房地产的集中地。如北方邦内的诺伊达（Noida），原是临近德里的一个工业园区，被逐渐转化为房地产开发，以顺应德里的住房需求。继诺伊达之后，此类的房地产开发在北方邦和哈里亚纳邦内蔓延。同时连接昌迪加尔（Chandigarh）的国道和亚穆纳快速道的建成也为沿线房地产开发提供了另一个机会。德里和孟买之间的工业走廊（Delhi Mumbai Industrial Corridor）的形成也意味着即将产生大量的居住需求。如今德里的居民在德里的郊区可以找到各类的房产选择机会，德里的郊区在这样的历史条件下产生了全印度最大规模的房地产建设量，各种经济因素在德里的土地开发需求中也起到很大的导向作用（图 5-16）。

3.3 复杂的管理机制

德里的城市管理系统一直非常复杂。1957 年颁布的《德里市政公司法案》(*Municipal Corporation Act*) 把 10 个当地的相关机构合并成为德里市政公司 (Municipal Corporation of Delhi)，以巩固原本松散的政府管理系统。然而，最近德里市政公司又被拆分为 3 个机构，这种方式增加了管理部门协调和管理的难度。而不断的职能转换也使得管理部门处于尴尬的位置，譬如，城市贫民区问题曾有一段时间归属德里市政公司管理，然后又划归德里发展局管理。如今，为解决贫民区问题，又专门成立一个新的机构——德里城市庇护区改进委员会 (Delhi Urban Shelter Improvement Board)。这种职能上重叠，既相互依赖又缺乏执行力的问题存在于很多德里政府机构中，如德里的水利委员会 (Delhi Jal Board)、2 个私有的电力公司、公共工程局 (Public Works Department)、德里发展局、3 个市政公司、德里的地铁公司

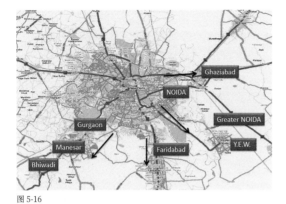

图 5-16

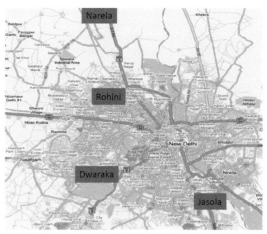

图 5-17（a）

图 5-17（b）

图 5-17（c）

图 5-16
德里市内的高房价迫使人们向郊区拓展居住区，
地图所示为住宅开发密集的德里郊区位置

图 5-17
德里的卫星城建设：（a）德里主要的卫星城位置；
（b）德里西南部的德瓦卡卫星城规划；（c）德瓦
卡内建设的多层公寓

和交通局等，创造了城市管理的迷宫，机构（公司）之间互相推委。另外，城市面积和人口不断扩张，日益增加的复杂性也使得城市管理工作更为艰巨。同时，在政治地位上，德里、新德里和德里坎登门属于德里国家首都辖区（National Capital Territory of Delhi）下的 3 个直辖市，但因为土地全部归印度政府所有，因此德里发展局的直接汇报对象是印度政府，而不是德里国家首都直辖区政府，这也直接带来城市管理上的矛盾和难度。

4 城市规划的主要举措

4.1 建设卫星城

为了满足居住、商业等的持续增长的需求，德里发展局在规划初始就提出了发展卫星城的战略（图 5-17）。第一个建成的卫星城是罗希尼（Rohini），建于 1980 年代早期，位于德里西北部。城市规划为方格路网，拥有 100 万人口，主要是低收入人群，以小地块低层住宅的居住模式为主，局部地块作为社会性福利住房。整个卫星城市经过规划整合了一些综合性功能在其中，为人们居住和工作提供了一个较为健康的模式。另一个大的卫星城是城市西南部的德瓦卡（Dwarka），同样规划为 100 万人口。规划的重点从地块住宅模式转变为公寓，卫

图 5-18 (a)

图 5-18 (b)

图 5-18 (c)

图 5-18 (d)

图 5-18
德里的公共交通：(a) 德里的高架道路和私车；
(b) 德里的地铁；(c) 德里 CNG 公共汽车；(d)
摩托人力车

星城中所有住宅均为多层公寓，由城市合作社自建，因此可以看到非常多变的式样。其他基础和配套设施的建设，如地铁线路、各级公园和开放空间等使得德瓦卡成为颇受欢迎的居住点。德里北部的纳热拉（Narela）卫星城由于交通设施不完善（如缺乏地铁）导致整个开发并不成功，至今仍有很多地块空置。贾索拉(Jasola) 是德里南部的卫星城，相比（其他卫星城）规模较小，但由于德里南部是人们比较热衷的区域，相应配套设施较为齐全，因此可以预见未来的居住情况会比较理想。这一系列卫星城的建设为德里的城市开发项目展示了居住区经过综合而仔细的规划将在多方面提高生活质量。

4.2 改善公共交通

德里数量最多的公共交通工具是公共汽车，城内有约 6 000 辆公共汽车。最近，采用 CNG(压缩天然气) 为燃料的公共汽车已经代替老的柴油汽车，带有空调的汽车也已被引入。然而根据印度政府城市发展部的调查表明，德里公共交通的普及率仅为每千人 0.504 辆，平均等待新型 CNG 汽车的时间约为 70 分钟。除了公共汽车，德里的地铁系统于 2002 年开始运行。其他公共交通工具有主要用于机场和火车站区间服务的计程车、价格合理的摩托人力车，以及只在特定地区为低收入人群服务的脚踏人力车。快速公交巴士系统也曾被引入，因在德里的交通状况下无法享用真正的优先路权，造成等待时间过长而遭到人们的抵制。德里对于公共交通的需求非常巨大，故而有很大提升空间（图 5-18）。

德里私人汽车的拥有量也很高，为减少交通堵塞，德里在环线道路上又架设了高架，现已建成约 90 条高架道路，位于印度之首。随之而来的停车场问题是德里需要面对的另一大挑战。市场和住宅区的沿路停车已经给城市空间和管理带来了严重的混乱。为解决这一矛盾，很多地方开始建设多层停车库，在一定程度上起到缓解作用。德里第一个全自动的多层停车库由政府和私人合作开发，建于沙罗基尼纳加（Sarojini Nagar）市场，二至八层可以停放 800 辆车，底层作为餐饮商业功能。同样的自动停车系统也将在一系列商业和办公场所内推广，如康诺特广场和高等法院等。

4.3 非法居住区的合法化和改善贫民区

由于非法开发建设的居住区内人口数量巨大，占了选民的很大比重，最近德里政府决定将所有不被认可的非法居住区逐步正规合法化，至今已有 1 400 个这样的居住区得到合法化。然而这些非法建成区内最大的问题是其物理性的缺陷。因为当初开发不合法，所以也没有相应的市政配套和服务设施，巷弄狭窄，缺乏光线和空气流通。政府正在努力系统化地优化这些方面。然而，此类改造需要大量的财政支持。同时，很多居住区又包含很多作坊和家庭式的小工厂，对于居住和工作的刚性需求，又使得这些居住区内的人口密度进一步飙升，让改造举步维艰。

图 5-19 (a)

图 5-19 (b)

图 5-19
德里拥有千年文化和丰富的历史遗迹, 历史遗产保护也成为城市发展的挑战: (a) 莫卧儿国王胡马雍墓; (b) 古特伯·米纳尔清真寺内高72.5m 的古特伯高塔

图 5-20
德里成为举办世界级赛事和活动的城市, 图为2010 年英联邦运动会举办场馆

　　将贫民区迁移安置到规划的居住安置点的目标已经提出几十年了, 目前的政策是将贫民区居民迁移至政府安置点上的小户型公寓。然而这些安置点大多地处偏远郊区, 交通极为不便, 学校等其他公共设施匮乏, 主要是城市低收入人群居住的地方。不久前, 亚穆纳河沿岸的贫民区被拆除, 居民被迁移到非常远的巴瓦纳 (Bawana) 安置点。然而, 这一措施并不被贫民区居民所接纳, 最终以失败告终。

4.4　应对基础设施不足

　　德里的基础设施建设不足, 供水和供电是两大主要问题。德里的地下水不适合饮用, 饮用水主要依赖亚穆纳河和恒河。城市发展规划已经计划从这两条河引入河水, 经过处理作为城市居民饮用水。而在电力供应方面, 停电经常发生。原先国营的德里电力供应企业产能很低, 如今私有化之后, 电力供应有了大幅的提升和改善。然而, 即便如此, 德里的电力消耗仍然很大, 因为气候原因, 大部分家庭都需要使用空调进行制冷与采暖。

4.5　保护历史遗产

　　德里拥有几千年的历史, 在城市里有 1 300 多座纪念碑, 代表了12 个朝代的 88 位国王, 其中包括红堡在内的 3 座历史建筑已经被列为世界文化遗产 (图 5-19)。这些历史遗迹散布在城内各处, 使得城市总体规划和建设开发曾一度非常困难, 另外也使政府意识到保护这些文化遗产的重要性和潜力。对这些城市遗址的保护工作正在逐渐改进, 它们吸引了世界各国的游客, 给城市文化带来活力, 也促使旅游成为印度经济的支柱产业之一。

4.6　应对世界级的城市活动

　　德里已经成为一系列国际性活动的主办城市, 如亚运会、英联邦运动会、F1 汽车赛以及一系列国际性的商业展览 (图 5-20)。德里与其他世界级的城市相比, 在城市规划、体育场馆建设、配套服务和基础设施上相差巨大, 每一次的大型城市活动都需要集结巨大的城市资源来支撑。故而, 德里在应对国际性活动, 以及真正成为国际性都市这条道路上还需要作出更大的努力。

4.7　2002—2021 年城市总体规划的新战略重点

　　1962—1981 年和 1982—2001 年的两个规划与最近的 2002—2021 年新城市总体规划相比, 有很大的不同。前两个总体规划的特点和问题包括: ①没有相应的管理制度; ②土地零散开发, 利用效率低; ③提倡低层和低密度开发; ④土地开发由政府垄断; ⑤推行自上而下的规划策略; ⑥偏重总体规划; ⑦政府操控土地征用; ⑧提倡私人交通工具; ⑨主张城市开发。而发展到 2002—2021 年新总体规划则有了以下改善: ①规划开始具有详细的管理制度; ②提倡综合性的土地开发; ③加强高层和高密度开发; ④给私人开发留有余地; ⑤提倡公众参与的规划和公私合营的土地开发；⑥侧重分区详细规划；⑦推行轨道交通并侧重城市重建工作。

为解决日益增多的汽车和城市交通堵塞，2002—2021 年的城市总体规划提出安全、经济和便捷的公交系统的战略思想，提倡以公交为导向的发展模式。希望公交系统能够涵盖社会的各类人群和地区，减少污染和交通堵塞，提高能源利用效率，进一步发展快速公交系统，减少私家车的使用。规划同时建议在快速交通干道沿线加强地产开发，提高沿线的土地利用效率，方便市民的交通出行。

新的总体规划计划把现有地块整合重建，开发高层。规划将对政府住宅用地、德里发展局用地、贫民区的安置地和私人用地进行整合重新开发，而建筑高度的限制取消后，这些地块可以通过建设高层来获得更高的容积率。鼓励地块重建可以增加城市内住宅的供应量，在一定程度上控制高房价。

长久以来，政府征地一直非常困难，关于征地的补偿问题也是纠纷不断，而 2002—2021 年新规划所推出的土地公私合营方法是一个全新的尝试。这一计划鼓励个人用私有土地入股，公私合伙经营进行城市用地的再开发，德里发展局为土地提供基础设施建设和水电供应等，开发好的土地一部分归还私人业主，可以自行根据土地使用性质、容积率等相关规划条例进行再开发或转售。规划规定如果以 2~20hm^2 的土地入股，经联合开发后，土地的 60% 仍然可以归属私人拥有，40% 归德里发展局，用于建设城市住宅等公共事业；20hm^2 以上的土地入股，开发后 48% 归私人，52% 归德里发展局。土地公私合营方式的推出，预期将给德里带来土地开发的新热潮，同时进一步解决城市内住宅供应短缺的问题。

2002—2021 年城市总体规划也非常关注低收入家庭住房的问题，硬性规定地块内 15% 的容积率或者地块内开发的 35% 住宅单元，两者取高者，必须作为低收入家庭住房。考虑到德里住房供需的巨大缺口，这个计划在解决低收入家庭的住房问题上将有很长的路要走。

新的总体规划也致力于环境治理工作的推进。德里的环境一度很差，但随着一系列的检测控制，目前状况有所改善。公交和摩托人力车上强制规定使用 CNG 使德里的空气质量大幅度改善；地铁的建设也对提高空气质量起到很大作用；另外，城市内很多工厂被搬迁出去，减少了市区的工业污染源。高等法院也对固体废弃物的监管进一步加强。公共卫生方面，蚊虫叮咬带来的致命疾病（如登革热）经常发生，也是环境治理方面的一个重要考量。亚穆纳河的污染以及地下水污染是水环境治理的另一个挑战，如今在德里为确保水资源平衡，雨水收集已作为强制规定来执行。

5　结语

德里作为一座千年古城，承载着文明也见证了层叠的历史痕迹。如今，现代生活的需求给城市面貌带来的变化与这些历史遗迹已经成为不可分割的整体，创造了德里独一无二的风貌。在四百多年前的沙贾汉纳巴德，可以看到现代的地铁车站，紧挨着的西里堡是现代大剧场，而古特伯·米纳尔清真寺边已经建成高尔夫球场。德里正在向国际化都市发展，而城市化的进程也展现出巨大的问题和挑战：城市贫困阶层、非法居民区、环境污染以及城市内高昂的生活成本。现代城市规划的重要性已经逐渐被当地人认识、接受并推进。城市规划的专业人士也意识到公众参与是规划成功的关键，而可持续发展是德里未来城市的发展需求。2002—2021 年城市总体规划为整合各方面观点提供了更开放灵活的系统，而次一级的区域规划也正尝试给予更多的空间，让各种意见都有平等的表达机会。希望不久的未来，新的城市规划能够为提高德里居民的生活质量作出有意义的贡献。

参考书目 Bibliography

[1] Delhi Development Authority. Master Plan for Delhi 1962—1981[R]. DDA, 1962.

[2] Delhi Development Authority. Master Plan for Delhi 1982—2001[R]. DDA, 1990.

[3] Delhi Development Authority. Master Plan for Delhi 2002—2021[R]. DDA, 2006.

[4] FANSHAWE H C. Delhi–Past and Present[R]. Lond: John Murray, 1902.

[5] GULATI S C, TYAGI R P, SHARMA S. Reproductive Health in Delhi Slums[R]. New Delhi: B. R. Pub. , 2003.

[6] HEARN G R. Seven Cities of Delhi[R]. Lond: W. Thacker & Co., 1906.

[7] RAO P S N. Urban Governance and Management[R]. New Delhi: IIPA & Kanishka Pub., 2006.

[8] SINGH S. Solid Waste Management in Resettlement Colonies of Delhi–A Study of People's Participation and Urban Policy[M]. New Delhi: Bookwell Pub., 2006.

点评

德里是印度首都，也是印度第二大城市，土地人口规模与上海中心城区及其延伸区基本相当。与印度其他大城市相比，德里体现出更强的文化多元性特征。

首先是它强烈的殖民地色彩。新德里与旧德里，不论从行政意义还是地理意义上来说，都是不可分割的同一座城市。然而看上去却俨然两个完全不同的城市，以至于不少中国人总是将"新德里"当成一个独立、完整的城市。所谓"新"与"旧"，其实是英国殖民者用来称呼按照当时西方城市规划理念建立起来的"新"城与原来就已存在的"旧"城。这一点很像上海的租界与老城厢。只是上海的老城厢太小，而老德里在新德里之前就已具有相当大的规模。与东方大多数殖民地城市一样，新德里具有强烈的19世纪欧洲理想城市的色彩，其几何放射型布局、带有传统工艺痕迹的欧式建筑、大片公园绿化，将一个拥挤、破旧、"异国情调"（对于英国殖民者而言）浓郁的旧德里几乎比照成为另一个完全不同的城市。

其次是它强烈的异质文化冲撞与融合。德里已具有超过八百年的伊斯兰传统。印式伊斯兰风格的建筑虽已难再现昔日规模，大量的历史文化古迹仍能显示当年的辉煌。当然，作为今天印度共和国的首都，德里又总是竭力表现出其多民族文化的交融。

第三个特点是它强烈的新旧对比和贫富差距。与大多数印度大城市一样，在新德里，除了英国殖民地时期留下的欧式风情外，不难发现崭新的商业区和一座座豪华的商务办公楼，以及成群西装革履的城市白领。主干道上的堵车也并不比北京逊色。但一进入老德里，成片破旧的建筑、无数正在吆喝的小吃摊，以及衣衫褴褛的人群就会让人怀疑自己是否正穿梭于不同的世界。

对于德里城市发展中的问题与挑战，我们的印度同行并不避讳。在连续坚持了半个世纪的三轮城市规划中，也不难看出他们的锲而不舍和雄心勃勃。

在德里的规划建设中，最头疼的大概就是贫民区的改造。与中国大规模旧城改造运动不同的是，印度没有这种改造所仰仗的政治制度。土地私有制为城市改造所需的成片土地征收带来天然的障碍。为保证首都规划建设实施而设定的法律制度（德里发展局垄断城市成片开发权）又使得这种障碍变得几乎无法逾越。即使是在由大量非法搭建而成、居民并无合法土地所有权的贫民区，由于大多数贫民依赖极低的生活成本和便利的小生意生存，一旦被赶出贫民区便彻底失去生存的条件，而使得政府即便拥有土地的"合法权益"也轻易不愿触碰。虽然前些年德里就通过国家高等法院的法令启动了强迁贫民区的动作，但政府行为必须服从民意，贫民区的选票也是一张值一张，政府是绝不会为了"让城市更加美好"而失去这数量不菲的选票的。这么说并不是讲贫民区的居民都不愿"被改善"，问题是极高的人口密度，越来越高的土地开发成本，都使得就近安置贫民区改造后的贫民成为不可能，而远迁郊区安置，断了穷人挤在闹市区混日子的生路，贫民区居民就要显示他们手中选票的力量了。我们今天的旧城改造也开始越来越多地遇到同样的问题，将来会一直这样吗？看看那些苦不堪言的负责拆迁的官员，我们难道不该多往长远想想吗？

印度的政治体制造成他们的政府避重就轻，为解决城市经济发展的需要和越来越多的城市中产阶级的居住需求，也为老城区（特别是新德里的老城区）居高不下、让很多新兴中产阶级望而生畏的高房价，他们绕开城市旧区的改造而大规模建设城市外围的新区和卫星城镇。从形式上看，德里和上海在规划总体思路上都将郊区新城（他们仍称其为卫星城）看作规划重点。但与我们的新城建设不同的是，德里的卫星城反而是他们城市新兴功能和中产阶级居住的引入区，真正做到了"产城融合"，而且是新兴产业和新城的融合。而我们的"新城"，既非中心城区主导功能的引入区，又非新兴产业人口的导入区，在很大程度上逐渐成为中心城区淘汰产业的转移区、外来低收入人群的集聚区和中心城区低收入阶层的疏散区。在大片的郊区"大型居住区"，甚至连"低端"的产业都无从谈起，更无法奢谈什么"产城融合"。德里的卫星城中也有政府主导下建设的城市贫民区拆迁户安置区，但印度同行自己也认为这恰恰是他们卫星城建设的失败之处。而我们的郊区建设中比德里规模大得多的拆迁安置区事实上也存在着与印度同样的问题，却显然被我们的决策者们所忽略，甚至很少受到专家们的关注。从这个角度来看，印度的新城规划与建设倒是很值得我们借鉴的。

说实话，德里乃至整个印度的城市管理水平实在不能说比上海高。连他们自己现在也把上海看作赶超的对象。这一点倒是反映出印度社会意识的进步。记得十多年前在印度还能听到让人啼笑皆非的关于"上海不久就会超过我们印度（城市）"的奇怪论调。但我们也不可能真的就觉得印度永远就比我们落后。我们的制度优势让我们今天走在了印度的前头，但印度有印度的优势，他们对于市场经济的驾轻就熟，他们对于自然的顶礼膜拜，他们对于宗教信仰与生俱来的虔诚（虽然有时也会走向极端），以及他们对于历史文化传统的极端重视，都会在印度未来的发展中显示出我们所难以具备的优势。

伍江

迪拜

[美国] Yasser Elsheshtawy 著
Yasser Elsheshtawy，阿拉伯联合酋长国大学建筑系
副教授

纪雁 沙永杰 译
纪雁，Vangel Planning & Design设计总监
沙永杰，同济大学建筑与城市规划学院教授

DUBAI

迪拜:
房地产运作与跨国性城市发展
Real Estate Speculation & Transnational Urbanism in Dubai

本文以三个部分阐述和分析迪拜的城市发展模式和特点——第一部分介绍自1960年代至今的城市发展历程,分析形成当代迪拜的主要推动因素;第二部分对城市整体发展状况进行量化和图示分析,呈现了针对城市化过程、现有土地利用情况和开发商及其掌控土地资源情况三个方面的量化研究成果;第三部分通过正在发生改变的萨特瓦和艾尔索达两个传统社区的典型案例深入分析迪拜城市开发相关的社会问题。本文提出了迪拜城市发展模式受房地产主宰,城市发展的主要服务对象是外来的临时居民和投资者等影响城市未来的深刻问题。

The paper is structured in three parts. First, it briefly reviews the history of Dubai's urban growth to establish the factors that led to the city's current urban form, including the financial crisis of 2008 and the subsequent "comeback". Second, it extends the review by providing an empirical account of the city's current state in terms of overall development and urban growth, which is to establish a baseline against which future growth could be measured. Third, it analyzes social issues by contextualizing the discussion through case study which encapsulates the city's urban strategy. The paper concludes that Dubai's urban development paradigm has been dominated by speculative mindset and related urban planning issues will affect the city's uncertain future.

06

迪拜：
房地产运作与跨国性城市发展
Real Estate Speculation & Transnational Urbanism in Dubai

1　引言

　　迪拜被认为是疯狂房地产投机的代名词，这座城市所具有的、夸张的城市特征由一系列宏伟壮观的标志性建筑堆砌而成。2008 年的金融危机证实了这些观点——当时，外籍人士绝望地逃离这座城市，留下一座空城和高速投资时期积累下的巨额债务。但是，也正是那些宏大的建筑项目和既建的城市基础设施帮助这座城市熬过了经济危机之后的低迷时期。最近几年，那些巨型项目再次崛起，期房销售热度回归，停工的项目复工，并有一些新项目开始计划，迪拜经济已经复苏。经济复苏给迪拜带来的负面影响，是由于开发项目所导致的居民搬迁、传统城市社区毁坏，以及碎片化的城市形态。本文试图通过反思迪拜的快速发展过程，分析迪拜如何成为资本积累、房地产投机和政治权力的联结体，这些决定性因素的叠加创造出了迪拜。无论是好是坏，这或许是 21 世纪城市的代表或发展方向。虽然迪拜的建设并没有遵从一个特定的规划，但显然存在一个逻辑或愿景在引导城市发展——将城市作为房地产开发的供给方，少数由统治力量掌控的国有开发集团分割城市内可开发的土地资源，并向全球资本出售房地产产品。依照这种逻辑的发展形成了碎片化的城市肌理，城市对低收入人群的排斥性越来越强，宜居和可持续发展等问题也越来越凸显。

2　城市发展过程

　　迪拜用了约四十年，从一个乡村转变为一座世界都市。尤其是过去的二十年，城市发展速度惊人（图 6-1），涌现出一批全球瞩目的标志性建筑，如世界最高建筑哈利法塔（Burj Khalifa，也称"迪拜塔"）。迪拜的众多大型开发项目，从城市整体结构来看，显然不是严谨规划的结果。迪拜在发展之初有总体城市规划，但其后大量的房地产开发远远超出了总体规划的范围，后来的规划文件对实际开发的引导作用比较松散或仅是方向性的。

2.1　起始阶段：约翰·哈里斯总体规划

　　1960 年，英国建筑师约翰·哈里斯（John Harris）为迪拜制定了第一个总体规划。1960 年代的迪拜十分落后，城市道路是土路，没有供水、供电等基础设施网络，生活用水通过罐装用驴子运进城里，也没有现代港口设施。通讯条件十分困难，几乎没有无线的电话和电视

图 6-1（a）

图 6-1（b）

图 6-1
迪拜城市天际线的变化：(a) 2004 年；(b) 2015 年

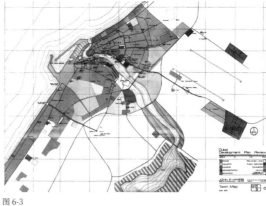

图 6-2   图 6-3

图 6-2
1959 年迪拜总体规划
图片来源: Dubai Municipality

图 6-3
1971 年迪拜总体规划
图片来源: Dubai Municipality

设施。从伦敦到迪拜需要几天的连夜中转才能到达。因此，哈里斯规
划关注城市的最基本要素——一份地图、一个路网系统和明确的城市
发展方向（图 6-2）。这个最初的规划除了制定道路系统，还明确了城
市功能分区，包括工业、商业和公共设施、新的住宅区以及城市中心等，
在迪拜城市化起始阶段发挥了重要作用。由于经济条件限制（制定规
划时尚未发现大量石油资源），这个最初的迪拜规划是节制而谦逊的。

1960 年代后期石油资源的发现和开采促进了迪拜经济和城市的
快速发展，为应对发展需求，1971 年仍由哈里斯制定了新的总体规
划。新规划将布尔迪拜（Bur Dubai）和德拉区（Deira）以跨河隧道连
接，即今天的辛达哈隧道（Shindagha Tunnel），并建设两座桥梁——
马克图姆大桥（Maktoum）和加豪德大桥（Garhoud），拉希德港（Port
Rashid）建设也是新规划的一部分。朝向杰贝阿里海滩（Jebel Ali）
的大片区域被定为住宅开发地，即现在的朱美拉区（Jumeirah）；另一
大片区域被保留为工业用地，城市向南的土地预留给医疗、教育和休
闲娱乐功能 [1]（图 6-3）。新规划也在一定程度上尊重了城市的历史。根
据这个新规划，1970 年代出现了一系列迪拜早期标志性建筑，其中最
著名的是由哈里斯设计的世界贸易中心。这座 40 层高的地标建筑在
其后二十年间一直是阿拉伯国家中的最高建筑，英国女王伊丽莎白二
世出席了 1979 年这座建筑的开幕仪式，标志着迪拜这座城市登上全
球舞台。

随着早期标志性建筑的出现，迪拜的城市发展也开始向纪念碑式
的宏伟蓝图转变，并迅速向城外扩张。沿着谢赫·扎耶德路（Sheikh
Zayed Road）通向杰贝阿里的区域形成新的城市发展带，被称为"新
迪拜"，并成为城市新的商业和金融中心（图 6-4）。沿这条发展带建设
了很多新项目，彻底改变了迪拜的城市天际线和范围。这种快速发展
的动力一方面来自石油带来的财政能力，另一方面是由于迪拜政府将
城市开发视为财政收入的另一来源。但沿着发展带布局的新开发项目

图 6-4
新迪拜的典型城市景观
图片来源: Yasser Elsheshtaw

1 GABRIEL E F. The Dubai Handbook [M] Ahrensburg: Insitute for Applied Economic Ge-
ography, 1987.

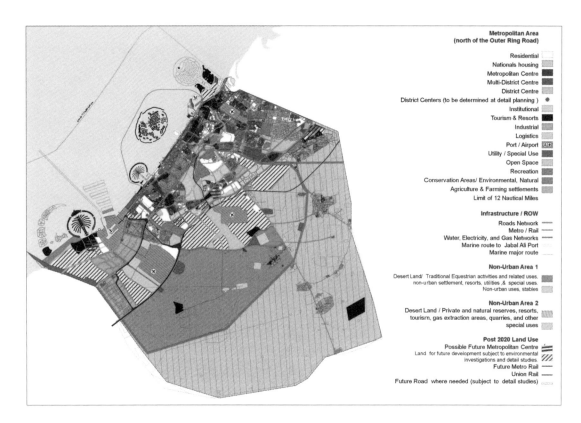

图 6-5
迪拜 2020 年城市总体规划
图片来源：Dubai Municipality

之间缺乏有机联系，导致新城区趋于碎片化的格局特点。而且，开发项目能够快速增值也使得不严格遵循规划成为一种必然趋势。

2.2 持续开发：迪拜结构规划

迪拜城市快速扩张发展已经远远超出原有总体规划能控制和引导的范畴。而竞争性的开发，如何保持可持续发展，以及因外籍人士大量涌入而产生的社会和经济问题都促使迪拜提出一个新的、有更完善发展愿景的规划。1995 年，迪拜政府提出了未来二十年发展的"结构规划"（Structural Plan）。这一结构规划在概念上基于一系列空间节点和发展轴，在项目用地方面具有足够的灵活性以应对未来变化。1995年的结构规划对其后二十年迪拜的持续开发和基础设施建设产生了重要影响，重大开发项目在选址等方面很大程度都尊重了结构规划的意图。可以说，这个结构规划和过去这二十年的大量开发项目奠定了今天迪拜的城市空间结构和形态特点。推出这个结构规划时，迪拜尚未开始狂热的房地产热潮，一些能够左右城市发展的房地产巨头尚未出现。如今，纳克希尔（Nakheel）和埃玛尔（Emaar）等房地产集团已经是影响迪拜城市发展的关键性力量。

这一时期也是一批全球著名的地标建筑涌现的时代，如风帆状的阿拉伯塔（Burj Al Arab）、超现代的阿联酋塔（Emirates Towers）和世界最高建筑哈利法塔（Burj Khalifa）。大量的填海造地也是这个时期的重要特点，建成了一批这类项目，如朱美拉棕榈岛（Palm Islands）、迪拜码头（Dubai Marina）和朱美拉海滩高级住宅区（Jumeirah Beach Residence）。除了实际建成项目外，在金融危机来临前的 2007 年还有很多规划中的项目，包括取代传统街区的巨型综合体项目朱美拉花园（Jumeirah Gardens）、新的填海造地项目和其他超高层建筑等[2]。金融危机引发的全球经济衰退让这些项目暂时搁置。

2.3 再度崛起：迪拜 2020 年城市总体规划

金融危机之后，迪拜再一次反省城市发展战略。由于开发项目取消或停滞，经济衰退带来的影响相当严重，大量在迪拜工作的外籍人士离去，房地产价格跌幅超过 50%。针对严重衰退，迪拜受到批评的主要问题之一是缺乏一个明确的城市发展框架性文件。相邻的阿布扎比设有城市规划委员会，专职负责设定城市发展愿景、制定土地规划以及管控规划实施等各个步骤，而迪拜并没有这类管理机构。2014 年，迪拜市政府、其他相关政府机构和主要开发单位合作，在 1995 年结构规划的基础上提出了"迪拜 2020 年城市总体规划"（*Dubai 2020 Urban Masterplan*）[3]（图 6-5）。这一总体规划采用了当代城市规划通用的一些理念，包括"利用现有基础设施""保护环境，能源多样化""应对社会和经济转型，改进立法和政府管理框架，简化规划流程"等。基于以往结构规划和建设所奠定的城市格局和边界，这一轮规划认识到迪拜面临的城市肌理碎片化问题，对填充式开发项目给予高度重视，将其视为解决这一问题和城市更新的关键。规划还对城市化参数、未来扩张的模式和区域性的集中居住区等问题做了规定。规划还提出按照阿布扎比城市规划委员会为蓝本，设立一个更高级别的规划监管机构，但目前尚未实现。

随着迪拜 2020 年城市总体规划的实施，一些停滞的巨型项目开始复工，街道逐渐恢复到以往的拥堵，媒体以"迪拜复兴""迪拜反弹"等标题争相报道经济复苏迹象[4]，也报道了以往被嘲讽的项目所取得的意想不到的成功和不断攀升的经济指标，如哈利法塔曾被批造价昂贵却用处不大，但如今已经是迪拜新的市中心的重要组成部分，也是最受欢迎的时尚聚集地。迪拜地铁每天运载旅客超过 30 万人次[5]。许多金融指标也支持迪拜复兴的观点。国际货币基金组织（IMF）在 2012 年初预计迪拜 2012 年前半年 GDP 较 2011 年同期增长 4.1%。贸易、交

2 ELSHESHTAWY Y. The Prophecy of Code 46: Afuera in Dubai or Our Urban Future[J]. Traditional Dwellings and Settlement Review, 2011, 22, no. 11: 19-31.

3 Dubai Municipality. Structure Plan for the Dubai Urban Area (1993–2012) [R]. Dubai: Dubai Municipality, 1995.

4 The Economist. Dubai's Renaissance: The Edifice Complex[EB/OL]. http://www.economist.com/news/finance-and-economics/21569036-gulf-emirate-flashy-ever-it-still-has-structural-problems; The Economist. Dubai: It's bouncing back[EB/OL]. http://www.economist.com/news/middle-east-and-africa/21590556-emirate-recovering-boldly-its-humil-iating-crash-its-bouncing-back; The Telegraph. Has Dubai really served its time in the financial desert[EB/OL]. http://www.telegraph.co.uk/finance/globalbusiness/10669232/Has-Dubai-really-served-its-time-in-the-financial-desert.html; Merip. Boom, Bust and Boom in Dubai[EB/OL]. http://www.merip.org/boom-bust-boom-dubai.

5 http://www.economist.com/news/middle-east-and-africa/21590556-emirate-recover-ing-boldly-its-humiliating-crash-its-bouncing-back.

通和旅游也兴盛发展。2012 年 9 月，埃玛尔地产推出 63 层的住宅项目，共 542 套公寓在上市第一天就售罄，这一现象说明迪拜已经恢复到经济危机之前的兴盛状态[6]。

另一复兴迹象就是房地产价格再度飞涨。据路透社报道，迪拜房价 2015 年 1 月至 3 月相比世界其他主要房地产市场有着最快的同比增长，在第四季度更是上涨了 27.7%[7]。2015 年迪拜经济增长约为 5%，很多因素促成了这种以房地产为主导的经济增长。迪拜在其发展历程中得益于其所处地区的政治不稳定，特别是"阿拉伯之春"运动促使阿拉伯投资者在这个动荡地区寻求安全的资金出路，从而导致大量资金流入迪拜房地产市场。但对这些游资的依赖使城市很难精准预测未来市场需求，城市应对未来突发金融危机的能力也会非常脆弱。迪拜房地产市场基本由现金买家主宰，2014 年初的预测显示，现金交易将占总交易量的 72%，该指标大大高于世界其他主要城市[8]。迪拜政府已经觉察到由此带来的泡沫风险，并采取了相应管控机制，如提高交易费，对贷款额度设置上限等，但这些措施相对于其他国家的类似政策而言仍然非常宽松[9]。为了平复不断增长的忧虑，城市主干道谢赫·扎伊德大道上立起的一块大型广告牌上写着：保持冷静，这里没有泡沫。

还有一个体现当前迪拜复兴状况的常用指标是规划的新项目（包含复工以往搁置的项目）。2015 年迪拜宣布在过去一年半内新规划的房地产项目总价值超过 500 亿美元，且未来十年里新规划项目总价将高达 2 000 亿美元。目前已公布的新项目中有两个超级巨型项目，一个是 2020 年世博会及其关联项目，包括命名为"迪拜南"的新城（Dubai South）；另一个是迪拜第二个机场——迪拜世界中心国际机场（Dubai World Central）。其他计划中的知名项目还包括将商业湾运河（Business Bay Canal）延伸到海湾，连接阿拉伯海，运河两岸建设塔楼和海滩公园；还有诸如设计区（Design District）的新项目，试图复制伦敦的肖尔迪奇（Shoreditch）；大规模的综合开发项目穆罕默德·本·拉希德城（Mohamed bin Rashid City）；以及号称世界最大的世界购物中心（Mall of the World）。上述项目中有些属于填充式开发项目，是利用以前新城开发时期剩余的土地进行开发，还有一些地标建筑，如杰贝阿里棕榈岛、德拉以及迪拜乐园（Palm Jebel Ali & Deira and Dubailand）仍在实施之中。近期一名迪拜金融官员表示，开发商对大型开发项目日趋谨慎，倾向把大项目分割成若干更容易操控的小项目，投机开发的情况逐渐减少，以前认为"先把房子盖起来

6 http://www.economist.com/news/finance-and-economics/21569036-gulf-emirate-flashy-ever-it-still-has-structural-problems.

7 http://www.reuters.com/article/2014/06/15/us-emirates-dubai-property-idUSKB-N0EQ07V20140615.

8 http://www.oxfordbusinessgroup.com/news/dubai's-real-estate-boom-fuels-debate.

9 http://www.nytimes.com/2013/01/10/world/middleeast/uae-plans-to-limit-lending-to-home-buyers.html.

就会有人来"的观念已经式微 [10]，但这种说法是否反映实际状况还有待观察。

3   整体理解迪拜：量化和图示城市发展状态

金融危机时期，迪拜在城市管理方面凸显出的一个严重问题是缺乏可靠数据。结构规划和房地产开发对城市的影响需要以数据和图示的方式表达在城市地图上，而不能简单地依赖叙事性的图文报道。基于这一情况，笔者从 2010 年起开展一项名为"量化图示迪拜：理解城市形态和社会结构"（Mapping Dubai: Towards an Understanding of Urban Form and Social Structure）的研究项目 [11]，研究既有街道层面的微观尺度，也有整个迪拜的宏观尺度。宏观尺度方面的核心问题是量化和图示迪拜城市发展状态，主要采用三种具体研究方法：采集分析历年城市化增长面积；对现有土地利用的量化分析；调研主要开发商对土地资源的拥有情况。

3.1 量化城市化过程

海湾地区普遍缺乏有效的城市规划数据，国际大城市中通常使用的分析指标和分析模式都不可能实现，笔者希望通过研究项目建立一个初级数据库，今后可以进一步补充发展。为了得到更多以往不同时间点上的城市边界，不同时期的城市地图和航拍照片成为这项工作的基础资料——能够追溯到的、最早的迪拜地图是 1822 年由英国探险家绘制的，1959 年英国建筑师哈里斯绘制的城市规划图也详细标识了当时的城市状态，通过"谷歌地球"可以找到迪拜 1990 年代的一系列航拍图片等。通过不同途径得到的地图和航拍照片信息，得到了 1822 年、1959 年、1968 年、1978 年、1990 年、2005 年 和 2014 年的迪拜城市化范围信息，以及至 2020 年的预计城市化范围。将这些信息转化为表达城市化过程（城市建成范围扩展过程）的一系列等比例地图，并进行用地的增长率和变化率计算，就得到了迪拜城市化过程的量化模型。

研究结果显示，迪拜在 1968—1978 年间城市化增量最大，这十年的增长率为 1 200%（十年城市范围扩大 12 倍），1978—1990 年的增长率降到 135%，1990—2005 年又上升至 206%，2005—2014 年的增长则为 59%。至此，迪拜的城市形态和边界基本稳定，但根据现有的"迪拜 2020 年城市总体规划"，至 2020 年，城市化范围仍将有 44% 的增长余地（图 6-6）。如果用每年城市化建成区面积来衡量，迪拜城市化过程可以分为三个阶段：第一阶段是 1959—1978 年，城市化面积增量为 11.1km²/ 年；第二阶段是 1978—1990 年，城市化面积

---

10 http://www.arabianbusiness.com/dubai-see-200bn-invested-in-projects-over-next-dec-ade-572731.html.

11 Mapping Dubai: Towards an Understanding of Urban Form and Social Structure [R]. National Research Foundation/UAE University, 2010.

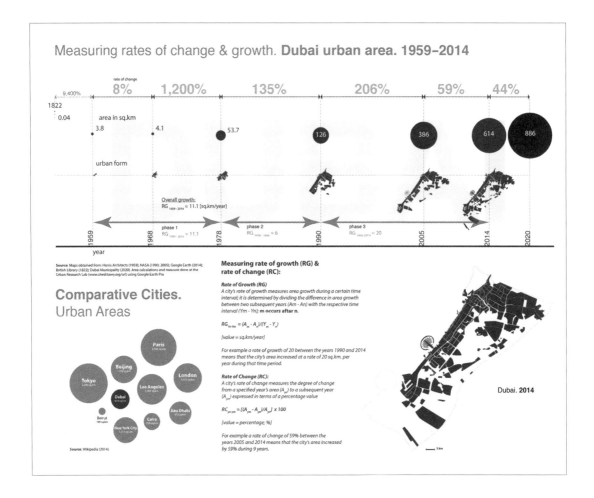

图 6-6
迪拜城市化范围增长过程图示
图片来源：Urban Research Lab, UAEU

增量为 6km²/ 年；第三阶段是 1990—2014 年，城市化面积增量为 20km²/ 年，是面积增长最快的时期。

3.2　量化现有土地利用情况

研究项目的第二部分是分析现有土地利用情况，研究数据来源于迪拜经济发展局、房地产局和统计局的公开数据，以及开发商公开的信息，对没有数据的区域则通过谷歌卫星图像等其他途径来确定建成或未建成区域、是开放区域或是特殊功能区等。这一部分研究采用了 GIS 系统进行数据分析。

通过研究分析，第一个重要发现是，在迪拜城市化范围内空置土地仍占据主导地位，驾车穿越城市也可以清晰感受到这个特点，城市范围内的空地和仍然处于规划阶段的土地约占 53.2%，这些土地绝大多数是没有植被的沙漠地带；另一个重要发现是在实际建成的城市总面积中，城市基础设施用地（包括迪拜机场和两个主要海港）占很大比重，约为 14%，可见迪拜对基础设施建设的重视程度，如果加上路网和桥梁等其他内容，迪拜基础设施建设用地在建成区总面积中的占比将达到 25%~30%（图 6-7）。

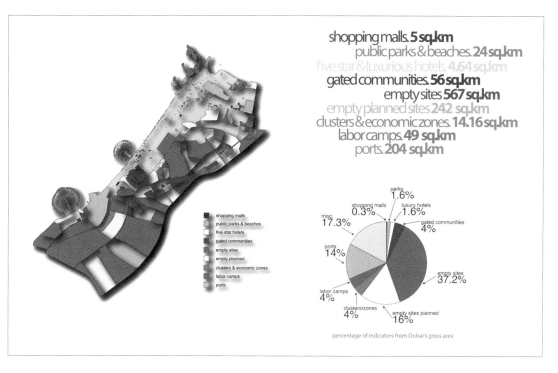

图 6-7
迪拜城市现有土地利用情况图示
图片来源：Urban Research Lab, UAEU

建设区内各类土地利用性质的模式十分鲜明，如门禁社区、劳工聚居区和特别经济区，每一类用地的占比约为 4%，且不同用地之间相互分隔。研究结果显示，购物中心用地仅占 0.3%，这与迪拜致力于打造世界购物消费之都的愿景似乎不相符，但这个数字只是占地面积，而不是这些购物中心的建筑面积。此外，迪拜的公园和公共绿地占比仅 1.6%，这个指标很低。

3.3 开发商与土地资源分布情况

迪拜的城市开发是由一些大型房地产开发集团实施和推动的，其中最重要的几个利益集团或是国有企业，或是政府占有主要股份的股份公司，他们掌握城市中最醒目、最具象征意义的开发项目。这些利益集团是迪拜城市发展的代名词，很多其他房地产公司都隶属于这些利益集团。此外，还有许多私人开发商，而其中有影响力的私人开发商大多来自历史悠久的，对迪拜发展曾作出贡献的富有家族 [12]。

将主要开发商和他们的开发项目（包括已建成和正在规划建设过程中的两类）图示出来，通过 GIS 系统进行计算分析，可以清楚看到这些主要开发商在迪拜城市化发展中的绝对主导作用，而迪拜政府显然也是其中的主要参与者（图 6-8）。数据分析进一步证实了这一观点——迪拜城市面积 29% 由国企及其隶属企业开发，其中三大国企开发量超过一半——美丹（Meydan）占 23%、纳克希尔占 16%、艾玛尔占 14%，私人开发商的项目约占迪拜城市面积的 1%。所有这些开发项目

---

12 FATMA AL‐SAYEGH. Merchants' Role in a Changing Society: The Case of Dubai, 1900–90 [J]. Middle Eastern Studies, 1998, 34, no. 1: 87-102.

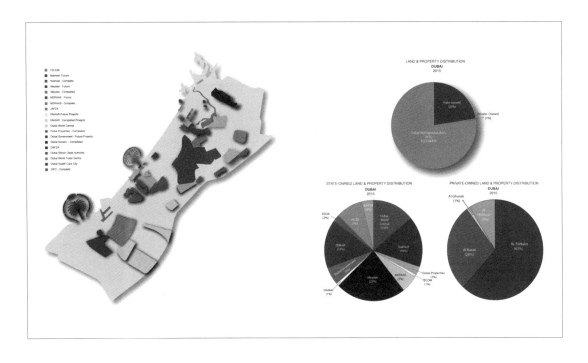

图6-8
迪拜主要开发商及项目分布情况图示
图片来源：Urban Research Lab, UAEU

都没有具体的规划引导，关于开发项目之间的联系以及开发项目如何联系和贡献于城市公共系统方面的规划引导完全缺失。迪拜结构规划所提出的规划委员会尚未成立，开发项目是否及如何与城市整体关系协调完全取决于开发商，这种情况使得城市发展的碎片化特点越来越明显。

4　典型开发项目案例

以房地产开发为主导的城市发展对城市已有的成熟社区的影响是巨大的、颠覆性的，迪拜萨特瓦（Satwa）区的传统社区正面临彻底被新开发项目取代的命运。萨特瓦位于朱美拉高级区和谢赫·扎伊德大道沿线超豪华塔楼之间，是一个能看到迪拜以往模样的传统区域[13]，该区域有迪拜最古老的建筑，1960年代后期开始建设大量的当地人住宅，成为迪拜主要的当地人聚居区之一。经过多年变迁，这里发展为丰富的多元化社区。近年来，随着城市发展，当地人逐渐搬离，大量南亚族裔搬进来，但外来人口主要集中在该区域的边缘地带。

萨特瓦正逐渐被拆除，这一区域的土地将用于大型综合功能开发项目——朱美拉花园。朱美拉花园项目在2008年10月迪拜城市景观展（Dubai Cityscape Exhibition）上发布，当时的项目模型占据了一个大型的双层高空间，展示了开发商的无比雄心：一条人工河蛇形穿越整个开发基地，基地上布置了大量外形惊人的高层建筑、各类综合功能建筑以及住宅群。项目发布前萨特瓦的居民已经收到搬离通

13　ELSHESHTAWY Y.　Transitory Sites: Mapping Dubai's "Forgotten" Urban Spaces[J]. International Journal of Urban and Regional Research, 2008, 32（4）: 968-988.

知，建筑外部也用绿色数字标记，是将要拆除的记号。这个区域曾被认为是"迪拜的格林威治村"，将被拆除开发的消息发布后，立即有一些报纸和电影方面的媒体人发出感慨，哀叹迪拜失去了这个传统区域，这种反应体现了对真实的城市生活的渴望。当地媒体认为，拆除萨特瓦是迪拜的一大损失，大多数暂居迪拜的外来人士也认为该区域表达的一种真实感是在迪拜其他地方无法体会到的。《海湾新闻》(Gulf News) 的一篇报道描述这个区域有着精密编织的城市肌理，是一个由狭窄街道组合的密集住宅区，隐藏着各种宝贵的城市内容和记忆，并进一步描述超过 20 万当地居民将失去家园和工作场所的感受[14]。由于 2008 年金融危机，朱美拉花园项目暂时停滞，但是区域内一些建筑已经被拆除，还有一些被施工围墙围住。因为工程停滞，一些先前搬走的住户又搬回来，甚至还有新的居民搬进来，萨特瓦似乎又恢复到原先的样子，但穿行在其中的街巷里，仍可以感觉到这里很快就要湮没于不可避免的城市化进程中。

　　紧邻萨特瓦的艾尔索达社区 (Shabiyat al-Shorta) 更早面临了这样的命运。这个社区大都是 1970 年代建的合院式住宅，最初规划是阿联酋警察雇员的住宅区，经历多年发展已经成为老迪拜的一部分。其所在区域位于两个巨型发展项目——以哈利法塔为中心的迪拜城市中心区和刚建成的商业综合体"城市漫步"(City Walk) 之间。该项目的第一期由国企米拉兹 (Meraas) 集团开发，而项目第二和第三期则将很快取代艾尔索达社区。这个名为"城市漫步"的项目被描绘为全新的室外生活理念和迪拜人聚集的新热点、阿联酋豪华购物中心的最新产品、欧式的购物街，等等[15]。伴随这些项目推广辞令的是艾尔索达社区的拆除和居民搬迁，新立起的大型吊车和广告牌预示着未来的新景象，广告上的建筑效果图是未来矗立在这里的购物街和一系列名牌店铺，只有远处的哈利法塔以及效果图中几个穿着传统服装的人物能提示这是在迪拜 (图 6-9)。

　　这种城市开发模式将过去几十年的城市发展痕迹以及当地人的邻里联系、身份认同、城市记忆等统统抹去，值得深刻反思。笔者在拆除前对艾尔索达社区进行过考察，碰到一个很快也要搬离的居民，他告诉笔者，他的母亲仍然坚持每天给他们房子周围的花园浇水，尽管她知道不久就要离开了，邻居问她为什么这么做，她说她会继续做下去，直至花园还在的最后一天。这位老妇人拒绝接受这一切不久就要消失的现实[16]。随着"城市漫步"项目二期的完工和新居民迁入，原先真实的迪拜人的社区成为一段遥远的记忆，取而代之的是当代的全球化特征的城市景观 (图 6-10)。

图6-9 (a)

图6-9 (b)

图 6-9
迪拜典型开发项目案例，原艾尔索达社区的变化：
(a) 拆除前的艾尔索达社区 (2014)
图片来源：Yasser Elsheshtawy；
(b) 在社区原址上的开发项目效果图
图片来源：Place Dynamix

图 6-10
艾尔索达社区原址上的开发项目局部建成 (2015
年 5 月)，效果图成为现实
图片来源：Yasser Elsheshtawy

14　Gulf News[N/OL]. http://gulfnews.com/last-goodbye-to-satwa-1.113484.

15　http://www.arabianbusiness.com/dubai-plans-250m-expansion-of-european-style-shop-ping-strip-541608.html.

16　参见《卫报》(The Guardian) Urbanist Guide 系列之 http://www.theguardian.com/cit-ies/2014/may/13/an-urbanists-guide-to-dubai.

5　结语

　　房地产运作（或者说是投机）主宰着迪拜的城市发展模式。正如戴维·哈维的观点，在当代新自由主义背景下，城市不可能实现人人平等，而是会按照商品规则运作[17]——这在迪拜更加明显。迪拜一直通过各种办法吸引外部投资，并按照资本和市场导向进行城市开发，城市发展的主要服务对象是外来的临时居民和旅游者，规划和开发运作机制中没有听证会、没有市民意见反馈环节，城市开发中公共和私人的界限模糊，这些都加剧了城市按照商业规则运作的走向。将城市当作一个企业来治理，表达了迪拜追求管治方面的效率、透明和问责制等当代先进模式，但无疑也暗示了城市中隔离和破碎的特征。因此，迪拜的未来仍有一些不确定性。然而迪拜还是保留了一些值得欣赏的、历经长期演化的城市空间，这些地方将是迪拜市民精神上的庇护所[18]。

17　Geographies of Justice and Social Transformation [M]// HARVEY D. Social Justice and the City, Rev. ed.. Athens: University of Georgia Press, 2009; FAINSTEIN SUSAN S. The Just City[M]. Ithaca: Cornell University Press, 2010.

18　ELSHESHTAWY Y. Where the Sidewalk Ends: Informal Street Corner Encounters in Dubai[J]. Cities, 2013, 31: 382-393; ELSHESHTAWY Y. Searching for Nasser Square: An Urban Center in the Heart of Dubai[J]. City, 2014, 18（6）: 746-759.

参考书目 Bibliography

[1]   ALAWADI K. Urban Redevelopment Trauma: The Story of a
      Dubai Neighbourhood [J]. Built Environment, 2014, 40 (3):
      357-375.

[2]   ALSHAFEI S A. The Spatial Implications of Urban Land Pol-
      icies in Dubai City[R]. Edited by Dubai Municipality. Dubai:
      Unpublished, 1997.

[3]   DAVIDSON C M. Dubai: The Vulnerability of Success[M]. New
      York: Columbia University Press, 2008.

[4]   DAVIS M, MONK D B. Evil Paradises : Dreamworlds of Ne-
      oliberalism[M]. New York: New Press, Distributed by W.W.
      Norton & Co., 2007.

[5]   ELSHESHTAWY Y. Dubai: Behind an Urban Spectacle[M].
      Planning, History and Environment Series. London, New
      York: Routledge, 2010.

[6]   ELSHESHTAWY Y. Redrawing Boundaries: Dubai, an Emerg-
      ing Global City[M]// ELSHESHTAWY Y. Planning Middle
      Eastern Cities: An Urban Kaleidoscope in a Globalizing World.
      London, New York: Routledge, 2004: 169-199.

[7]   GABRIEL E F. The Dubai Handbook[M]. Ahrensburg: Institute
      for Applied Economic Geography, 1987.

[8]   GRAHAM S, MARVIN S. Splintering Urbanism: Networked
      Infrastructures, Technological Mobilities and the Urban Con-
      dition [M]. London , New York: Routledge, 2001.

[9]   KRANE J. City of Gold: Dubai and the Dream of Capitalism [M].
      Macmillan, 2009.

[10] LIENHARDT P. Shaikhdoms of Eastern Arabia[M]. Edited by
      AL-SHAHI Ahmed. Basingstoke: Palgrave Macmillan, 2001.

[11] Municipality Dubai. Dubai 2020 Urban Masterplan[R]. Edited
      by Town Planning. Dubai: Dubai Municipality, 2014.

[12] Municipality Dubai. Structure Plan for the Dubai Urban Area
      (1993–2012) [R]. Dubai: Dubai Municipality, 1995.

点评

    在当代全球城市建设史上，迪拜不能不说是一个奇迹。与更大规模的中国城市建设奇迹相比，迪拜这个完全在沙漠上建成的巨大现代化城市似乎更具有奇迹性。还记得当我在十多年前第一次踏上迪拜土地，许多人都为七星级的帆船酒店叹为观止的时候，另一景观却更让我感到瞠目结舌。当我站在一座座高楼朝着市中心相反的方向看去，竟然就是与现代化街区直接相邻的广袤沙漠！迪拜就像是一座足尺的精致建筑模型被放在一个巨大且纯净的"沙盘"上。在感受这种不可思议的同时，一个问题必定油然而生：这得花多大的代价呀？值得吗？今天的迪拜已变得更令人叹为观止，除了那座傲立海边的帆船酒店依然让千万人一睹为快、一住为荣，地球上最高建筑 828m 的哈利法塔早已直插云霄成为迪拜的新地标。迪拜市中心已不那么容易直接感受到沙漠的存在，迪拜早已成为名副其实的世界金融中心、贸易中心和货物中转中心。迪拜空港的国际中转功能也早已远超原先设想的规模而大量向阿布扎比和多哈外溢，迪拜甚至需要再建新的国际空港来服务更多的人流。波斯湾南岸因迪拜的发展而跻身全球最重要的交通转运枢纽，人类城市建设史上的又一个奇迹确已实现。但由迪拜引发的，关于人类的建设能力对于地球环境原有地理禀赋的超越能力到底有多大的疑问，关于这种超越到底是值得骄傲还是值得反思的疑问却从未停止。

    不论是迪拜还是中国，人类如此巨大的雄心的展现，都离不开强大的资本支持。

    正如中国近三十年大规模快速城市建设的奇迹是中国重新确立市场经济后资本市场的强大力量所致，迪拜的开发和建设则完全体现了全球资本市场的力量。房地产市场，这个 20 世纪随着工业资本主义的兴起才兴盛起来的城市建设经济力量，在 20 世纪末如中国和迪拜这样的新兴市场得到从未有过的充分发挥。如果说中国的房地产市场与迪拜有什么区别的话，那就是中国的房地产市场是来自刚刚从严厉的计划经济中解放出来而得到突然迸发的自由市场力量，加上部分国际投机资本的力量，再加上中国特有的政绩观和资本的无限逐利，从而成为 21 世纪初中国的市场"巨兽"。而迪拜则是更加纯粹、更加全球化的当代国际资本力量所致。

    同所有资本导向型开发一样，迪拜需要统一规划，又不可能真的由完全理性的规划主导开发。与其说规划引导开发还不如说是开发引导规划。其实中国也是如此，只不过在中国引导规划的除了强大的资本市场外还有强势的政治权力。为了城市的发展现实不至于被逐利的资本市场完全左右，为了保证城市能够高效运转，迪拜以先导性的"结构规划"来引导宏观层面的空间走向，事实上在此基础上进一步提出的 2020 年总体规划也仍然基本上起着结构规划的作用。这一点和中国的城市总体规划所起的作用大致相同。在中国的规划体制下，我们试图通过微观层面上的"法定"详细规划来进一步实现总体规划的结构设想。但是，如果说在计划经济体制下这样的制度安排还能够在相当大程度上见效的话，在市场经济体制下，尤其在强大的资本市场游戏中，这样的制度安排所能起到的作用实在微乎其微。在中国，总体规划与"法定"控制性详细规划之间的关系常常显得有点自欺欺人。其实，不论是在中国还是在迪拜，只要是在资本市场主导下的城市开发，城市总体规划在"结构"上的引导作用一定远远大于对于开发行为的引导作用。总体规划的意义及其"实施"的效果，主要体现在总体空间结构能否基本维持原有设想而非对于具体建设项目的引导。从这个意义上，城市总体规划充其量只能保证城市发展的"对不对"，而根本无法保证城市发展的"好不好"。在大多数情况下，总体规划对于具体建设项目，特别是大型建设项目不仅无法发挥作用，原有规划的结构方向甚至会被建设项目所颠覆。

拿迪拜和中国城市相比，会发现由于全球高品质资本（更确切地说是高品质投资商）造就的迪拜城市建设品质普遍高于同期的中国城市。而中国不同城市的建设品质，其实也与所投入资本的品质，亦即开发商的品质直接相关。在高品质资本投入中，建设项目从设计到材料到施工，都会追求国际最高品质。在迪拜，虽然其开发总量远不及中国，但其设计施工的投入、国际级建筑师的密集程度及建设品质都高于同时期的中国。而在中国，沿海发达地区如"北上广"等地的国际化水平、建设投入及建设品质同样也要领先于同时期的其他地区。

迪拜和上海有相似性。它们都是港口城市，有着悠久的航运贸易历史。在全球经济一体化的背景下，都试图确立适应于新的全球经济体系的国际贸易中心地位。随着全球资本的进入，又都雄心勃勃地叫板传统世界金融中心城市，并正在向新的世界金融中心定位靠近。中国提出的"一带一路"倡议，为重振海上丝绸之路指明了方向，得到沿线国家的广泛响应。迪拜是中欧海上丝绸之路的必经要塞，必然与中国产生越来越密切的经济联系。迪拜与中国的文化交往也必将随着越来越密切的经济交往而不断加强。今天，越来越多的中国人选择将迪拜作为去美洲、非洲甚至欧洲的歇脚地，迪拜正成为连接中国和各大洲各条空中航线的中转站。迪拜机场商场内不时入耳的中文叫卖声，正显示着它在中国同全球交往线路上的枢纽作用。

迪拜与中国的城市建设奇迹都获得了来自世界的赞叹和瞩目，也一直面临着从未间断的批评。但批评的背后，却各自有着不同的苦经。比起迪拜，中国城市在发展过程中面临着大得多的社会矛盾和人口压力，城市建设不仅表现为令人振奋的日新月异，同时也表现为巨大贫困人口的城市化和不断撕裂的社会分层。而同中国城市相比，迪拜的城市建设则面临更大的技术困难，即原有的恶劣自然环境和为改变环境而付出的极高代价。

伍江

河内

[越南] Ta Quynh Hoa 著
Ta Quynh Hoa, 越南土木工程大学建筑与规划系讲师

纪雁 译
纪雁，Vangel Planning & Design设计总监

HANOI

河内的城市发展与挑战
Hanoi: Evolution, Present City Development and Challenges

本文对越南第二大城市河内的城市演变和发展进行综合介绍和分析，包含两部分主要内容：一是介绍河内的城市发展演变过程，将河内城市发展过程划分为亚洲传统城市时期、近代法国殖民地时期、社会主义时期、经济改革时期和进入 21 世纪后受全球化影响时期，共五个发展时期；二是分析当今河内快速城市化建设中所面临的五大主要挑战：交通基础设施、城市规划管理机制、城市"农村文化"、城市空间的无序生长和生态环境恶化。

This article introduces the city evolution history of Hanoi from the impetus for city making in AD 1010 to the present as one of the 17 biggest capital cities around the World by land area through 5 different development periods: Thang long period, French Colonial period, Socialism period, Doi Moi period and International Integration period. And it further analyzes the challenges Hanoi's urban planning and development are confronting within infrastructure system, urban management, rural culture, urban space and environmental degradation in rapid globalization process.

07

河内的城市发展与挑战
Hanoi: Evolution, Present City Development and Challenges

图 7-1

图 7-2

图 7-3

图 7-1
19 世纪早期河内地图
图片来源：Report of Master Plan for Hanoi

图 7-2
1873 年河内地图
图片来源：Vietnam National Library

图 7-3
1902 年河内地图，法国殖民时期，皇城被拆毁，城市往南扩展建设法国区
图片来源：Vietnam National Library

1 引言

河内拥有一千多年的历史，是越南北部最大的城市，也是全国第二大城市，从公元 11 世纪起就是越南经济、政治、文化的中心。河内坐落于水系丰富、土壤肥沃的红河三角洲平原，水在整个城市的形成发展中起到了举足轻重的作用，影响着河内的城市格局、建筑、景观以及市政建设。经历了数次政权更替、殖民统治和战乱，这座越南的千年古都一直处在不断的转变之中，而 1980 年代的经济改革促使河内从一个以农耕文化为主导的城市迅速转变为现代化都市。河内的行政地界不断扩大，从 1980 年的 135km² 扩展至 2008 年的 3 325km²，人口也从 1980 年的 150 万快速增长至今天的逾 700 万。经济蜕变以及全球化和快速城市化的冲击使河内在城市规划、管理、市政发展、环境与历史保护等多方面面临着前所未有的挑战。作为亚洲发展中国家城市快速发展的最典型代表之一，河内已经成为西方发达国家、亚洲经济条件相近国家，以及业界和研究界普遍关注的城市。

本文以河内城市发展演变历程为线索，分析当前正在发生的河内城市快速转变进程中面临的重大挑战。

2 城市演变过程

2.1 升龙时期（1010—1800 年）

11 世纪之前的越南北部基本处于中国的统治和影响之下，因此被称为"北属时期"。期间河内地区先后被命名为"龙肚""宋平县""大罗城"等。河内真正意义上的建城始于公元 1010 年，越南独立后李朝的开国君主李公蕴将首都从南部山区的华闾（Hoa Lu）迁至位于红河三角洲的大罗城，改名为"升龙"（Thang Long）。李朝（Ly）、陈朝（Tran）、黎朝（Le）、莫朝（Mac）以及阮朝（Nguyen）长达八百多年的封建统治开创了越南的"升龙时期"。升龙成为越南北部经济贸易、政治、文化和教育的中心。在这一时期，逐步形成升龙的城市格局。

升龙城建于红河西岸，城市划分为皇城（Royal Citadel）和平民区（Commoners City，即今天的传统城区，见图 7-1）。皇城经过五个朝代更替建设，囊括了皇室居住、管理执政以及祭祀宗庙的功能。皇城建设在规划上明显受到中国儒家文化的影响，体现了封建礼制思想，呈中轴对称的格局和规整的方格路网，居中是象征最高权力的禁城。平民区夹在皇城以东、红河以西地带，是手工制造、商业贸易和平民生活居住的区域，根据不同的手工业行会类别划分为各自的街坊，逐渐演变为 36 街坊区。升龙城外则是大片的村庄和农田。1831 年，明

图 7-4

图 7-7

图 7-8

图 7-4
1925 年河内规划图，规划人口 30 万，面积
45km² 的城市
图片来源：Vietnam National Library

图 7-5
1951 年河内的中心城区地图，原来的皇城、平
民区和法国区呈现三种截然不同的城市空间特点
图片来源：Vietnam National Library

图 7-6
1953 年河内地图，黑线内为中心城区，1954 年
前河内总人口约 30 万，中心城区人口占 5 万至
6 万
图片来源：Vietnam National Library

图 7-7
法国殖民时期法国区的典型街景
图片来源：William S. Logan, 2000

图 7-8
1930 年代河内传统城区城市景观
图片来源：William S. Logan, 2000

图 7-5

图 7-6

命王（King Minh Mang）将升龙更名为"河内"，意为被河道包围中的城市。

2.2 法国殖民时期（19 世纪末—1954 年）

19 世纪末，欧洲各国扩张殖民统治。法国在东南亚领土上划定了法属印度支那，包括老挝、越南、柬埔寨三个国家。1873 年法国入侵河内，并于 1902 年将印度支那的总督府从西贡（现胡志明市）迁至河内，河内成为印度支那的中心。长达半个多世纪的法国殖民统治在这里留下欧洲规划设计不可磨灭的烙印，开始了新一轮城市扩张和近代化。

首先，体现封建势力的皇城被大量拆毁，重新规划设计，建设总督府、办公建筑和兵营等，成为"巴亭郡"（Ba Dinh Quarter）——印度支那的行政和军事中心。法国人在原升龙城南部填塞水系湖泊，占用农田和村庄，迁移人口，规划和推进新的棋盘格路网系统和放射形广场，完善基础设施，设立教育文化机构，开辟外国人聚集的法国区（French Quarter），这个区完全按照欧洲城市的标准建设。而原手工业聚集的传统城区（Ancient Quarter）进一步集中和成熟，依旧是商业繁荣的区域（图 7-2—图 7-8）。

法国人在近七十年的殖民统治期内，在河内做了大量的规划，改变了河内传统城市的面貌，将城区向南和向西拓展，同时进行了大规模的水系治理和市政建设，修建堤坝防洪抗灾，改善航路和农田浇灌系统，并建成龙边桥（Long Bien Bridge）以联系红河两岸。

2.3 社会主义时期（1975—1986 年）

在这一个历史阶段，河内的城市规划和建设受到苏联的影响，引入了功能分区概念。1981—1984 年，在列宁格勒城市研究院的苏联专家援助下编制的河内总体规划（也称为列宁格勒规划，Leningrad Plan）期望在西湖（Ho Tay）的西南方向建设新的城市中心区，在西部和南部各规划五个特色工业区，城市总体向西北、西以及西南方向扩展；同时为了缓解旧城的交通压力，计划建设外环线铁路、穿越传统城区的高速路以及郊外的新机场（图 7-9）。然而，由于战后资金的

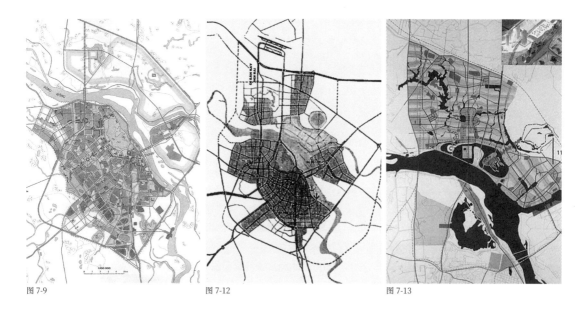

图 7-9   图 7-12   图 7-13

图 7-10

图 7-11

图 7-9
社会主义时期的河内规划（列宁格勒规划）

图 7-10
社会主义时期的巴亭广场总平面示意图
图片来源：William S. Logan，2000

图 7-11
巴亭广场边上带有社会主义时期特征的建筑
物——国会大厦
图片来源：William S. Logan，2000

图 7-12
1992 年河内城市规划图，城市计划向南、西南
和西北扩展

图 7-13
河内北部新城规划

短缺以及部分规划内容脱离河内的实际情况和历史文化背景，这个规划并没有完全得以实现。但这一时期建成的跨越红河的、能够通行火车的升龙桥和设于北部偏远郊区的内排机场（Noi Bai Airport）为今后城市向西北扩展预留了可能。

　　苏联式的建筑和城市空间成为河内在这一历史时期的城市空间特征。南部社会主义时期的居住小区以及市内的公共建筑是很好的代表，其中以巴亭区（Ba Dinh District）最为突出。巴亭广场因见证了越南脱离殖民统治的独立，以其特殊的纪念意义成为河内的心脏，周围环绕着胡志明纪念堂、国会大厦等，是带有苏联特征的公共建筑和公共空间的代表（图 7-10，图 7-11）。发展至 1980 年代，河内的行政区划已经扩大至 135km²，人口 150 万。

2.4 经济改革时期（1986—1996 年）

　　1986 年越南开始实行经济改革，促进自由贸易，推动工业化和现代化。经济发展和国外资金的涌入给城市的发展带来突变。不断建设的工业新区成为吸引外资的重要手段。这一时期制定的河内总体规划确定城市向南和向西北延伸，发展周边卫星城；在传统城区和法国区发展商务办公，法国区因完善的基础设施和欧洲风情的建筑成为新一轮商业投资的热点；在皇城北部的西湖沿线建立以高层建筑为主的现代宾馆服务区；而巴亭区进一步完善行政办公职能（图 7-12）。其间最具有雄心的项目是由韩国大宇集团投资开发，美国 Bechtel 与荷兰 OMA 参与设计的河内北部新城项目（Hanoi North Project）（图 7-13）。此项目以红河为中心，近 100km² 的项目用地主要位于红河北岸，少部分在红河南岸紧邻西湖以西地块。北部新城项目计划分期实施，从南岸向北岸推进，期望解决老城内交通拥挤、住宅短缺、基础设施匮乏、环境污染等一系列问题，吸引国内外投资，创造就业机会，为发展中国家提供一种新的城市发展模式，把新城建设成为亚太区域经济和技

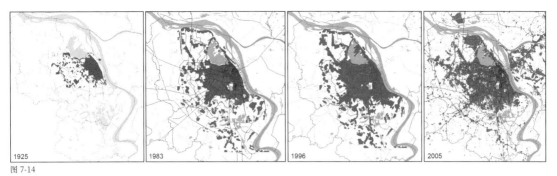

图 7-14

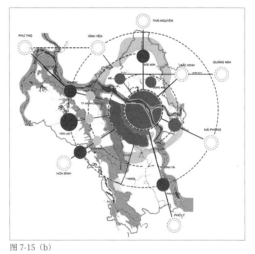

图 7-15（a）　　　　　　　　　　　　图 7-15（b）

图 7-14
河内的城市建成区面积扩展示意图

图 7-15
河内 2011 年公布的 2030 年（展望 2050 年）
总体规划：（a）用地规划；（b）空间结构

术的中心。相比于当时零散分布在郊外且没能与现有的河内城市很好
地整合的卫星城规划，这一大尺度的新城计划的提出更受到青睐，被
确定为河内发展的重大工程。然而 20 世纪末的亚洲金融危机使得这
个宏伟计划搁浅，今天仍停留于规划蓝图阶段。

2.5　21 世纪后的全球化影响时期

　　随着越南先后加入东盟（ASEAN，1995 年）、亚太经济合作组
织（APEC，1998 年）和世界贸易组织（WTO，2006 年），河内的经
济得到快速增长，当地 GDP 占全国 GDP 总量的 12.1%。经济结构也
在发生变化，农业比重大幅减少，而工业和服务业的占有量分别提升
为 41.4% 和 52%。2008 年，河内的城市行政区划再一次扩大，把河
西（Ha Tay）、永福（Vinh Phuc）、和平（Hoa Binh）等几个周边农业
村镇都囊括进来，从原先的近 1 000km² 扩大到 3 倍多。截至 2008
年统计数据，河内城市面积为 3 325km²，人口增至 640 多万。河内
的人口和面积已跻身全球大都市行列，城市规划管理和建设面临着更
多的挑战（图 7-14）。2011 年公布的《2030 年河内总体规划——展望
2050 年》预计至 2030 年河内城市化率将达到 70%，新的总体规划
期望在经济增长和城市竞争力、保护自然资源和历史建成环境之间找
到平衡，以可持续为原则，发展包括一个中心城和五个卫星城的城市群，
五个卫星城均为复合功能，且相对独立（图 7-15）。北部新城计划也终

图 7-16
河内中心城区扩展部分的典型街道景观

图 7-17
河内的交通混乱无序，交通基础设施尚未完善

于在停滞近二十年后于近期重新开启，西湖以西的南岸地块开发已经启动，成为 2030 年总体规划的重点工程，将建设公共设施和高层住宅，开发成为国际商业贸易区。

3 当前城市化进程中面临的挑战

3.1 交通基础设施

1990 年代经济结构的转变改变了河内这个古城的生活状态。原本工作和起居在一起的生活方式变为每天的上下班通勤，一个可步行的、安静的城区环境变为充斥着摩托车等现代交通工具的都市，交通量大幅度增加。至 2011 年河内已经拥有超过近 400 万辆机动车，为全国机动车拥有量的 1/6，而交通设施土地面积只占城市建设用地的 7%~8%，原有传统城市的街巷系统以及滞后的交通基础设施无法适应现代化都市对交通的要求。私人汽车高速增长、路网结构不完善以及交通基础设施建设滞后给河内的交通造成了严重影响。目前，河内正在推行覆盖全域的城市快速轨交系统和公车捷运系统，然而所有这些交通工程还均处于施工阶段。河内交通的无序状况还将维持相当长的时间 (图 7-16，图 7-17)。

3.2 城市规划管理机制

快速城市化的过程加剧了原本组织松散的规划管理机制的问题。一方面，城市的扩张使得周边的村镇不断并入新的城市行政区划，而对应的城市控制性详细规划却无法做到经常性地对应、调整、更新；另一方面很多村镇原本就缺乏控制性详细规划。有限的专业人力往往无法做出针对整个区域的土地利用规划，而先推进应急操作的控制性规划，造成控制性详细规划和土地利用规划之间的矛盾。在规划管理、土地补偿、基建规划等方面出现种种混乱状况，而为了调整这些冲突，往往又需要征用更多的土地和建设更多道路来暂时缓解矛盾。

3.3 城市"农村文化"的阻碍

城市化带来的社会结构变迁使农村人口逐步转变为城镇人口。河内的社会人口经历了三次主要的变迁。第一次发生在 1954 年后，1 万多农村人口迁至河内，成为国家公职人员；而另有 1 万多河内原居民被迫迁出，并迁至开发新区。这些迁出的居民既深谙传统文化，也最早接触西方文化。据 2005 年统计，传统城区的原居民比例只占 20%。人口的变化带来城市新的面貌，而另一方面，城市的文化底蕴在逐渐衰退。第二次人口迁徙发生在 20 世纪末的经济改革时代，城乡差别的拉大促使更多农村人口涌入城市，同时扩张的城区也不断纳入大量周边的农村，进一步扩大了农村人口在城市中的比例，而这些农村人口多是低文化低技能的。第三次人口扩张是 2008 年河内行政区划扩大的结果，百万农村人口因为行政区划的扩大一夜之间成为河内首都居民。河内的人口结构在数量上和质量上（城市文化性）发生着戏剧性的变化。绝大多数的河内居民都是农村人口，这一以农村文化为主

图 7-18

图 7-19   图 7-20   图 7-21

图 7-22（a）

图 7-22（b）

图 7-18
河内的主要人口均来自农村，形成河内以农村文化为根源的城市文化

图 7-19
河内的城中村景象

图 7-20
河内城市新区中的现代工业区

图 7-21
新城区内的大型高级住宅开发项目

图 7-22
河内城市新区中典型的高端房地产开发项目（Royal City）：（a）总平面；（b）效果图

的城市在应对全球化发展、城市文化的建立以及城市空间的转型上都面临着巨大的困难（图 7-18）。

3.4 城市空间的无序生长

由排屋组成的高密度"城中村"，是 1990 年代市场经济时期的产物。城市中心区边缘及郊区的村镇都把土地重新细分为更小的地块出售，在此基础上进行自发的、填缝式的大量住宅建设，住宅面宽狭小，争相往高处发展。这些缺乏控制和规划设计的自发性住宅区成为城市畸形的"迷宫"，传统的村庄形态逐渐被取代，现代的城市管理机制无法渗透，居住人口密度增加（密度由传统村落的 150 人 / hm² 增加到 250~300 人 / hm²），但基础设施匮乏，污染无法治理，生活品质不高。同时，这些"城中村"不断蚕食农耕用地和绿地资源，把农业用地逐步变相转变为住宅和商业用地（图 7-19）。

与这些杂乱无章的"城中村"一同构成河内城市面貌的还有一类大量的新型城市形态——工业区、高科技园区、市郊的大型购物中心、现代商务办公区以及高档住宅区。这些单一功能的大规模大体量的开发在城市快速蔓延，淡化了城市的特性，造成土地利用效率低下、城市交通问题恶化、贫富加剧等城市病。尤其在城郊的大片工业新区，外来务工人员的住宅、社会交往和技能培训方面的设施极其匮乏（图 7-20—图 7-22）。

相对于城市的横向蔓延，河内也继续向高处发展。1990 年代的河内仍然是漂亮平静的亚洲小城，城市空间尺度宜人；进入 21 世纪，城市往高处发展已经成为河内最显著的空间变化，目前河内 11 层以上的高层建筑已有 500 多栋。在中心城区，大量历史建筑被拆除，重新建设现代高层建筑。缺乏规划的高层建筑给现有城区的交通、历史风貌、城市特性等各方面产生重大的负面影响，造成城市空间的混乱。

图 7-23
河内的水资源管理面临严峻的挑战，一方面是频繁的内涝和洪水，另一方面是经济发展带来的水体污染

3.5 生态环境的恶化

经济增长带来的城市扩张和快速建设，造成不可回避的环境问题，而一再滞后的基础设施建设更加剧了环境恶化。现在的河内就像一个大型的建筑工地，住房、道路、桥梁等建设活动非常活跃。人口不断增加带来的摩托车和汽车数量上升，工业和小型工业发展过快，特别是城市建设的快速增长，带来严重的空气污染。同时，河内的水资源也面临严峻的考验，河内城市为水系所包围，千年来频发的洪水灾害以及城市的水资源管理系统落后、排水系统不完善、污水处理设计不当等加剧了水环境污染的问题。另一方面，快速的城市建设通过简单地以垃圾填湖造地取得建设用地，至 20 世纪末，河内城内十多个湖泊已经完全消失，西湖的水体面积也较 1970 年代减少了近 1/5。越来越多的湖泊、河流被生活污水和工业废水所污染，加上极端气候变化带来的暴雨造成频繁内涝，使得水治理工作成为河内在向国际都市发展的过程中必须尽快解决的问题（图 7-23）。

4 结语

河内在全球化的冲击下，城市的物质和精神层面受到不断更新变化的压力，这座城市正在努力寻找发展和保护的平衡点。我们可以看到河内的发展现状充斥着不完善、不系统，以及应对不足的一面，而同时也能体味到现代舶来文化和以农村文化为根源的城市文化在河内融合共生的生动场面，以及各个政权更替留下的、层叠的历史印记和城市景观。作为越南政治行政、文化教育、科技经济和国际交流中心，如今的河内成为世界上占地面积最广的 17 个国家首都之一，正在为国际现代化都市的发展目标而努力，已经开始集中解决低收入者住房、尚未完善的交通基础设施，以及日趋严峻的环境污染等问题，其远景的城市规划也体现出越南建设绿色可持续城市的决心。

参考书目 Bibliography

[1] LOGAN W S. Hanoi, Biography of a City [M]. Sydney: University of New South Wales Press, 2000.

[2] PHAM ANH TUAN. Hybrid Dyke in Hanoi [Z]. 2010.

[3] PHAM THUY LOAN. Water Space–An Unique Characteristics of Hanoi City [EB/OL]. http://www.uai.org.vn/index.php/chuyende/thi-etkedothi/76-khong-gian-mt-nc-mt-net-c-trng-ca-o-th-ha-ni.html.

[4] Report of Master Plan for Hanoi Capital to 2030, Vision to 2050[EB/OL]. Approved on November, 2011. http://hanoi.org.vn/planning/archives/536.

[5] TA QUYNH HOA. Urban Water Management in Hanoi City Prospect and Challenges [C]. Paper presented at Southeast Asian- German Expert Seminar on Urban Regional Network, the Philippines, 2009.

更多信息 More Information

[1] Maps from Vietnam's National Library.

[2] General Statistics Office of Vietnam. http://www.gso.gov.vn/default_en.aspx?tabid=491.

点评

    河内对于大多数中国人来说是一座既邻近又遥远的城市。然而，悠久而千丝万缕的文化血缘又会使有机会接触这座城市的中国人感到如此熟悉和亲切。它和大多数中国南方城市看上去是如此相似，确切地讲，它和大多数在数年前尚未经过大规模城市改造的中国南方城市看上去是如此相似，使得我们不得不对中国城市已经失去而又不该失去，但在河内还没有失去的许多东西感慨万分，对河内的很多仍保留至今的城市特色羡慕不已，同时也为河内充满了改造建设的激情与雄心而忧心忡忡。

    随着越南经济的快速发展，与所有刚刚经历过，或者正在经历着快速大规模城市改造与建设的中国城市一样，河内的改造与建设也必定势不可当。与中国相似的政治制度、经济政策和发展态势，使我们有理由担心，中国城市发展过程中的惨痛教训，极有可能很快在河内再次出现。越南的城市规划与建设管理体制与中国如此相像，很多体制、机制的内在弊端似乎使河内很难不重复中国曾经和正在发生的一切。好在，越南有很多有识之士和专业人员，比如本文作者，已经认识到这种破坏性建设将会带来的后果。

    首先是城市快速大规模改造建设中，原有文化风貌和人性生活空间尺度将会面临的严峻挑战。作为越南北方最大和最重要的历史文化名城，河内具有悠久的历史。历史上与中国的"血肉联系"为河内留下了大量的历史古迹。近代法国殖民地的经历又为河内留下了法国文化的深深印迹。传说和现实中越南文化的万般风情无不散发着这厚厚历史沉淀的气息，每个人也都能感受到流逝的岁月带来的衰老和破败。旧城改造，这个在中国持续了近三十年，曾经让无数当政者和建设者意气风发，今天又让许多有识之士忧心忡忡的城市建设主题，会不会很快就在河内被复制呢？我们真心希望，在即将到来的大规模旧城改造运动中，河内人能更多地关注历史风貌的保护，更多地关注城市街道尺度的延续，更多地关注居民自发公共活动空间的保留，千万不要为了房地产开发带来的巨额经济利益而犯下将来后悔莫及的错误。更需要提醒越南同行注意的是，无论"北属时代"还是法国殖民地时代的历史给越南人民带来的记忆有多么负面，那些时代留下的建筑却是一笔极具价值的、人类共同的宝贵文化遗产。

    与中国大多数城市一样，河内城市的扩展也是史无前例的。快速的城市膨胀带来大量的城中村现象。河内对城中村的痛恨同中国如出一辙。城中村甚或所有城市"旧区"，都被视为城市中的"毒瘤"，非彻底切除而后快。从决策者的角度来看，城市布局的碎片化、自发建造行为的非法性、城市面貌的混乱、城市管理的失控，都是无法接受的。从城中村居民（既是农民又是市民，或者说既不是农民也不是市民）的角度看，他们对于自身生活空间的自主权，以及在城市扩展过程中土地与空间增值的分享权的关注似乎远远大于当政者所看重的"城市面貌"。当然，城市有序有效的管理、城市安全的保障、城市服务的到位、基础设施的完善，自然也是城中村居民所渴望的。问题是，对待城中村，包括对待一切城市"旧区"，为什么一定要采用一刀切的改造方式"统一建设"，一定要走"动迁—拆除—再开发"这样一座独木桥，将城市变成"统一""美观"的铁板一块呢（事实上在这座独木桥上似乎只有开发商是唯一的赢家）？只要统一规划，基础设施到位，城市管理到位，何必强求"统一建设""统一面貌"。"统一规划—居民参与实施—逐步调整功能—不断提升城市品质"应该，同时也必须是更好更理想的城中村改造和城市旧区更新模式。河内的同行们所担心的城中村中那些没有经过统一设计建造的"排屋"（在中国南方城市也很多见，也很普遍地被地方管理者视为城市毒瘤并被不断地"切除"），其实未尝不是城市中最能体现生活特色的建筑风貌。其美学价值在大多数情况下也大大优于那些豪华造作的"标志性建筑"。今天的城市比人类以往任何时代都更有必要容忍甚至鼓励这种当代"土生"建筑（vernacular architecture，自发生长于民间的建筑）的存在。上海已有田子坊这样的成功范例，希望河内做得比我们更好。

　　河内交通基础设施缺失和因此带来的交通混乱是河内人自己也不讳言的事实。这使得我们联想到当年自己面对交通困难而采取的应对措施：道路一再拓宽，高架路越造越多，城市空间和城市肌理被交通斩切得七零八落，而交通状况却不见得好转甚至越来越差。可以预见，如果河内也重复我们的模式，拓宽和新修更多的道路或高架路，那么河内满街摩托车车满为患的现状很快就会变成汽车车满为患。我们真心希望，河内解决交通问题的首要关注点应集聚在快速便捷的公共交通体系的建设上。与其花大价钱建造一条又一条的高架快速道路来满足不断膨胀的私人汽车交通需求，还不如把同样的钱花在公共交通体系的投入上。至于那极具越南特色（其实也类似于中国南方城市的特色）、极富人情味儿的街道空间，以及街道上的休闲生活，也千万不要因为"交通发展的需要"而被拓宽或被改变。同时，在快速发展的城市新区和开发区建设中，千万不要忽略空间尺度的人性化。因为所有这些新区都必定成为未来城市重要而有机的组成部分。千万不要重复今日中国大多数开发区和城市新区这样的空间模式，因为这样的空间模式，比起那些"有碍观瞻"的城中村和城市"旧区"，其实倒更容易成为城市中真正的"毒瘤"。

伍江

胡志明市

[越南] Nguyen Ngoc Hieu [越南] Tran Hoang Nam 著
Nguyen Ngoc Hieu，越南德国大学（VGU）高级讲师
Tran Hoang Nam，越南德国大学（VGU）博士研究生

沙永杰 张晓潇 译
沙永杰，同济大学建筑与城市规划学院教授
张晓潇，上海泛格规划设计咨询有限公司设计研究助理

HOCHIMINH CITY

新时期的胡志明市城市规划：
挑战与对策
Hochiminh City Planning in the New Era:
Challenges and Strategic Options

胡志明市及周边区域正在快速发展，体现在经济、人口和城市规模等各个方面的快速增长，但在向城市群转型发展过程中，城市面临一系列新挑战，主要包括激烈的经济竞争、气候变化带来的威胁以及过去三十年快速发展遗留和积累的问题等，这些促使城市寻求新的可持续发展对策。本文介绍胡志明市城市发展与规划演变的历程，梳理胡志明市当前面临的五个方面的主要问题——城市发展模式、住房与城市贫民问题、交通、环境和区域之间合作，并进一步讨论面向未来的规划发展对策。

Hochiminh City is faced with new challenges of transformation into an urban agglomeration. Fiercer economic competition, climate change threats and accumulated problems of three decades' fast growth urged the city to find new strategies to sustain its development. This paper introduces evolution of city development and city planning, reviews major challenges and discusses about strategic planning and development options of Hochiminh City in the near future.

08

新时期的胡志明市城市规划：挑战与对策
Hochiminh City Planning in the New Era: Challenges and Strategic Options

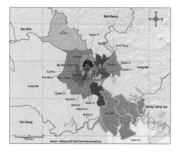

图 8-1
胡志明市在越南南部地区的核心城市地位
图片来源：VCAPS, 2013

1 城市概况

胡志明市是越南第一大城市和经济中心城市，也是越南南部经济区的核心城市与物流中心，拥有全国最大的机场和海港，城市面积2 095km²（是全国总面积的 0.6%），人口 820 万（是 2015 年全国总人口的 6.6%），贡献全国 20% 的 GDP 和 30% 的国家财政预算（图 8-1）。自 2000 年起，胡志明市的服务业与贸易全面兴起，与传统制造业一起，成为城市两大支柱产业，2011 年起，服务业与贸易在增长率和总量两方面都超过制造业，这种快速经济转型为城市发展提出了新要求。

胡志明市及周边区域正在快速发展，具体体现在经济、人口和城市规模等各个方面的快速增长。在 1991 年至 1995 年经济增长初期，每年约有 5 万新移民涌入胡志明市；进入 21 世纪，因经济增长持续加速，每年新增人口一度达到 15 万 ~ 20 万；至 2009 年，经济衰退使人口增长放缓，同时周围区域竞争力的提升以及新兴城镇与工业区较低的生活成本进一步降低了涌向胡志明市的人口数量，但目前仍有每年 12 万 ~ 15 万的人口增长量，这对城市基础设施的压力很大。如果包括暂住人口，胡志明市及周边直接受其影响的经济区的实际人口总量应有 1 300 万 ~ 1 600 万。过去三十年里，伴随着人口的快速增长，城市开发也在大量进行，2015 年城市建成区面积达 494km²，是 1985 年城市面积的 4.5 倍，城市面积增长率高于人口增长率，城市蔓延势头比较明显（图 8-2，图 8-3）。

过去三十多年的快速发展过程中，胡志明市完成了一系列大型开发项目，包括高科技园区、大学城和工业园区等，城市能级显著提升，桥梁、隧道、运输通道、港口和机场等基础设施建设明显改善，城市结构很大程度上得到重塑。同时，与发展伴生的弊端也很明显：市中心拥堵、污染，郊区配套设施短缺，公共空间及绿地面积不足，城市交通问题严峻；市中心不断扩张的城市化引发水患和水体污染等新问题；缓解社会分化、供应保障性住房、加强基础设施和改善卫生条件等问题也日益紧迫。

2 城市发展与规划历程

2.1 早期城市（1945 年以前）

作为东西方通商航线上的一处口岸，西贡于 1698 年建立。到1820 年，城市人口近 20 万，是当时越南南部最繁华的城市（图 8-4）。

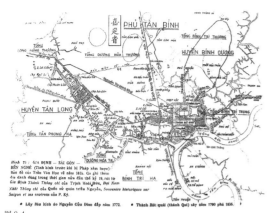

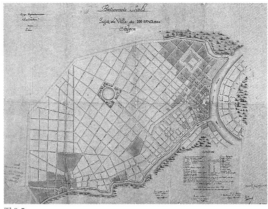

图 8-4

图 8-5

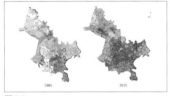

图 8-2

图 8-3（a）

图 8-3（b）

图 8-2
1985 年（左）与 2015 年（右）胡志明市建成
区面积对比，图上深色部分为已开发土地
图片来源：Phi Ho Long, Urban flood
management: from planning to
implementation, 2016

图 8-3
胡志明市城市景观：(a) 西南部；(b) 西北部
图片来源：Hang Le Thi Thuy, 2014

图 8-4
Nguyen Van Hoc 绘制的西贡地图
图片来源：胡志明市建筑与城市规划管理
局（Department of Urban Planning and
Architecture, 简称 DUPA），2016

图 8-5
法国工程师 Coffyn 的 1862 年西贡规划
图片来源：DUPA, 2016

在法国殖民时期，一位名为 Coffyn 的工程师官员于 1862 年为西贡做了第一个城市规划，在未来城市范围内建立方格路网，考虑今后可以紧凑地安置 50 万人口（图 8-5）。这一规划满足了法国殖民早期的城市发展需求，当时的两个相对成熟区域——东端的西贡和西端的楚隆（Cho Lon）保持相对独立发展。至 1939 年，Coffyn 所定的规划范围内的人口已达 62 万，并于 1943 年突破了 100 万，1956 年楚隆正式并入西贡。

2.2 1945—1975 年的城市发展

这一时期的西贡持续扩张，1975 年越南统一时人口达到 400 万，并更名为"胡志明市"。由于 1964—1974 年战争时期难民涌入，城市向西北扩张（图 8-6）。这一时期曾制定过几轮西贡都市区发展规划方案，但因战争影响，均未实施。

2.3 1975 年后的城市规划和发展过程

由于持续战争的影响，以及 1975 年后从市场经济向计划经济的转变，胡志明市原有的贸易和金融两大经济发展支柱严重受创，城市发展停滞，人口减少。1975 年后的十年里，胡志明市没有进行大型基础设施建设。

经历近二十年经济低迷后，以 1987 年"振兴计划"为契机，胡志明市重新获得发展动力。在此背景下，1993 年胡志明市推出了国家统一后的第一版城市总体规划。这一版总体规划明确了城市主要向东北扩张，适当向西南、西北和南部发展，这些扩张的目的是为吸引外资和为满足住房需求的增长提供土地资源。国家为了避免南部发展过度集中，这一版规划对胡志明市的增长幅度也有所限制。虽然进行该版规划时胡志明市人口已达 400 万，但规划仍限定至 2010 年人口不超过 500 万。

1998 年，越南政府提出促进河内与胡志明市城市发展的国家战略，胡志明市于当年颁布城市总体规划修订版。根据国家战略，胡志明市将以越南贸易与金融中心的身份向海洋扩张，加强与邻省和其他

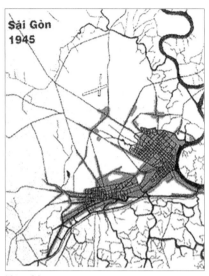
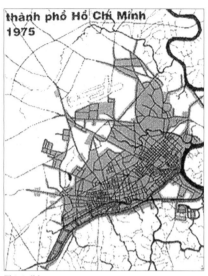

图 8-6（a）   图 8-6（b）

图 8-6
1945—1975 年的城市扩张：(a) 1945 年；(b)
1975 年
图片来源：DUPA, 2016

国家的联系。这一轮总体规划修订突破了 1993 版总体规划的视野局限，更加激进，提出在 2020 年前将更多农业用地进行城市化开发，通过新的基础设施建设项目带动城市向外发展，容纳更多新增城市人口；城市分区由 11 个增加至 17 个，后又增至 19 个（图 8-7）。这轮规划对促进城市开发投资产生了重要影响。

2010 年，再次修订的胡志明市总体规划与胡志明市大区域规划（涉及相邻的 7 个省）同时颁布，启动了城市东向和南向低洼地带的大规模城市开发，并兼顾城市西北、西和西南方向的发展，并以大型基础设施建设项目支撑城市扩张（图 8-8）。

过去三十年里推出的三版胡志明市总体规划在城市主要发展方向的问题上各不相同——从东北改至东南，再改至东和南（图 8-9），一方面因为胡志明市发展情况复杂，另一方面也是政治、经济和社会等方面变数的影响所致，但无疑这种频繁变化对规划实施产生影响。

图 8-9（a）

图 8-9（b）

图 8-9（c）

图 8-9
胡志明市三轮总体规划中城市扩张方向示意图：
(a) 1993 年规划；(b) 1998 年规划；(c) 2010 年
规划
图片来源：Huynh, 2016

2.4 规划相关的机制与法律框架

越南的规划体系比较复杂，包括城市建设规划、社会经济发展规划、区域规划、基础设施规划，以及相关管理部门制定的各类行业规划。在国家层面对城市发展产生重要影响的规划有：全国土地规划、农业规划、交通规划和工业区规划等。根据越南 2009 年颁布的城市规划法，城市建设规划分为三个层次：总体规划、分区规划和详细规划。其中分区规划相对较弱，并非强制性的；而详细规划通常由开发建设单位制定、上报和获得批准。越南城市建设规划体系中仍在很大程度上保留着计划经济时期的特点，而目前国家经济增长的主要动力正从国有经济体转向私有力量；规划与市场主导的实际运作系统之间存在对接问题，这要求规划体系配合市场经济的发展进行转型。由于城市问题越来越复杂，目前与规划相关的各个管理部门及各个管理层级亟待横向和纵向的整合。

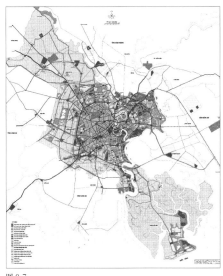
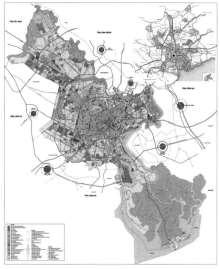

图 8-7　　　　　　　　　　　　　　　　　　　图 8-8

图 8-7
胡志明市 1998 年总体规划
图片来源：DUPA，2016

图 8-8
胡志明市总体规划 2010—2025 年
图片来源：HCM PPC，2010

胡志明市城市规划相关的法规有若干来源，除了总体规划和区域规划外，还有其他部门法规和政策影响城市未来发展，其中最重要的是社会经济发展规划。如现行的《2013 年社会经济发展规划》是在城市层面指导公共投资或公私合作投资项目的主要法律文件。由于胡志明市范围很大，城市发展的实际影响已经跨越省界，与相邻省市及周边乡村区域的统筹也需要法规方面的制约和协调。由于房地产市场尚不成熟，目前仍然需要来自行政系统的管理和干预，房地产市场和各项制度的健全仍需时日。

3　城市发展面临的挑战与未来规划

3.1　五个主要问题

胡志明市过去三十余年的发展过程中出现了大量问题，以下是五个威胁城市可持续发展主要问题。

第一，不合理的城市发展模式与倾向。城市边缘地区普遍呈现出碎片化、过度蔓延和配套设施不足的问题。相互攀比的开发心态和相互冲突的开发策略造成土地与资源严重浪费，很多城市蔓延区域是在土地沉降、水涝频发的低洼地区进行的盲目开发建设，造成未来的隐患。而市区的拥堵和污染问题日益加剧，大量无视规划条例和开发限制的建设行为造成市区愈发拥挤，一些对土地产生污染的开发项目并未配备必要的处理设施，也未对相关市政设施进行补偿，对市区环境品质造成明显不利影响。城市不同区域之间缺乏协调，各自肆意蔓延，缺乏以 TOD 模式整体发展的策略，而在建设工业园区等方面存在不必要的重复和竞争。

第二，住房条件差异大与城市贫民问题。商品房是针对 20% 的少数群体开发建设的[1]，绝大多数人的收入无法支付胡志明市现在的高

1　SIMS D，SPRUIT S. Vietnam Housing Sector Profile[R]. UN-Habitat，2014.

房价，普通人可负担的住房只能通过非正规建设途径获得。在目前收入差距日益加剧的情况下，这种城市开发建设状况将导致新的城市贫民窟出现。

第三，城市交通困局。虽然采取了多种治理手段，但胡志明市城市交通情况仍持续恶化。由于私人汽车和摩托车数量持续增加，城市交通流速持续降低[2]；普通民众对摩托车的过度依赖导致公共交通服务覆盖范围持续收缩，高峰时段延长，拥堵更加频繁。公共交通建设资金短缺，交通方面的市政投资除了运营现有公交系统外，已无力开发建设新系统。

第四，环境恶化、洪水威胁与气候变化带来的影响。具体表现在三个方面：①环境污染与资源枯竭问题日益加剧，空气污染和水污染情况日益严重，城市中相当大比例的废水未经处理就排入河道，尤其是医疗废水与散布城市各处的小作坊的生产污水，对城市水环境造成巨大威胁；②胡志明市的持续扩张使城市东南方向低洼地区大片土地用于开发建设，加上气候变化、潮汐增强、地表下沉以及城市建设带来的大量硬化地面等因素，防洪遭遇到前所未有的困难，付出了前所未有的昂贵代价；③受气候变化影响，2016年越南沿海城市水体盐化指标已达警戒高度，影响到胡志明市今后的城市供水问题。

第五，区域之间缺乏合作。由于缺乏合作和协调机制，预期能对周边区域产生积极影响的重大项目（如工业园区和港口等）的开发建设无法合理实现。

3.2 面向未来的城市规划对策

1. 城市边缘区开发与城市理性增长

目前胡志明市年均人口增长率超过2%，中心城区拥挤不堪，进一步的土地开发与城市化势在必行。由于交通和公共设施等限制条件，在目前的城市状况下，大量人口聚集在城市中心，而城市边缘区的人口和开发强度不足。整个城市范围内，除了维护生态平衡而必须保护的土地外，可供城市开发的土地资源十分有限，因此，对城市边缘区进行再开发是解决问题的关键。

2012年，胡志明市建筑与城市规划局（Department of Urban Planning and Architecture，DUPA）提出关注存量建设用地开发与加强基础设施建设的概念，计划加强四个主要发展方向上的建设：①胡志明市东部地区有大量可开发土地，首添新区（Thu Thiem New City）基础设施建设已有良好的资金链，国家对交通设施（高铁、快速公交、新国际机场、首条地铁线）的大力投资将使这一地区获得飞速发展；②胡志明市南部地区利用协孚深水港（Hiep Phuoc Port），加强胡志明市作为区域物流中心的竞争力，不过这一目标的实现有赖于该地区基础建设情况及防洪举措；③胡志明市西北部高地将主要进行低成本

---

2 HIEU N N. Some Issues on Land Development Management in Vietnam[J]. Vietnam Architecture Journal, 2016, no. 6.

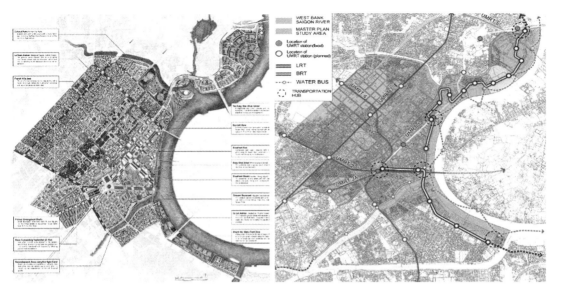

图 8-12
胡志明市既有 CBD 扩张规划图
图片来源：HCPC, Nikken Sekkei & HCM
DUPA, 2012

图 8-10

图 8-11

图 8-10
胡志明市既有 CBD 滨水景观，2015 年
图片来源：daihocsy, 2015

图 8-11
胡志明市新 CBD 规划图
图片来源：Nikken Sekkei, 2012

投资开发；④胡志明市西南部地区重点进行廉价土地开发，同时优化和湄公河三角洲的联系。

胡志明市要实现理性增长需要足够的时间周期，一些耗时长见效慢的工作无法回避。首先，要开展城市范围内主要河流及自然水体相关区域的生态保护；其次，地方政府必须逐步由项目导向转变到区域协调发展导向的思维模式；再次，需要一定周期的社会公共服务设施的建设水平是决定城市边缘区是否能吸引投资和居民的关键之一；最后，要制定城市理性增长的策略和行动计划，建立政府与市场力量的合作机制，而能在决策和计划制定过程中吸纳各方面的参与就是向理性增长模式转变的第一步。

2. 中央商务区和首添新区建设

胡志明市既有的中央商务区（CBD）是过去四十年里发展起来的，由于范围有限，过去二十年里不断增加高层建筑以满足胡志明市迅速发展的服务业需求，特别是银行、金融和贸易类办公需求（图 8-10）。随着高端服务业进一步的发展，既有 CBD 范围内已经拥挤不堪，计划在西贡河两岸同步进行扩张。根据 2012 年的规划方案，未来将建成跨河呼应的两片 CBD 区域——原有 CBD 范围大幅扩展，并在首添新区建设新的 CBD（图 8-11）。西贡河西岸的 CBD 扩张也是旧城中心区 930hm² 大规划的一部分，整个中心区将成为一个集商业金融、历史文化、法式别墅住区为一体的综合型 CBD，并将新建 4 条地铁线和 2 条快速公交线解决拥堵问题（图 8-12）。

首添新区是胡志明市最具抱负的大型城市开发举措，新区规划面积 657 hm²，规划人口仅 15 万，但政府计划将其打造为可创造 20 万就业岗位、世界一流的金融商务区，并已投入大量建设资金。根据政府的规划，首添新区将建设成配套设施完备的世界级中央商务区，同时也是服务一流、可持续的现代化居住区。新区划分为 8 个区：新 CBD 位于新区西端的 1 区和 2 区（图 8-13），将建造大量公共设施与密集

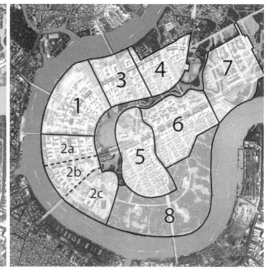

图 8-13

图 8-14

图 8-15

图 8-13
首添新城规划总平面图
图片来源：Thu Thiem Authority, 2016

图 8-14
首添新城 2016 年景观
图片来源：Tuoitre online, 2016

图 8-15
晚高峰时段街道上的洪水与交通拥堵
图片来源：Tuoitre, 2015

的办公大楼，引入商业功能并设置大型公共空间；居住区分布在 3 区、4 区、5 区和 6 区；新区南部湿地将被妥善保护，以过滤水体盐分和其他污染物，并保证水道两侧的河岸稳固。新区计划建设周期为二十年，至 2016 年，新区的新形象已经基本呈现（图 8-14）。

3. 改善城市交通

从相关管理部门公布的数据和分析报告等资料可以看出，胡志明市交通状况持续恶化的原因主要有三点：①胡志明市可能是全世界最依赖摩托车的城市，2012 年摩托车在城市交通量中的占比一度达91%；②公共交通一直处于欠发达状态，2013 年至 2015 年公交巴士在城市交通中所占份额不足 5%；③城市扩张、公交不便及中产阶层人数激增导致近十年的机动车数量保持两位数的增长率。目前，无论是中心区还是城郊，胡志明市交通高峰时段的平均速度不断下降，高峰时间不断延长。在雨季，城市交通拥堵情况和出行质量则进一步恶化（图 8-15）。

改变这种状况的最主要手段是发展公共交通，胡志明市计划建设的 8 条地铁线、6 条快速公交线、1 条有轨电车线以及 2 条总长216km 的城际单轨列车线将重塑城市交通格局（图 8-16），计划到2030 年公共交通将占城市交通量的 35%~45%。但是，这个计划的新公共交通系统规模庞大，财政投资压力大。以 2015 年数据为例，胡志明市修建一条新地铁线所需财政补贴相当于整个城市公交巴士系统一年的财政补贴，也就意味着城市交通方面的投资要翻番。规划的公共交通系统能否实现主要取决于政府的财政能力。除了城市内部公共交通系统，区域范围内的公路系统也计划进行大幅度提升，有一系列高速公路新建和翻修计划（图 8-17），改善胡志明市和港口、机场、主要工业区及其他省市的联系。这一计划也存在资金方面的挑战。

图 8-16

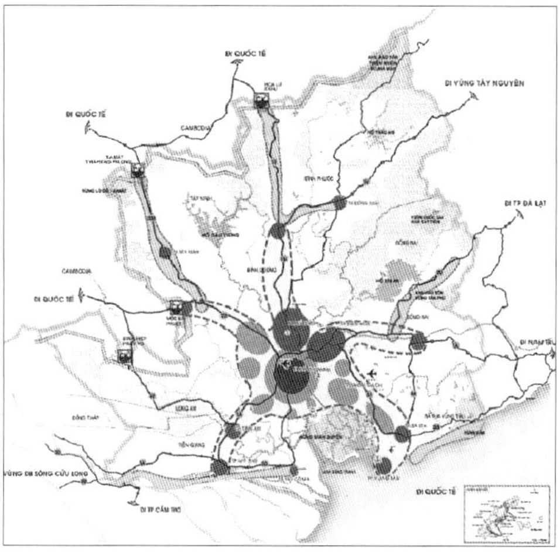

图 8-18

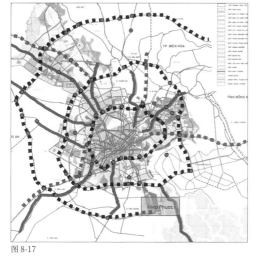

图 8-17

图 8-19

图 8-16
胡志明市 2030 年前计划建成的市域公交系统
图片来源：Musil C. & Simon C., 2015

图 8-17
胡志明市周边区域公路系统规划图
图片来源：DUPA, 2016

图 8-18
涉及 8 个省份的 2005—2020 年胡志明市大区
域规划
图片来源：Hung Ngo Minh et al., 2008

图 8-19
胡志明市防洪刚性措施规划示意图
图片来源：Phi Ho Long, 2016

胡志明市目前的城市形态、经济和社会环境均已适应了所谓的"摩托生态"，大部分居民对摩托车的依赖很难短期内改变。近年来 Uber 和 Grab[3] 的出现带来胡志明市交通情况的新变化，参与业务的汽车登记量大幅增加，大量传统出租车与摩托车也开始提供 Grab 服务，如何让这些新出行方式发挥合理积极的作用也是今后要研究的问题。

4. 加强区域联动

胡志明市大区域规划是该区域内 8 个省份之间协作的法律依据，该规划规定了整个大区域多结点（多中心）的发展模式（图 8-18），也提出了协同管理增长、共同保护利用自然资源、共建重大基础设施的发展策略，实现大区域规划的关键是交通系统建设，同时需要国家层面的有效协调机制。

5. 建设弹性城市以应对气候变化

多重自然和人为因素导致胡志明市洪水灾患频发，受洪水影响的土地面积以每年上千公顷的速度增加，目前城市从刚性和柔性两个方面考虑可持续的应对方法（图 8-19）。刚性措施是指堤坝、泵站和雨水

3　GrabTaxi Holdings Pte Ltd，成立于 2012 年，总部设于新加坡，提供租车打车服务，在东南亚地区有较高的用户数量。

管道等常规防洪办法，通常投资巨大，实施周期长；柔性措施作为补充性防洪办法已经开始受到重视。胡志明市制定了保水计划，通过建立监督管理机制来督促开发商和居民进行地下蓄水，把径流雨水引入地下；同时在社区层面优化水资源利用（建设蓄水池和小型水库、应用高渗透材料、循环使用及减少地下水消耗）。这一分散化的管理策略性价比更高，更适合广阔的城市东南部边缘区域，但对当地政府的技术指导能力和管理能力有很高要求，导致这一策略在目前的城市管理体系下并不具有实施优势。

气候变化导致的海平面上升等问题正威胁着胡志明市的供水。2016 年胡志明市发生了有史以来最严重的海水倒灌事件，城市两个主要取水口均受到海水侵袭，虽已采取建堤坝等举措，但尚无法根治这一问题，城市亟需一套合理有效的措施以保障供水系统稳定。

4　结语

胡志明市的发展亟待实现一个重大跨越，从现在这个拥挤而充满活力的城市，转变为能够引领周边区域高效发展的核心城市。实现这一重大跨越需要城市采取合理的对策。在城市自然资源大量消耗，公交系统与城市防洪系统面临困境，又有来自国内外其他地区的激烈竞争的情况下，保持城市经济实力是胡志明市将长期面对的主要挑战，而目前城市的当务之急应该是集中精力促进公交发展，在交通改善的基础上推进 TOD 模式、提高土地利用效率，并尽快完善房地产市场；同时，推进韧性城市治理，采取更柔性、更经济的方式应对洪水灾害和气候变化的不利影响。过去粗放的建设和管理模式已经难以为继，理性的规划和开发建设将是胡志明市新一轮城市转型的必由之路。

参考书目 Bibliography

[1] FORBES D, THRIFT N. The Socialist Third World[M]. Oxford: Basil Blackwell, 1987.

[2] HCPC, NIKKEN SEKKEIAND, HCM DUPA. Hochiminh City Central Area Zoning Plan[R]. Hochiminh city: HCPC, Nikken Sekkeiand, HCM DUPA, 2012.

[3] HIEU N N. Soft Measure Options for Controlling Development in the CBD of Hochiminh City[J]. Construction Planning Journal, 2016.

[4] HIEU N N. Some Issues on Land Development Management in Vietnam[J]. Vietnam Architecture Journal, 2016.

[5] HUYNH D. Urban Planning in Hochiminh City[R]. Hochiminh city, 2016.

[6] MUSIL C, SIMON C. Developing Public Transport in Hochiminh City[R]. Paddi, CPEU, 1/2014-2015.

[7] VCAPS. Climate Change and Adaptation Atlas Hochiminh City[M]. Hochiminh City: VCAPS, 2013.

点评

　　一个多世纪的殖民地历史和整整一个世纪的租界历史，让胡志明市和上海拥有同一个曾经的称号："东方巴黎"。在胡志明市看到标志性历史建筑红教堂，也会让熟悉徐家汇大教堂的上海人感到如此的似曾相识。其实，上海和胡志明市的"缘分"还远不止于此。胡志明市古称"嘉定"，与上海的嘉定完全同名。在大多数人的亚洲近代史记忆中，胡志明市更多还是那个梦幻般的西贡。一部《西贡小姐》音乐剧，至今还让许多西方人难以改口称其为现在这个颇为拗口的名字。

　　的确，西贡——今天的胡志明市，在一百多年殖民地历史的冲刷下，至今仍被看作为最具西方风情的越南大都市，正如上海仍被许多人看成是中国最有西方色彩的中国大都市。胡志明市与河内的比较，对于很多越南人而言，真的很像许多中国人眼中的上海与北京的比较，不论是政治、经济抑或是文化的角度。不同的是，比起北京与上海，河内与胡志明市的城市建设与发展进程要落后不止一拍。自然，历史留下的城市空间特征也更为完整。由此我们不由地期盼，随着必然且紧随中国而来的经济快速发展和城市快速建设，千万不要重复中国曾经走过的、让我们心痛不已又再也无法重来的错误：对原有城市历史环境毫不珍惜、非拆得干干净净而后快。多尊重一些历史环境，多保留一些历史遗存。与二十多年前开始的中国城市大拆大建运动相比，今天的越南人应该比那时的中国人更懂得保护城市历史文化的重要性。同上海以及许多东南亚城市一样，胡志明市的迅速崛起始于殖民地时代，其浓郁的法国风情延续至今，并吸引着来自世界各地的游客。当上海开始进入快速建设轨道的时候，上海对于租界时期的记忆还更多地带着仇恨与辛酸，以至于"一年一变样、三年大变样"的政治口号竟然会被大多数人所拥护——很少有人意识到"旧上海"的面貌有多大价值。相信如今的西贡人应该更少那样的纠结，更少那样的"魄力"，更理解城市历史风貌的价值。但我们也不无担心，随着不断推进的革新开放，越南似乎正在步中国后尘而成为全球资本追逐的新热土，面对经济增长的诱惑，越南人会否像中国人那样又一次不珍惜城市的历史文化遗存呢？

　　与上海很相似，作为越南曾经最重要的经济中心城市，胡志明市经历了计划经济时代的发展低迷，城市依赖"吃老本"运行，新的城市基础设施投入几乎停顿。直到 1993 年，越南统一后的胡志明市第一轮总体规划出台，城市开始思考未来发展问题。但由于经济基础薄弱，城市并没有进入中国式的快速发展轨道。近年来，随着越南的革新开放不断推进，也随着中国劳动力市场的快速涨价，越南成为国际资本的新一轮投资热土。这带来越南城市化进程的加速和城市膨胀的速度加快，由此催生了胡志明市

2010 年版总体规划的出台。这一轮规划以更大的魄力应对快速城市化，进一步推动了城市的扩张。规划明确了胡志明市贸易中心和金融中心的地位，并以新建卫星城应对快速城市化带来的人口膨胀，为城市描绘了 2030 年的发展目标。

也同上海和其他中国城市一样，胡志明市的快速发展带来一系列的重大挑战：城市交通拥堵问题越来越严重；城市环境持续恶化；越来越国际化的房地产市场造成房价居高不下，城市底层和年轻人越来越难以承受住房的压力，而政府又没有提供足够的低端住房保障，城市甚至出现新的贫民窟；等等。虽然规划对于上述问题均有回应，但现实的经济发展水平使规划的实施并不乐观。比如规划中明确提出了公交优先的发展战略，以规划中的 8 条地铁线、6 条快速公交线、1 条有轨电车线和 2 条总长 216km 的城际单轨列车线重塑城市公共交通格局，并雄心勃勃地提出至 2030 年公共交通占城市机动出行 35%~45% 的宏伟目标。但从现在的城市公共财力来看，这一宏伟规划设想的实现并不乐观。上海总体规划目标的"提前"实现，是建立在过去三十年经济持续快速增长的基础上的。离开这一前提，规划理想能否实现就是一个大大的问号。

上海刚刚提出新一轮城市总体规划，由上一轮以城市快速扩张为特征的"增量"规划转变为以提质增效为特征的"存量"规划。从一定意义上说，这一轮规划是对上一轮规划过多"增量"的反省与修正。在上海本轮城市总体规划中，许多理念实际上已经不是为了"超前"而是为了"补救"。比如关于城市生态环境的规划设想，已经根本谈不上是规划"理想"，即使百分之百地得到实施，也已经不可能让上海拥有真正"理想"的生态环境。上一轮规划所设想的生态环境"理想"早已被建设现实破坏得面目全非。本轮规划中所描绘的生态环境前景，充其量也只能算是亡羊补牢，是"守底线"。更何况这一轮规划在实施中能否真的守住底线，实在是令人难以乐观。再比如该规划提出的建设用地"负增长"，的确有一种幡然醒悟般的毅然决然和壮士断臂般的悲壮，但是否真的能做到，也实在令人怀疑。还有规划中流露出的强烈的城市人文历史情怀，不能不说是对城市历史文化价值的判断已达到极高的境界，对于城市活力的追求，也不能不说是抓准了城市空间塑造的灵魂。但现实中不断出现的对历史文化遗产的野蛮破坏、对城市活力的粗暴抹杀，也让我们对规划理想能否得到真正实现产生某种怀疑。

希望我们的怀疑与担心是多余的。

伍江

香港

HONG KONG

石崧 著

石崧，上海市城市规划设计研究院发展研究中心主任

香港的城市规划与发展
An Introduction to Urban Planning and Development of Hong Kong

本文在梳理香港城市发展历程及不同阶段城市规划的重点任务的基础上，重点聚焦在住房政策、新市镇开发和市区重建三个反映香港城市规划与发展较有特点的领域，以时间为脉络，分析了上述城市政策的演变过程和主要特点。

This article analyzes diverse functions of urban planning and policies since 1842, among which housing, new town and urban regeneration policy are three of the most relevant aspects. In the context of historical development, the above mentioned policies have been correspondingly changed with the social and economical transformation.

09

香港的城市规划与发展
An Introduction to Urban Planning and Development of Hong Kong

1 城市发展综述

香港自 1842 年开埠后，从小渔村发展为国际贸易商港，同时也是亚洲地区重要的金融及服务中心。1997 年回归后，香港特区继续其亚太金融中心的地位，截至 2011 年底，全港本地生产总值达 1.89 万亿港元[1]。长期以来，人多地少一直是香港城市发展所面临的核心问题之一。2011 年，香港特区总土地面积为 1 108km²，已建成区面积仅有 265km²，占比约 24%。[2] 剩余土地以林地、草地、灌丛为主，且有 41.9% 的土地属于郊野公园及其他受法定保护的土地，大量自然用地得到很好的生态保育（图 9-1）。截至 2011 年，全港人口为 710.81 万人，主要集聚在都会区和新市镇（图 9-2）。如何使香港更好地适应全球竞争格局的同时，满足本地居民的发展需求，是香港的城市规划需解决的首要问题。

1.1 近代香港开埠与最初的规划蓝图

香港开埠之初，结合土地制度出台，以城市规划指导建设开发。1841 年，英国占领港岛后，以拍卖方式出让港岛北部滨海土地使用权，标志着香港城市建设的开始。1843 年，英国人哥顿（A. T. Gordon）制定了香港的第一份城市发展蓝图。该规划重点在于保障港英军政用地和商业发展，重视外籍人士住宅用地，并启动市政和道路建设。在该计划的推动下，明确了 19 世纪下半期香港城市建设的重点方向，推进了"维多利亚城"（Victoria City）建设，指导了香港最早的填海工程。

1.2 20 世纪上半叶的香港与城市规划管制

香港开埠后，很快成为远东地区著名的转口贸易港。从 20 世纪初到"二战"以前，是香港转口贸易发展的黄金期。良好的经济发展势头加之同时期内地格局的动荡，使得大量人口涌入香港。从 1901 年至 1941 年的四十年间，香港的人口从 36.9 万人剧增至 163.9 万人，加剧了城市环境的恶劣程度。1903 年，港英政府制定新的《公共健康及建筑物条例》，对基本人均室内空间、建筑物高度和街道宽度的关系及开放空间做出明确要求。1939 年，港英政府正式制定并颁布《城市规划条例》，授权政府设立城市规划委员会，专责制定具有法律约束力的城市发展图则，以协调市区内的各项发展。该条例成为战后香港城市规划的主要法律依据，制约着香港土地发展的总体模式。某种意义上，

---

1 香港特区政府统计处，香港统计数字一览（2012 年编订）。
2 香港特区总土地面积 1 108km² 中，陆地面积约 1 104km²，还有高水位线以下约 4km² 的红树林和沼泽用地。

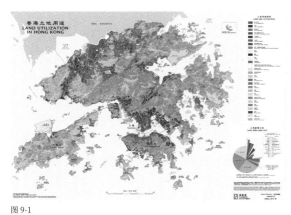

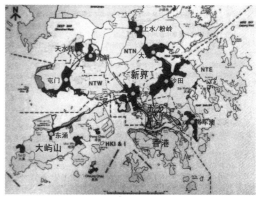

图 9-1

图 9-2

图 9-1
香港土地利用现状图（2007 年）
图片来源：香港规划署，2007

图 9-2
香港城镇空间格局
图片来源：香港规划署介绍材料

20 世纪上半叶的香港和英国的城市一样，从解决城市居住环境的卫生问题起步，逐步建立起城市规划体系的法律框架雏形。

1.3 现代香港的转型发展与城市规划应对

"二战"结束后，香港开始其真正意义上的城市转型历程。按照经济发展特征的不同，可分为四个阶段：1950 年代—1960 年代的快速工业化时期、1970 年代—1984 年的经济多元化时期、1984 年—1997 年的服务经济成熟时期，以及 1997 年至今的十五年间迈向国际都会的发展时期。值得关注的是，每个发展时期，城市规划从战略设计到策略调整，始终与当时特定的社会经济结构相适应，在坚定目标的引导下积极地与其他公共政策相结合，稳健地推动城市的持续转型。

1. 战后工业化快速发展时期（1945—1970 年）

"二战"结束后，世界范围内的对华禁运动摇了香港作为对华贸易转口中心港的经济根基。香港被迫调整经济结构，发展工业。出口贸易由依赖转口改为以输出本地产品为主。从而在 1950 年代—1960 年代完成了从转口港向工业化城市的过渡，真正开启了香港快速工业化的进程。而从内地大量涌入的人口及其所带来的巨额资本解决了香港工业化起步所需要的原始积累与劳动力需求问题。

尽管 1948 年艾伯克隆比拟定的《香港初步规划报告书》因人口的激增而未得以实施，但它是香港首个面向长远的城市发展战略。报告指出，城市核心区域严重缺乏土地以及不断移入的人口，是香港城市发展的两大主要困难，继而提出香港城市发展应走"分散发展"的空间策略以及兴建海底隧道、填海的政策建议。这些策略与建议都对战后香港的城市规划产生深远影响。

人口日益增长和香港工业化发展都刺激了城市对于土地的需求。港英政府同步开展了拓展新界和扩展市区中心的规划。其直接动因是铁路总站从尖沙咀迁往红磡，从而带动东北九龙的发展。而这些规划在实施过程中，始终与为解决住房问题而推行的徙置计划、廉租屋邨计划及公屋政策密切相关，在空间上叠加公共政策的影响。为解决寮屋问题在 1950 年代和 1960 年代兴建的大批徙置大厦和廉租屋邨则为新市区的快速发展奠定基础，新九龙成为香港发展的新空间。在新界地区则重点开展了规划和新建新市镇的计划。1956 年，港英政府公布的"观塘发展计划"将观塘工业区提上议事日程，这也被视为香港新市镇建设的萌芽。同时，观塘也是徙置计划的重点建设地区。此后，荃湾、屯门和沙田三个第一批新市镇逐步进入开发阶段。

在这一阶段，城市规划在香港城市建设与发展中逐步发挥先导作用，所有城市建设项目都有城市规划的指引，从"市区综合重建计划"到"新市镇发展计划"无不如此。这都得益于战后香港城市规划体系的日益成熟，包括全港层面的发展策略、地区层面的各类法定图则和部门内部图则在内的规划制度得以建立。按照《城市规划条例》，香港城市规划的工作流程基本成形。1966 年开始，香港开始集合多个部门制定综合规划——全港策略性规划，以指引城市长远发展。

2. 经济多元化发展时期（1971—1984 年）

1950 年代—1960 年代的快速发展埋下了社会矛盾的导火线。而石油危机后世界贸易保护主义的抬头以及亚洲新兴国家出口导向战略的施行，都改变了香港经济的外部环境。在此格局下，香港从 1970 年代开始主动开始经济转型，推行工业多元化和经济多元化政策。

面对社会矛盾的突出，港英政府开始着手处理构成社会不安的重要源泉之一——恶劣的居住环境，"十年建屋计划"由此出台。该项政策对于香港的深远意义不仅是明晰了香港公屋政策的方向，而且使香港新市镇建设步入发展的快车道。

1970 年代香港城市发展的重点在于新市镇的建设。由于兴建公屋需要大量土地，港英政府决定加快第一代新市镇荃湾、沙田、屯门的开发，并将大埔、粉岭／上水、元朗也列入新市镇发展计划中。这一时期的新市镇开发由于和公屋建设相辅相成，得以按照规划"自给自足""均衡发展"的构想完整实现。新市镇的发展不仅缓解了市区的沉重压力，而且改变了香港单中心的城市结构。

新市镇的发展同样是在城市规划指引下实现的。在 1970 年代，港英政府根据《香港发展纲略》制定新市镇发展计划。《香港发展纲略》将香港的城市规划提高到一个更加宏观的水平。

3. 服务经济成熟发展时期（1985—1997 年）

1984 年《中英联合声明》的签署，直至 1997 年回归前，是香港城市转型的关键时期。一方面，香港的政治前景得以明晰；另一方面，香港与大陆的经济联系日趋紧密。从 1970 年代末期开始，香港制造业出现内迁潮，并在 1980 年代形成"前店后厂"的基本格局。这时的香港金融业、建筑地产和旅游业已经在经济多元化政策的促进下成为香港经济的主导产业。1980 年代后，香港逐渐形成以服务业为主导的产业结构。

随着香港树立起亚太地区国际都会的地位，港英政府决定重新检讨香港城市发展的模式和方向。以 1980 年代《全港发展策略》的修订为先导，配合香港服务经济的成熟发展和国际都会的建设目标，规划的重心从新市镇回到市区，并着手研究解决机场和港口的发展问题。自 1970 年代末期开始，港英政府筹划在大屿山赤鱲角兴建新机场，制定新机场核心计划，并由此制定属于次区域发展策略层面的"都会计划"。与"都会计划"提出"回到港口"的策略相对应，港英政府在 1980 年代开始推行"市区重建计划"。"都会计划"和"市区重建计划"的相互配合，有效改善了香港都会区的面貌，也为地产开发提供了更多的土地资源。

与空间政策重心侧重于都会区相对应，1980 年代香港进一步启动第三代新市镇——将军澳、天水围和东涌的开发。随着大型交通网络的设立及现代社区设施的落实，香港新市镇在 1980 年代蓬勃发展，并逐步发展成为综合型新市镇。至 1997 年回归前，香港以港九母城作为香港的政治、经济、文化的中心，9 个新市镇构成城市的次核心，加上具有乡土气息的墟镇，形成"三级城镇体系"。

4. 迈向国际都会的发展时期（1997 年至今）

1997 年回归之后，虽然香港历经亚洲金融风暴、SARS 危机和全球金融海啸的数轮冲击，但始终坚定服务经济为主的发展策略，不断密切与内地的经贸联系以巩固其亚洲金融中心的地位，稳步迈向国际都会。虽然高科技资讯的产业振兴计划难言成功，但是城市发展的基本脉络依旧清晰。

在香港建设亚太首要国际都会目标的指引下，全港发展策略开始新一轮检讨工作，"香港 2030"规划研究历时七年完成。在空间策略上，"香港 2030"一方面坚持既有的"以少谋多、生态保育"的规划传统，另一方面在发展重心上立足区域视角，强调"铁路为本、通达四方"，依托区域性交通网络的轴线延伸式发展格局，以此体现香港未来和珠三角联动发展的基本空间导向。

基于"香港 2030"的规划研究，近年来香港从多个层面专注如何与珠三角发展的统筹协调。宏观层面，"大珠三角城镇群协调发展规划研究"及正在推进中的"环珠江口宜居湾区建设重点行动计划"都将香港的未来发展和珠三角紧紧地联系在一起；中观层面，"边境禁区土地规划研究""新界东北新发展区规划及工程研究"和"落马洲河套地区规划研究"等一系列研究成果的推进，表明特区政府将把与深圳邻近的新发展区作为未来长远发展的重点地区。与之对应，市区如何营造国际都会的城市形象以及保持香港优美宜人的海滨城市景观则是特区政府关心的另一重点问题。中环新海滨城市设计的相关研究、西九龙文娱艺术区的规划方案评选、东九龙新 CBD 的规划建设充分反映了这一政策导向。

以下选择香港城市规划和建设方面较具特色的三个议题——住房策略、新市镇建设、市区重建，进行更详细的介绍和分析。

2 住房策略

2.1 公屋政策

"二战"结束后，香港人口的剧增引发了严重的住房问题，出现大量"寮屋"[3]。1953 年 12 月 24 日，香港爆发"石硖尾大火"，令 1.2 万户（5.8 万人）无家可归。安置灾民成为香港大规模兴建公屋的发端。1954 年，港英政府成立徙置事务处，在香港岛及九龙各处兴建黄大仙、老虎岩、长沙湾李郑屋等徙置区，让居所简陋、卫生环境较差的寮屋居民入住。据统计，"石硖尾大火"十年后，港英政府兴建的徙置大厦[4]已为接近 50 万居民提供了固定居所。

但是这一时期建设屋邨[5]以安置火灾灾民及寮屋拆迁户为主，因此建造标准极低。每个成年人可使用面积仅为 2.2m²。为了较长远地改善收入低下市民的居住条件，1954 年 4 月，港英政府颁布《房屋事务管理处法例》，组建屋宇建设委员会，负责廉租屋邨计划的发展，改变政府直属控制拨款的工作方式，强调商业原则经营。此后，港英政府于 1964 年发布《寮屋管制、徙置及政府廉租屋宇政策检讨》白皮书，制定了香港的公屋政策。其重点在于严格管制现有木屋区、加快徙置大厦和廉租屋邨的建设速度。1964 年到 1971 年期间，港英政府兴建各类徙置大厦 255 栋，居住于徙置大厦的人口从 54 万增加到 118 万；廉租屋邨居民也达到 40 万以上，合计占到香港总人口的 37%。公屋的大规模兴建发挥了积极作用，并为港英政府在 1970 年代初提出"十年建屋计划"奠定了基础。

2.2 十年建屋计划

1972 年 10 月，在实施廉租屋邨计划和公屋政策的基础上，时任港督麦理浩（Crawford Murray MacLehose, Baron MacLehose of Beoch）提出一项雄心勃勃的房屋建设计划，即在 1973 年至 1982 年的十年内，180 万香港居民只需支付其经济能力所及的租金，便可拥有环境合理的独立住房。具体目标是，香港 3 人以上家庭都有自己的居住单位，每人居住面积不少于 35 平方英尺（3.15m²），每个居住单元都有独立的厨房和厕所。为实现这一目标，港英政府预计要建 72 个公共屋邨，其中 53 个为新建屋邨，12 个改建，另有 7 个为乡村屋邨。这就是"十年建屋计划"。

为了实现这一计划，港英政府成立房屋署，统一负责公屋的规划、建设和管理。房屋署的成立，标志着香港政府公屋政策的方向已从过去分散的、权益性质的"对策"，走向有全盘发展目标的"政策"。从 1970 年代中期开始，建屋计划正式启动。到 1982 年麦理浩离任时，先后完成 33 个公共屋邨，16 个"居者有其屋"（以下简称"居屋"）项

---

3 寮屋，指的是非正式的简易临时居所，大多以铁皮及木板搭建而成，亦被俗称为"铁皮屋""木屋"。

4 徙置大厦，最初指的是石硖尾大火后港英政府为安置受灾难民在原址建起的徙置式公共住房大厦，之后在别的地区亦有兴建，为香港公共房屋的发展奠定了基础。

5 在香港、澳门等地区，由政府提供的公益性廉租房可被称为"屋邨"。

目 (Home Ownership Scheme)，11 个再发展大厦项目，总计 60 个项目，共安置 96 万居民。尽管其预订的目标未能如期完成，但是其代表的公屋政策方向，却得到普遍的认可。

"十年建屋计划"的推行对于香港的城市发展起到深远的影响。由于港九地区缺乏可供发展的土地资源，港英政府采取"两条腿走路"的办法——一方面重建迁置大厦，另一方面在新界推行新市镇开发，在新市镇中大量建造新型公共屋邨，从而有力推动了第一代新市镇的快速发展。

2.3 长远房屋策略

"十年建屋计划"的推行并未能实现预定目标，因此延长了五年。到 1987 年，港英政府共建成的公屋单位可供 150 万人居住。在评估香港住房情况时港英政府发现，香港每个家庭若要在 2000 年前都有设备齐全的居所，至少仍需增加 96 万个住宅单位。这份评估直接导致公屋政策重点的转变。

1987 年 4 月，港英政府发表《"长远房屋策略"说明书》，标志着其公屋政策重点从出租公屋转向优先以市场化方式鼓励并资助市民自购住房。其目标包括：①确保以市民能负担的楼价或租金，为所有住户提供适当的房屋；②鼓励住户自置居所；③确保能按照既定的优先次序，尽快满足居民对各类房屋的需求；④重建不合现今标准的旧型公共屋邨，并鼓励重建旧型私人楼宇；⑤有效运用公营及私人机构方面的建屋资源；⑥使拨作房屋经费的公共资源得到最有效的运用。

《"长远房屋策略"说明书》的出台说明，随着香港经济的发展，市民对住房的需求已发生变化。因此，长远房屋策略鼓励市民自置居所，以此作为长远解决香港房屋问题的方法。因此政府推出"自置居所贷款计划"以及重建早期公屋计划。但是纵观港英政府自 1987 年以来"长远房屋策略"的政策，其重点逐渐从出租公屋转向出售房屋，强化了私人开发商在房地产市场所扮演的角色。其直接结果是公营房屋供应量的减少。同时，将公屋租金和居屋售价与市场挂钩，也推动了 1990 年代中期香港楼市的大幅攀升。

2.4 回归以来的公屋政策

1997 年香港回归后，首任特首董建华提出每年私人楼宇单位、"居者有其屋"和"夹心阶层住房计划"单位供应不少于 85 000 个，希望十年内全港 70% 的家庭可以自置居所，轮候租住公屋的平均时间由六年半缩短至三年 (俗称"八万五"计划)。由于恰逢金融危机，"八万五"计划加速了香港房地产泡沫的破灭。因此，在随后特区政府出台的救市政策中，大规模的公屋计划被搁置。

此后，特区政府的总体房屋政策定位是"政府坚守一贯政策，为有需要的家庭提供租住公屋"[6]，即政府致力维持一个公平和稳定的环境，

6　摘引自香港特区政府于 2002 年 11 月发表的《房屋政策声明》。

图 9-3
沙田新市镇实景
图片来源：香港规划署介绍材料

基于社会公平，满足那些市场不能为其提供基本住房的低收入人群的住房需要，而中高等收入人群的住房则需要由市场供应。由于总体土地供应并未放宽，近年来香港的楼价已经超过 1997 年的水平，也带来一些社会问题。

3   新市镇建设

3.1   第一代新市镇加速发展

虽然香港早在 1960 年代就已启动第一代新市镇的建设，但"十年建屋计划"的推行，才使香港新市镇建设驶入快车道。第一代新市镇荃湾、沙田、屯门的开发有力地配合了港英政府的"十年建屋计划"，不仅大大减轻了港九市区的拥挤程度，舒缓了市区在社区设施、基础建设、环境卫生、交通运输、房屋需求等方面的压力，而且改变了香港单中心的城市结构。

1973 年，为了推进新界地区的新市镇开发，港英政府专门成立"新界拓展署"，负责推行新市镇发展计划。该署在全港发展策略的框架下备拟发展大纲和法定图则，进行土地平整工程、发展基础设施、提供辅助社区设施，以及协调政府和私人发展。香港新市镇基本是在政府统一协调下，编制框架性总体规划和相应的开发计划，政府监管公共建设和私人开发计划的重要依据是"分区计划大纲图"。香港的第一代新市镇由于和"十年建屋计划"形成紧密的政策配合，强调产业与居住的均衡发展，加之规划在总体布局、设施配套等多个方面予以合理引导，成为全港最具活力的新市镇。2011 年，第一代新市镇人口均超过 25 万人，其中荃湾的人口约为 29 万，沙田人口约为 43.34 万，屯门人口约有 48.59 万（图 9-3）。

3.2   建设第二代新市镇

继第一代新市镇加速开发后，港英政府又积极开发第二代新市镇，包括大埔、粉岭/上水、元朗等。第二代新市镇主要结合传统的墟镇开发，因此其发展规模有限。虽然它们都远离市区，但是随着港九铁路电气化、吐露港公路及大老山隧道的通车、元朗至屯门的轻便铁路启用，

图 9-4
香港天水围新市镇居屋——天富苑
图片来源: https://en.wikipedia.org/wiki/
Public_housing_estates_in_Tin_Shui_Wai

以及整个新界地区交通网络的完善，情况大有改观。2011 年，大埔的人口约为 26.46 万，粉岭 / 上水的人口为 25.53 万，元朗人口为 14.77 万。

与第一代新市镇一样，第二代新市镇也强调均衡发展，希望在本区内解决居民的就业问题。因此在最初规划时就留有工业土地。大埔有香港第一个工业村，元朗有两个大型的工业区。但是受到 1980 年代香港本地产业大规模向内地转移的影响，第二代新市镇工业用地的利用远不如第一代新市镇有效。

3.3 开发第三代新市镇

到了 1980 年代，港英政府启动第三代新市镇的开发。将军澳、天水围和东涌几乎全部从零开始建设。由于大量本港企业的外迁，因此在规划时不再刻意强调产住结合、自给自足，明显减少了工业用地，天水围和东涌则干脆没有工业区。与之对应，规划加强了第三代新市镇与外界的联系。

在空间形态上，第三代新市镇的最大特点就是向高空发展。成片的高密度住宅楼拔地而起，犹如"水泥森林"，"地积比"（香港地契上规定某块土地上的楼面建筑总面积与这块土地面积之比）高达 8 倍，而其他新市镇最多为 5~6 倍。过去的"公屋"不过十几二十层，而新一代的"公屋"动辄三四十层，甚至更高。高密度发展令第三代新市镇能够容纳更多的居民。2010 年，将军澳的人口开发密度为 2.07 万人 / km^2，天水围为 6.80 万人 / km^2，东涌为 5.35 万人 / km^2，均高于全港新市镇平均人口开发密度 2.05 万人 / km^2（图 9-4）。

从 1990 年代以来，香港新市镇的规划工作由规划署承担，而开发实则由土木工程拓展署负责统筹。在规划实施的过程中，采取政府主导、公司合作的投资建设渠道，保障规划的落实。由于有强有力的公屋建设和人口导入政策支持，香港新市镇基本按照规划建设和实施，规划的法定性得以充分体现。

3.4　香港新市镇建设的意义与影响

公屋建设带动下的新市镇发展可以视为香港新市镇发展最典型的特征，它不仅有效促进了当时香港整体的发展转型，而且对于城市整体空间结构产生深远影响。

1. 新市镇开发之于经济转型的意义

从 1970 年代开始，香港经济转型的主线是致力于保持其地区工商业中心的地位并发展为一个国际都市。而要达到此目标，土地及房屋发展与本地对空间和经济增长的不断需求必须互相配合。新市镇开发对于香港经济转型有以下四方面的意义。

其一，满足了香港工业用地拓展的发展需求，成为香港工业发展的主要空间载体。目前全港共有 1 个科学园（香港科学园）和 3 个工业村（大埔、将军澳及元朗），全部依托新市镇发展。

其二，为快速增长的人口提供了良好的居所，从而为港九地区建设国际都市腾出了发展空间。这是香港新市镇开发对于经济转型更为重要的价值所在。

其三，香港新市镇的大规模开发建设耗资巨大，也成为香港转型发展时期经济的重要助推器。目前，9 个新市镇的发展总面积超过 160km²，已经投入数百亿港元资金。

其四，新市镇开发提供了大量廉价的公共住宅，强化了香港的经济竞争力。

2. 新市镇开发之于城市结构的影响

从空间格局上，香港城市发展可以划分为两个阶段，即 1973 年以前的单中心周边延伸阶段和 1973 年以后的多核心发展阶段。其分水岭就在于 1973 年推行的"十年建屋计划"及由此带动的新市镇快速发展。新市镇的发展，改变了香港的城市面貌，形成母城与新区相结合的城市格局。港九母城作为香港的政治、经济、文化的中心，是整个城市的核心，9 个新市镇则构成城市的次核心，加上具有乡土气息的墟镇，形成"三级城镇体系"。

香港新市镇建设起步之初的 1971 年，全港人口约为 385 万，而今天的全港人口接近 710 万。四十年间，香港新增 325 万人口。而新市镇所在地区的居民则由四十年前的 50 万，增加到现在的 342 万，新增人口 292 万。这说明，四十年间香港的新增人口，并没有增加原有市区的稠密度，而大多被不断兴建的新市镇"消化"了。可以说，新市镇发展有效降低了原有市区的人口密度，改善了香港市民的居住环境，这也是城市空间结构优化的直观表征。

4　市区重建

4.1　"都会计划"

1980 年代，香港面临着政治、经济及社会的快速转型。港英政府决定检讨香港城市发展的模式和方向，制定"全港发展策略"，其核心是配合香港服务经济的成熟发展和国际都会的建设目标，将规划的重心从新市镇调整回到市区，并着手研究解决机场和港口的发展问题，建立一个长远的土地利用和运输网络互相配合的规划架构。1989 年的《港口及机场发展策略研究》（又称"机场核心计划"），为港口设施向西面扩展和香港国际机场由启德迁向大屿山的赤鱲角等计划提供发展大纲。为配合该计划实施，港英政府在 1990 年代启动了次区域发展策略层次的"都会计划"（又名"回到港口"），其核心是把人口重新分配到港口周围的市区，进行大规模填海，兴建住宅，以减少庞大公共开支的问题。

根据"都会计划"，香港市区面积从原有的 6 500hm² 扩大到 8 600hm²，主要的发展地区将集中在与赤鱲角国际机场有关展开的各主要填海区，包括西九龙填海区、青洲填海区、中环至湾仔填海区、荃湾填海区、九龙角填海区等，以及启德机场搬迁后的旧址，而目标人口定在 420 万人左右。在主要的新发展区和综合重建区内，公私营机构将提供各类型的房屋以及各类社区设施和商业空间。在较旧的地区内，适合重建的残余楼宇将由土地开发公司、房屋委员会、房屋协会以及私人机构重新发展。而所有这些发展或者重建计划，都应与其毗邻的已发展地区的重整计划相配合，从而协助这些地区降低人口密度和改善环境。

"都会计划"和"机场核心计划"的相互配合，有效改善了香港都会区的面貌、环境、生活质量和交通，也为地产开发提供了更多的土地资源。1990 年代，随着机场核心计划的开展，赤鱲角机场填海面积达 1 248hm²，西九龙填海面积达 334hm²，两项工程所得土地之和占到 1980—1999 年全港总填海面积的 79%。但是，"都会计划"并非类同于"十年建屋计划"和新市镇开发计划那样是由政府主导投资推动的计划，它仅仅作为规划指引，为公营机构和私人发展商参与市区建设提供基础。1990 年代，由于人口急剧增长，市区人口于 1999 年已经达到"都会计划"拟订的上限（420 万人）。同时，亚洲金融风暴的影响以及公众强烈反对在维港进行新的填海工程，以填海供应新土地的发展方式受到限制，原来"都会计划"的基本建议已不再适用。因此"都会计划选定策略"于其后 1998 年及 2003 年分两阶段完成全面检讨研究，以修正原来的规划策略。

4.2 "市区重建计划"

由于之前将大量公、私营机构的资金投入到新市镇建设中，香港市区老化的问题在 1980 年代日趋严重。加上早期因缺乏城市规划导致使用地混杂、建筑凌乱、社区设施不足和非法建筑物大量存在，这些问题已经严重影响到市区宝贵的土地资源的合理利用，以及香港作为国际商业大都会的健康发展。为了与"都会计划"相对应，港英政府开始推行"市区重建计划"。

1987 年，港英政府颁布《土地发展公司条例》，成立独立公共法定机构——"土地发展公司"，以全面推动市区的重建工作。其运作程序是先从规划地政公务司选定的重建区中找出有发展潜质的部分，制定发展大纲，然后提交城市规划委员会审批，经行政局通过后，由土地发展公司负责收地，为期一年。若超过期限，公司可要求政府引用"官地收回条例"将土地收回。完成收地程序后，土地发展公司将担任项目经理，并邀请私人发展商参与开发。在其十二年的运营期间内，土地开发公司先后完成16个重建项目，启动14个项目，建成37 280m² 住宅、10 666m² 商业铺位、18 956m² 写字楼以及6 241m² 的政府团体和社区休憩等公益性设施。

1997年香港回归后，香港特区政府于2000年7月制定《市区重建局条例》，并于2001年5月1日成立具有官方背景支持和约束下的独立运作机构——市区重建局（URA），制定"市区重建策略"。与土地发展公司相比，以市区重建局为主体的城市更新政策框架更强调市场机制前提下政府角色的强化、全面化的城市更新理念以及"以人为本"的城市更新价值观。2011年2月，香港发展局公布新一轮"市区重建策略"，提出"以人为先，地区为本，与民共议"的工作方针，在全港划定9个重建目标区和225个优先项目。而且"市区重建策略"明确提出，市区更新不是零星拆建的过程，政府会采取全面综合的方式，借重建发展、楼宇复修、旧区活化和文物保育等方法（四大业务策略），更新旧区面貌。"重建发展"和"楼宇复修"是市区重建局的核心业务。工作过程中，市区重建局遵从的工作原则为：①因进行重建项目而被收购或收回物业的业主必须获得公平合理的补偿；②受重建项目影响的住宅租户必须获得妥善的安置；③市区重建应使整体社会受惠；④受重建项目影响的居民应有机会就有关项目表达意见。

5   结语

本文对香港开埠以来的城市发展历程及不同时期城市规划工作进行了梳理。从宏观视角来看，香港自1970年代以来的四十余年转型期间，其外部政治经济环境的动荡对城市的影响极大，但是香港能够实现转型并发展成为亚太国际都会，究其关键原因还是在于以下三个因素：一是始终坚持高度开放的自由港体制；二是始终坚定其亚太国际都会的发展目标；三是能够不断根据外部环境变化主动调整其应对策略。在这一过程中，城市规划的重要职责是将政府施政报告的具体转型策略落实到空间上，并保障重点项目按法定程序建设。所以在"香港2030"工作的伊始，规划署就明确其研究目的是"制定下一个长远的土地用途、运输及环境规划策略，作为香港日后发展和策略性基础建设的指引，并通过规划发展，协助实现政府的其他政策目标"。

面对复杂的国际经济环境和内部社会诉求，香港未来的发展仍然面临多样的挑战。而城市转型势必将赋予新的内涵。由于完善的城市规划体系早已建立，有理由相信，城市规划仍然会在香港城市转型的历程中发挥着先导性的作用。

参考书目 Bibliography

[1] 曹万泰. 新"星"拱明"月" [N]. 人民日报海外版, 2002-10-29 (5).

[2] 陈鸿锟. 旧区重建: 香港土地发展公司的经验 [J]. 城市规划, 1996(6): 18-19.

[3] 邓卫. 香港的新市镇建设及其规划 [J]. 国外城市规划, 1995 (4): 7-11.

[4] 地政总署测绘处. 香港特别行政区地域空间图 [R]. 2007.

[5] 方国荣, 陈迹. 昨日的家园 [M]. 香港: 三联书店 (香港), 1993.

[6] 冯邦彦. 香港地产百年 [M]. 香港: 三联书店 (香港), 2001.

[7] 郭国灿. 回归十年的香港经济 [M]. 香港: 三联书店 (香港), 2007.

[8] 何佩然. 地换山移: 香港海港及土地发展一百六十年 [M]. 北京: 商务印书馆, 2004.

[9] 何佩然. 建城之道: 战后香港的道路发展 [M]. 香港: 香港大学出版社, 2008.

[10] 黄文炜, 魏清泉. 香港市区重建政策对广州旧城更新发展启示 [J]. 城市规划学刊, 2007 (5): 97-103.

[11] 李思名. 全球化、经济转型和香港城市形态的转化 [J]. 地理学报, 1997 (S1): 52-61.

[12] 梁美仪. 家——香港公屋四十五年[M]. 香港房屋委员会, 1999.

[13] 林坚, 杨志威. 香港的旧城改造及其启示 [J]. 城市规划, 2000 (7): 51-53.

[14] 刘蜀永. 简明香港史 [M]. 香港: 三联书店 (香港), 2009.

[15] 宁越敏. 香港城市规划管理体制特点研究[J]. 上海城市规划, 1999 (2): 23-27.

[16] 王赓武. 香港史新编 [M]. 香港: 三联书店 (香港), 1997.

[17] 香港发展局. 市区重建策略 [R]. 2011.

[18] 香港规划署. 香港 2030 规划远景与策略 (最后报告) [R]. 2007.

[19] 香港特区政府. 香港统计数字一览 (2012 年编订) [R]. 2012.

[20] 香港特区政府. 历年香港年报 (1997—2010) [R].

[21] 香港特区政府. 长远房屋策略政策说明书 [R]. 1987.

[22] 香港特区政府. 香港便览—— 新市镇及市区大型新发展计划 [R]. 2010.

[23] 薛凤旋. 香港工业: 政策、企业特点及前景 [M]. 香港: 香港大学出版社, 1989.

[24] 薛凤旋. CEPA 后的香港都会经济区发展策略 [J]. 国外城市规划, 2005 (2): 66-70.

[25] 叶嘉安. 香港的经济结构转型与土地利用规划[J]. 地理学报, 1997 (S1): 39-50.

[26] 张捷, 赵民. 新城规划的理论与实践 [M]. 北京: 中国建筑工业出版社, 2005.

[27] 钟坚. 关于回归后香港经济发展的几个问题 [J]. 深圳大学学报 (人文社会科学版), 2007 (3): 18-21.

点评

香港在当代城市中非常特殊。作为一座近代受殖民统治的城市，香港在相当长的历史时期都常常被当作一个负面的城市样本。香港所特有的密集而杂乱的高层建筑既是香港的标志性形象，也是理想城市规划的反面教材。

然而，随着全球城市化进程不断推进，快速城市化和过度工业化带来地球环境的不断恶化，现代主义的理想城市摹本越来越多地暴露出其对地球环境资源和人类未来的不负责任，而香港作为一个城市样本，也因此被越来越多地正面解读。今天香港的特有标志性形象依旧，高度与密度比之过去有过之而无不及，但其作为一个特殊城市样本的积极价值也逐渐显现出来。

首先是香港的极紧凑型开发模式。香港以超高密度为代价，在极度土地资本主义市场模式下竟然换取了至今还处于未开发状态的 3/4 原生态土地资源。这在全世界绝无仅有。我们可以设想，如果今天全世界的城市更多地采用香港模式，那么我们对于地球土地资源和环境资源的担忧就会缓和得多。对于当今中国而言，紧凑型城市的发展模式毫无疑问是应对土地资源的不二选择。更值得我们深思的是，当今便利而紧凑型的居住模式和城市生活已被香港市民广泛接受，而在中国内地，城市空间几近"奢侈"的松散，居住空间的宽大气派仍是大多数人的价值取向。不改变这一点，我们的土地资源节约问题永远是空谈。

其二，香港作为一座移民城市，其人口的快速增长和城市扩展用地之间的矛盾始终突出。为此香港很早就推出了新市镇计划，半个世纪前就启动的沙田新城至今让人赞不绝口。而在城市空间和建筑管制上常表现出弱规划的香港，在土地开发引导方面却显示出极强的规划导向。被广为推崇却又难以推行的 TOD 模式，在香港却被一次又一次成功地大规模实践。香港的公交系统，特别是其公共轨交系统不仅承担着世界第一的极高出行比例，轨交的盈利模式也让所有城市望尘莫及。正是因为如此，

香港这座人均 GDP 早就超过 3 万美元的城市，其私人汽车保有率竟然远远低于北京、上海甚至广州，这值得中国内地所有城市深思。

其三，香港作为自由资本主义市场，在巧妙处理追逐最高土地资本利益的房地产市场和中低层市民保障性住房民生的矛盾中，表现出当今世界少有的智慧。香港的房地产业高度发达，房价高居世界前列。但香港也是最早推出并成功实施公屋计划的地区之一。香港近半人口享受着公共住房制度的福泽。这对动辄限价限购，试图通过限制需求与供给解决住房民生问题的内地城市来说，真是值得好好研究。

其四，香港作为一座法治城市，其受英国殖民统治时期形成的城市管理制度之严之细，凡是在香港生活过的人都有体会，但这丝毫没有淡化这座城市的人性。中国南粤文化特有的生活习俗使这座城市活力四射。在英式的严格制度化管理框架内仍然滋生着大量随意、自在的人性化自由生活空间。香港城市空间的无序和城市生活的随意使外人甚至一时难以觉察这座城市的内在秩序。相对于内地城市一味追求城市的外在形象，靠城管来维持城市的"秩序"，对一切"随意"行为零容忍，香港实在是一个值得学习的榜样。

当然香港的城市发展也有可指摘之处。高度资本主义的市场化文化和务实哲学，使得香港这座极富文化魅力的城市在快速发展中极少关注历史文化遗产的保护。学界多年的呐喊被繁华的嘈杂声淹没，一个半世纪的建筑痕迹逐渐淡去。虽然今天的香港已开始正视此问题，但仅存的那几座孤零零的遗存能告诉我们多少历史呢？

伍江

谈到香港，高密度是不可避免的话题。香港
2010 年总体城市密度超过 6 400 人 / km²，城市建
成区密度超过 26 800 人 / km²，是新加坡的 2.6 倍，
纽约的 1.5 倍。住宅区密度接近 33 000 户 / km²，
是新加坡的 3 倍，纽约的 2.7 倍。造成超高密度的
原因与地形限制有直接关系。香港城市总面积约
1 100km²，但城市建设面积占 23.4%，剩下多为山
地，制约了城市水平方向的发展，向高空发展成为
必然的选择。

在高密度环境下的香港城市发展首先值得关
注的是高层高密度、高混合度的紧凑城市使用方式，
从某种意义上说是传统城市土地使用方式向高空的
延续。这种方式对于保持城市活力、减少不必要的
交通流量非常有效。

交通方面，香港人多地狭，市区道路尤其狭窄，
而道路密度又很高。发达的公共交通系统承载了出
行比例的 90%，占世界第一位。人口高度密集为
发展公共交通提供了很好的条件。另外，综合利用，
拓展各种公共交通方式也是增加公共交通效率的有
效方式，如地铁、电车、轻铁、小巴、大巴、出租
车等。香港交通模式为人多、路窄、资源有限的城
市环境下顺利解决交通问题提供了很好的范例。

对于城市更新，如何在城市更新中延续原来的
场所精神，融合传统和新城市生活方面，香港近年
来所做的努力也值得肯定。多样化的城市使用方式，
灵活的项目操作方法在香港独特的政治经济体系下
发挥着重要的作用。

从城市建设形式上说，因地制宜，利用已有地
势创造错落有致的居住环境，提高舒适度，巧妙利
用地形提高环境质量的做法也值得学习。

在香港迈向国际都会的发展过程中，将着眼点
从城市本身放大到区域层面是非常具有前瞻性的策
略。政策上与整体珠三角地区的发展统筹，空间上
升级铁路等基础设施，增加填海、开发城市高空等
措施来进一步拓展城市发展方向。在全球化经济要
求个别城市担当更重要角色的背景下，相信香港能
够继续发挥在过去一百多年间数次转危为机的能力，
并在全球城市圈中找到自己的位置。

王才强

雅加达

[新加坡] Johannes Widodo 著
Johannes Widodo，新加坡国立大学设计与环境学院
建筑系副教授

纪雁 沙永杰 译
纪雁，Vangel Planning & Design设计总监
沙永杰，同济大学建筑与城市规划学院教授

JAKARTA

雅加达：
一座亚洲大都市的曲折发展之路
Jakarta: A Resilient Asian Cosmopolitan City

本文介绍了雅加达城市的发展历程以及相应的城市问题。雅加达从12世纪的巽他卡拉巴发展到16世纪的嘉雅卡塔，之后经历三百多年的荷兰殖民时期以及短暂的英国和日本的统治，1945年起进入当代城市发展历程。当代发展分为三个阶段——1945—1967年苏加诺领导下的国家建立时期，1967—2008年苏哈托领导下的经济发展时期，以及当今的"改革"时期。雅加达正在经历快速发展，尤其是当今的雅加达新城市政府执政后，这座城市正致力于建设一个更加美好的亚洲大都市。

The article introduces the physical morphogenesis of Jakarta and its complex problems it suffers today. The evolution of the city will be traced chronologically since its formation as a 12th century entrepot of Sunda Kelapa to 16th century Jayakata emporium, then the long period of colonial city under VOC, Dutch, brief British and Japanese administrations, and post-colonial Jakarta (from 1945 onward). Jakarta has been developed rapidly from the Soekarno's nation building period up to 1967, and the Soeharto's economic development period (until 2008), and the current on-going "Reformation" era. Jakarta is undergoing a rapid development towards a better mega city, especially after the election of new governor in 2012, which has been bringing new hope of cleaner, environmentally sensible, and popularly supported city government, which is unprecedented in the history of Jakarta.

10

雅加达：
一座亚洲大都市的曲折发展之路
Jakarta: A Resilient Asian Cosmopolitan City

1　引言

　　沿"亚洲地中海"（南中国海、爪哇海和马六甲海峡一带）通过海上贸易发展起来的东南亚城市都有着深厚积淀的历史文化和丰富的社会经济和自然环境，各自形成鲜明的城市和建筑特征。雅加达是东南亚版图中的一个重要城市，起源于爪哇岛西北海岸的小港口巽他卡拉巴（Sunda Kelapa），在 16 世纪曾被称为嘉雅卡塔（Jayakarta），到荷兰殖民时期更名为巴达维亚城（Batavia），1950 年被命名为雅加达，并自此快速城市化，成为今天的大都市——不仅是印度尼西亚的政治、经济和文化中心，也成为世界上人口密度最高的城市之一。2010 年，印尼 2.38 亿总人口中，约 50% 的人居住在爪哇岛，其中雅加达首都特区（DKI Jakarta）的人口数量已达 960 万（占全国人口的 4.04%）；而爪哇岛的土地面积只占印尼的 7% 左右，其中由雅加达首都特区的土地面积仅占印尼的 0.03%（图 10-1，图 10-2）。短时间的高速发展给雅加达带来相应的社会问题和严峻的环境问题。

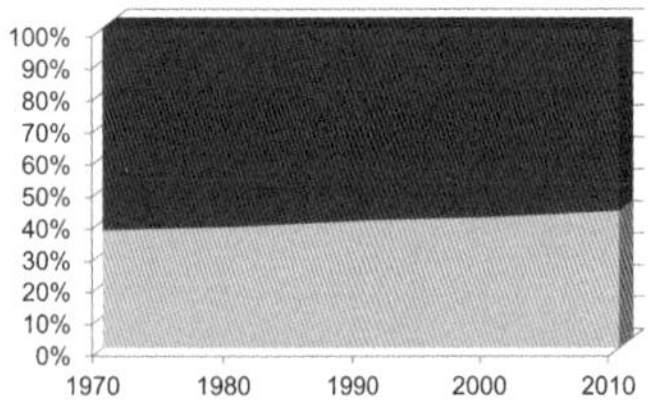

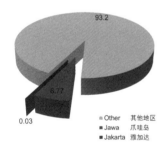

图 10-1
印度尼西亚人口比例示意图

图 10-2
印度尼西亚土地比例示意图

2　殖民时期前的巽他卡拉巴和嘉雅卡塔（12—16 世纪）

　　巽他卡拉巴是 12 世纪印度教巴渣渣兰王国（Hindu Pajajaran Kingdom）的一个港口城市，位于爪哇岛的西北部沿海，吉利翁河（Ciliwung River）河口。城市处于国际贸易航线上，然而无法和当时位于爪哇岛西部的万丹国（Banten）抗衡。1511 年葡萄牙占领马六甲后，爪哇岛的港口城市受到抵制马六甲贸易的穆斯林商人的惠顾，万丹也自此崛起，国力日盛。位于爪哇岛中部的伊斯兰教淡目国（Demak）在 16 世纪向西扩张霸权，于 1527 年占领了万丹和巽他卡拉巴，将巽他卡拉巴更名为嘉雅卡塔（Jayakarta，意为胜利之城）[1]，并将伊斯兰教传播到这些地区。17 世纪初期，荷兰人在和葡萄牙人争夺香料贸易的战争中获胜。1603 年，荷兰的东印度公司[2] 在万丹建立第一个商埠，商贸活动日益活跃。1619 年荷兰又把势力重心转移到嘉雅卡塔。

3　荷兰殖民统治时期：从港口城堡到近代都市

3.1　荷兰东印度公司时期的巴达维亚城（1619—1799 年）

　　17 世纪早期的嘉雅卡塔，人口约 1 万，城市主要由两部分组成，吉利翁河东的中国人聚居区以及河西的原住民聚居区。西岸的城市中

1　1527 年 6 月 22 日城市更名为嘉雅卡塔被官方定为雅加达的诞生日。

2　荷兰的东印度公司，荷兰语 Vereenigde Oost-Indische Compagnie，简称 VOC，英文名为 Dutch East India Company。

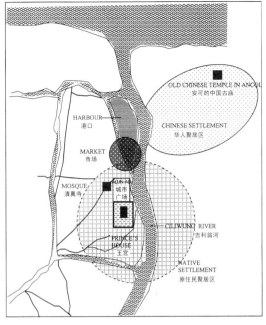

图 10-3

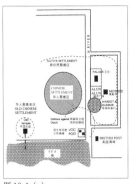

图 10-4（a）

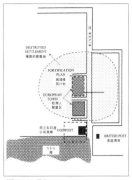

图 10-4（b）

图 10-5（a）

图 10-5（b）

图 10-3
嘉雅卡塔城市位置和布局示意图

图 10-4
嘉雅卡塔转变为巴达维亚城的城市布局变化示意
图：（a）嘉雅卡塔；（b）1619 年的巴达维亚

图 10-5
巴达维亚城城市布局示意图：（a）1628 年；（b）
1650 年

心有王宫、城市广场（Alun-Alun）和清真寺，是依照印度教曼陀罗型制发展而来的典型爪哇城市模式（图 10-3）。

　　1621 年嘉雅卡塔更名为巴达维亚（Batavia），成为荷兰在印尼群岛的贸易总部和统治中心。荷兰人将河西原住民区几乎夷为平地，在吉利翁河口东岸建设巴达维亚城堡（The Castle of Batavia），城堡里建有政府办公楼、官员住所、兵营、小教堂以及仓储用房等，在城外的河口沿海地区建设巴达维亚港，河西岸是港口配套设施。欧洲人势力在河东继续向南扩展，发展了带有集市性质的城市广场、教堂和市政厅，并通过桥梁与西岸的新开发地块连接，而城南之外的仍是茂密的丛林溪流（图 10-4，图 10-5）。当地的中国人被允许居住在城内，为巴达维亚城提供商业服务。

　　1630 年代，巴达维亚城建设重心主要集中在河东，但在全城范围内为未来发展进行基础设施布局。至 1645 年，河东和河西的城墙建设基本完成。这个方形的巴达维亚城按照西蒙·斯蒂文（Simon Stevin）的理想之城建设，有着 2 250m 长、1 500m 宽的路网结构，城墙有 22 个堡垒，4 个出入口都设有吊桥。城内则按照荷兰的运河城市模式（如同阿姆斯特丹），遍布河道，而穿过巴达维亚城的吉利翁河河岸也被修直，成为一条主要的城市运河，一些小运河从吉利翁河衍

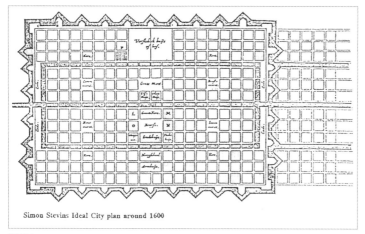

图 10-6

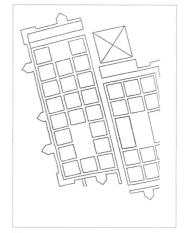

图 10-7

图 10-6
西蒙·斯蒂文的理想之城示意图

图 10-7
1650 年巴达维亚城布局示意图

生出来，渗透入城市，沿河道两边各设有宽约 9m 的步道（图 10-6—图 10-8）。荷兰东印度公司的工厂迁移至城的东南角，河对岸是码头。1648 年摩轮佛力运河（Molenvliet Canal）建成，将水利引入城南，带动糖厂，提供船运并运送木材。

河东依然是荷兰人的聚居地，建造了欧洲式样的别墅和活动中心；河西则是中国人和葡萄牙人的聚居地，还设有市场、仓库和工厂等；原住民则被安置在城外。发展至 17 世纪末，中国人口聚居的南岸和西岸地区已经成为店屋（Shop Houses）遍布、街道密集的区域，当时建设的庙宇有的仍保留至今。

1656 年因与万丹国再次交火，荷兰东印度公司在城外建设了 5 个相距各 1 小时步行距离的防御型城堡，以保护城外非欧洲族裔。城堡之间的路网两侧则是种植稻米、蔬菜和甘蔗的农地。1680 年，城外的筑城运动进入第二阶段，保护的范围达到以旧城为中心 20km 的范围。同时，一度曾在巴达维亚城堡外的海岸线由于泥沙沉积的原因，向外延展出好几百米，1672 年由当时的荷兰总督主持在这片新增土地上建设码头、新防御工事等，城市进一步向外扩张（图 10-9）。

巴达维亚城内华人聚居区持续的经济发展和人口扩张所带来的社会问题使得华人被逐步排挤出城（图 10-10）。1799 年，巴达维亚城南的维特瑞登区（Weltevreden）内的一片区域被划为新的华人聚居区，当地一些华人也在经历这些冲击之后逐渐皈依伊斯兰教。一系列的社会冲突和动荡促使巴达维亚城的经济一蹶不振，18 世纪末，荷兰东印度公司宣告破产；1800 年 1 月 1 日巴达维亚城转交荷兰政府接管（图 10-11）。

3.2 新巴达维亚城和英国政府管理执政时期（1800—1816 年）

荷兰政府接手的巴达维亚城已破败不堪，城垣倒塌，部分运河壅塞，河道污染，水源供应紧张，疾病蔓延。这种恶劣状态促使荷兰政府在 1808 年决定，把城市中心迁移到城南的维特瑞登区，并在 1809 年下令推倒旧城墙，填塞运河，用旧城内的建筑材料建设新城。为筹

图 10-10

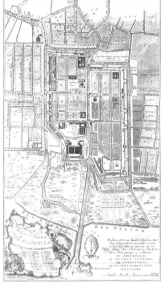

图 10-11

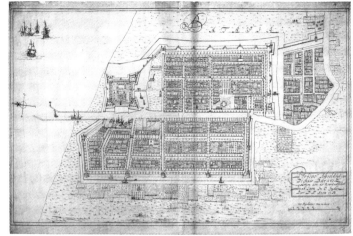

图 10-8

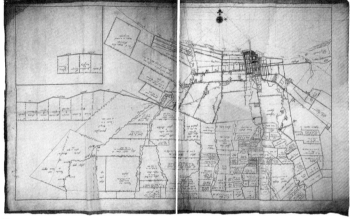

图 10-9

图 10-8
1650 年的巴达维亚（巴达维亚城和城外地区）

图 10-9
1700 年的巴达维亚城

图 10-10
1740 年荷兰东印度公司和巴达维亚华人的冲突

图 10-11
1780 年荷兰东印度公司执政末期的巴达维亚城

集建设新城的资金，荷兰政府允许华人和外国人在新城购置物业。华人聚居的唐人街（Pecinan）就在新城内的巴刹巴鲁（Pasar Baru）、丹那阿邦（Tanah Abang）以及巴刹塞嫩（Pasar Senen）一带逐步形成。

为抵御英国人的海上袭击，荷兰总督丹德尔斯（Herman Willem Daendels）下令建设了第一条跨区道路，顺接爪哇岛北部沿海地区至岛屿东端，被称为"大驿道"（Great Post Road）。这条道路成为整合联系爪哇岛多个城市中心的重要纽带，为促进下一个历史阶段的城市和经济发展起到重要作用。

1811 年英国海军袭击巴达维亚，荷兰战败。托马斯·莱佛士爵士（Sir Thomas Stamford Raffles）成为巴达维亚总督，爪哇岛开始处于英国人的掌控之下，直至 1816 年签署英荷条约（Dutch-British Treaty），荷兰重获对爪哇的统治（图 10-12）。

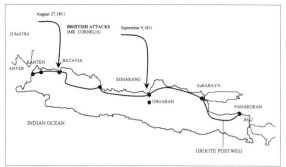

图 10-12

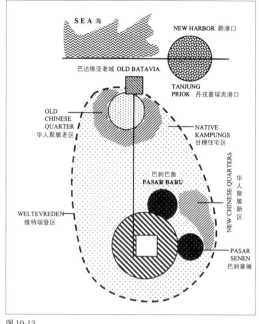

图 10-13

图 10-12
爪哇岛的第一条跨区道路和 1811 年英国海军进
军路线图

图 10-13
巴达维亚城 1885 年的城市布局示意图

3.3 殖民城市进一步扩展 (1816—1900 年)

19 世纪中期，荷兰人巩固了在爪哇的势力，并开始向外围岛屿扩张。当时的巴达维亚城内有两个聚居区，一个是巴达维亚旧城，一个是欧洲人聚居的维特瑞登新城。在新城内，城市发展迅速，带有柱廊的白色单层殖民式建筑是当时的主要建筑形式。同时，巴达维亚城外沿海的沼泽地因泥沙沉积，面积不断扩大，为承载扩张的贸易，在城市东北角建设了新港口。至 19 世纪末，巴达维亚城已经成为知名的国际港口城市 (图 10-13)。

荷兰政府从 1821 年开始在爪哇岛实行主要针对华人的通行许可制度，导致华人、阿拉伯人等非欧洲裔的少数族裔人群都被限定在特定区域里生活。19 世纪中叶，受中国"太平天国运动"的影响，许多中国难民逃往包括爪哇在内的南洋。1893 年，巴达维亚的华人达到 26 359 人，占当时城内总人口的 25%，主要是福建人和客家人。城市也出现了多种族混居的城市贫民区——甘榜住宅区 (Kampung)。

3.4 城市的早期现代化 (1900 —1942 年)

巴达维亚城在 1900 年的行政区划面积为 2 600hm²，比 1621 年的仅 6.1hm² 扩大了近 400 倍，总人口约 10 万。发展至 1930 年，人口达到 43.5 万，其中 16.47% 为华人。1905 年 4 月 1 日，城市正式更名为"巴达维亚市"(Gemeente Batavia)。1906 年该城有了自己的第一任市长和市议会来管理城市，推行去荷兰政府的集权化以期达到城市自治，然而这一目的并未真正实现 (图 10-14)。在市政管理上，只倾向于欧洲人和当地权贵，而像华人、阿拉伯人等族裔从来没有得到真正重视，社会文化分歧、种族宗教冲突以及经济地位的不平等一直延续至今。

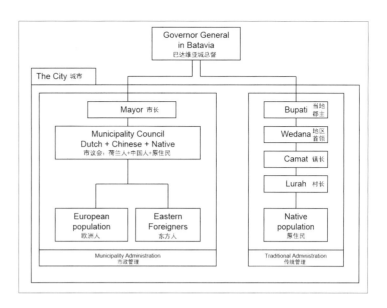

图 10-14
20 世纪早期半自治政府的两套管理体系

　　随着经济繁荣，巴达维亚的建成区也迅速扩张。国王广场（Koningsplein），现称为独立广场（Medan Merdeka），四周围绕着重要的建筑；还在建成区周边建设了新的住宅以容纳膨胀的人口；发展了如甘塔狄雅（Gondangdia）、铭登（Menteng）等一些欧洲人聚居的郊外住宅区；同时大量资金投入建设学校和医院。巴达维亚成为荷兰在东南亚殖民地的政治中心。20 世纪早期，巴达维亚老城得到重建，老城和国王广场一带成为现代文化生活和经济活动聚集的中心。整个巴达维亚城内，欧洲人和华人聚居区有着宽阔的柏油马路和现代整洁的风貌；城里车水马龙，充斥着汽车、电车、自行车和马车等各种交通工具，虽有贫民区，但城市的总体印象是健康安全的。

　　随着科技进步引入的电力、煤气、电话电报、银行邮局和公共交通等使巴达维亚在短时间内迅速转化为现代都市，玛腰兰(Kemayoran)国际机场在城市的东北角落成，路网体系也进一步拓宽升级，工业区得到建设，港口设施优化，城市还经常举办展会来满足日益发展的贸易需求。同时，现代主义思潮（modernism）开始影响当地的城市规划和建筑设计。巴达维亚城的行政区划也扩展到维特瑞登区外的甘塔狄雅和铭登，并向南拓展到嘉迪呢嘉拉镇（Jatinegara）。整个建成区在东、西两侧临铁路，城中还有一条铁路穿过，嘉迪呢嘉拉就位于三条铁路交汇点。尽管受到 1930 年代的全球经济衰退的严重影响，巴达维亚的城市化继续南扩（图 10-15）。

　　然而这些繁荣只是表象，甘榜住宅区已经蔓延至城外，过高的密度带来环境和公共卫生的不断恶化，迫使殖民政府开始制定城市卫生和公共设施的改进措施，并在巴达维亚、三宝垄（Semarang）、苏腊巴亚（Surabaya）等其他印尼殖民城市开展城市更新工作。然而，1930 年代对城中心区甘榜住宅区的第一次整治工程因为经济衰退而没能完全实施。

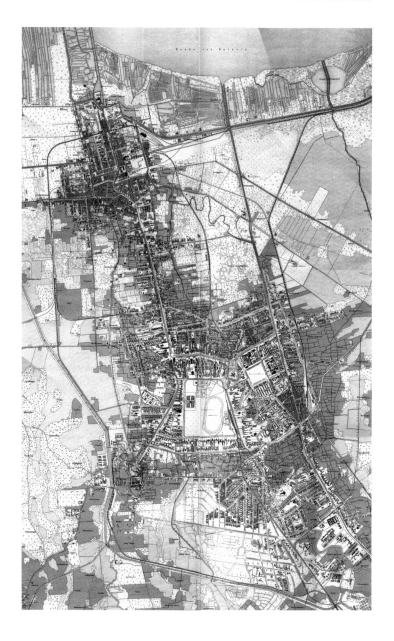

图 10-15
1921 年的巴达维亚

经济大萧条以及两次世界大战终结了这座殖民地城市的发展梦想,同时,推翻殖民统治的民族独立运动也在整个爪哇地区风起云涌,社会和经济政治的不稳定使得很多城市项目停滞,也在许多城市区域留下了衰败的印记。

4 日本统治时期(1942—1945 年)

1942—1945 年巴达维亚处于日本占领和统治之下,并在 1942 年更名为雅加达特别市。在日本三年半的统治期间,城市管理体系中采用了"社区邻里系统",给爪哇地区今后的城市管理带来了深刻的影响。这一管理体系在德川幕府(Tokugawa Shogunate)时期应用于日本,在这一体系下,住宅单元(号,Go)被组织在邻里单元(番,Ban)下,

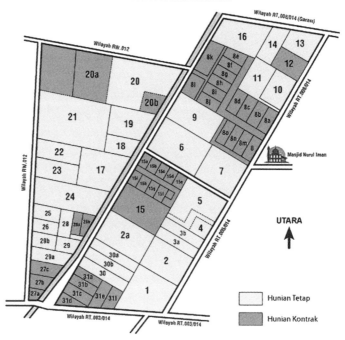

图 10-16
雅加达社区邻里系统示例图

几个邻里单元形成社区（丁目，Chome）。这一清晰的"编码体系"带来有效的城市组织、管理和安保，在雅加达一直延用至今。邻里单元"番"现被称为 RT（Rukun Tetangga），而社区"丁目"现被称为 RW（Rukun Warga），这个 RT/RW 体系形成今天雅加达城市土地、人口和其他方面公共管理的　个基本网络（图 10-16）。

5　独立后的现代都市（1945—1967 年）

　　1945 年 8 月 17 日，印度尼西亚宣告独立，但荷兰仍企图在日本战败后夺回此前的殖民地。独立战争迫使印尼共和国（Republic of Indonesia）政府的第一任总统苏加诺（Soekarno）暂时把首都迁到爪哇中部的日惹市（Yogyakarta）。最终，1949 年 12 月 27 日印度尼西亚合众国（United States of Indonesia）获得主权。

　　雅加达在这一段政治动荡时期内城市建设停滞，在荷兰殖民时期已经开始建设的巴油兰新区（Kebayoran Baru）在 1955 年完成，象征着雅加达向西南方向的扩展。新城的城市规划受到花园城市理论的影响，由受荷兰教育的印尼本土建筑和城市规划师苏西洛（Soesilo）设计（图 10-17）。印尼的第一座建筑和城市规划学院[3] 培养出第一批印尼本土建筑工程师，其中一些人走出国门学习，把现代主义、功能主

3　建于 1950 年的位于万隆（Bandung）的印度尼西亚大学（University of Indonesia）工程科学学院下的建筑系。

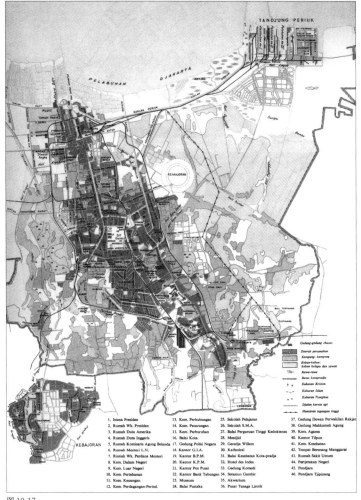

图 10-17

1. Istana Presiden
2. Rumah Wk. Presiden
3. Rumah Duta Amerika
4. Rumah Duta Inggeris
5. Rumah Komiseris Agung Belanda
6. Rumah Menteri L.N.
7. Rumah Wk. Perdana Menteri
8. Kem. Dalam Negeri
9. Kem. Luar Negeri
10. Kem. Pertahanan
11. Kem. Keuangan
12. Kem. Perdagangan-Perind.
13. Kem. Perhubungan
14. Kem. Penerangan
15. Kem. Perburuhan
16. Balai Kota
17. Gedung Polisi Negara
18. Kantor G.I.A.
19. Kantor B.P.M.
20. Kantor K.P.M.
21. Kantor Pos Pusat
22. Kantor Bank Tabungan
23. Museum
24. Balai Pustaka
25. Sekolah Pelajaran
26. Sekolah S.M.A.
27. Balai Perguruan Tinggi Kedokteran
28. Mesdjid
29. Geredja Willem
30. Kathedral
31. Balai Kesehatan Kota-pradja
32. Hotel des Indes
33. Gedung Komedi
34. Setasiun Gambir
35. Akwarium
36. Pusat Tenaga Listrik
37. Gedung Dewan Perwakilan Rakjat
38. Gedung Mahkamah Agung
39. Kem. Agama
40. Kantor Tilpun
41. Kem. Kesehatan
42. Tempat Berenang Manggarai
43. Rumah Sakit Umum
44. Perpustakaan Negeri
45. Pendjara
46. Pendjara Tjipinang

图 10-18

图 10-19

义和社会主义思潮带回印尼的规划和建筑界。这一代建筑师在当时苏加诺领导的建国热潮中表现非常活跃，参与了大量大型建设项目，譬如宾馆、百货商场、办公楼、清真寺、纪念碑、文体中心等。同时，另一些大型工程得到日本战争赔偿计划（Japanese War Reparation Scheme，1951—1966）的财政支持，由日本建设公司参与建设，譬如印度尼西亚宾馆（Hotel Indonesia）、努沙登加拉大厦（Wisma Nusantara）、萨里娜百货店（Sarinah Department Store）等。得益于日本建设公司带来的建筑技术，在地震多发的印尼出现了第一批高层建筑（图 10-18，图 10-19）。

1955 年召开的万隆会议对于推动亚非民族和国家独立意义深远，也反映了当时印尼国家建设的精神，在建筑设计上的表现为推行理性的现代主义，开始使用现代建筑材料（如混凝土、玻璃和钢）来呼应热带气候。在 1950—1960 年代，美国流行文化也成为印尼当时流行文化的主导，在建筑设计上出现了所谓的杨基风格（Jengki Style）[4]。这

---

4 取音于美国棒球队杨基队（Yankees），意指美国流行文化。

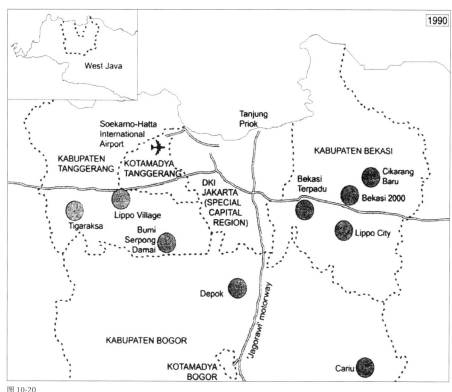

图 10-20

种倡导创意和自由的建筑风格快速流行，并大量运用在印尼的私人和
公共建筑上，反映了当时社会文化转变的时代特征。

　　1958 年 1 月 18 日，雅加达被命名为"大雅加达市"（Munici-
pality of Greater Jakarta），一个特别的首都管理政府在 1961 年成
立，1964 年再次更名为"大雅加达首都特区"（The Capital Special
Region of Greater Jakarta）。

6 特大城市的形成（1967 年—21 世纪初）

　　1966 年苏哈托（Soeharto）执政后，印尼进入所谓"新秩序"时
代。1966 年至 1998 年的三十年间，石油、出口贸易等使得国家经济
得到巨大发展。1999 年，雅加达的 5 个行政区，中、北、东、南和
西雅加达和雅加达北部海湾的千岛群岛合并为特别省，称为"雅加达
首都特别省"（Provinsi DKI Jakarta），雅加达至茂物、丹格朗和贝克
西的 JABOTABEK（Jakarta-Bogor-Tangerang-Bekasi）大区域扩张
计划使雅加达西部、东部和南部出现大量的新镇建设项目（图 10-20）。
雅加达从 1619—1950 年用了三个半世纪的时间完成半径 10km 范围
的城市建设，而在 1950—1975 年短短廿五年里，城市的半径已经扩
张到 15km 范围。

　　快速的经济增长加速了城市在文化和物理形态上的转变，破坏了
城市肌理，带来了城市特征的丧失。1970 年代早期，一些大的城市
开发项目把新的功能体块嵌入老的城市社区，破坏了很多历史建筑和

图 10-22 (a)

图 10-22 (b)

图 10-21
雅加达市中心内的甘榜住宅区现状：（a）鸟瞰；
（b）街巷实景

图 10-22
新市政府治理下的雅加达城市面貌开始转变：
（a）整治前后的丹那阿邦市场（Tanah Abang Market）
（b）整治前后的珊瑚村水库（Pluit Reservoir）

图 10-21 (a)

图 10-21 (b)

历史区域。在许多区域，经过世代传承下来的历史记忆已被彻底抹去，用全新的形象和功能代替。另外，富裕和贫困阶层之间的矛盾由于社会经济的分化日益扩大导致冲突不断。国家提供的有限的公共住宅无法满足日益增长的人口。人口过度膨胀迫使政府要利用爪哇岛外的岛屿安置新移民。政府推行的甘榜住宅区改进计划也只是处理市政基础设施，无法真正解决甘榜住宅区里日益恶化的环境条件。今天的所谓"企业风格"（Corporate Style）的高层混凝土建筑、钢结构和玻璃大厦主宰了雅加达中央商务区的天际线，而与其紧邻的就是城市的贫民区——甘榜住宅区，贫富差异巨大，新旧对比明显（图 10-21）。城市充斥着交通拥堵、空气污染、洪水袭击、缺乏电力和水供应、超高密度、严重的贫富差距、高犯罪率、恶劣的环境、低效的城市运行机制和政府腐败等弊病。苏哈托之后，印尼进入"改革"时代，社会各个方面都期待积极的改变。

进入 21 世纪，互联网和社交媒体平台在印尼年轻一代中掀起了新的变化，他们提出更多的社会公正度、经济透明度、问责制度以及对生活改进的要求。2012 年选举出的雅加达市长和政府机构意图利用电子管理系统，减少管理部门腐败、加速公共交通建设、改善洪水问题、治理交通拥挤、组织节庆活动和培育城市文化，建设一个美好的雅加达的蓝图和希望正在形成（图 10-22）。

7　结语

纵观雅加达过去五百多年荣辱兴衰的发展历史，使这座城市生生不息的能量正是源自其文化多样性和拥有不同文化背景的人民的包容能力。一座伟大的城市往往包含了历史上不同文明相遇、冲突和融合所留下的丰富印记，而从古至今不同时期和不同特征的历史片段整合为一体，形成城市的丰富性、复杂性和历史连续感——这在雅加达城市发展过程中有十分显著的体现。当前仍在进行的城市现代化过程同时发生在自然、环境、社会和文化等各个领域，而且是一种结构性的改变，社会—文化领域内的种种演化直接影响到有形的城市空间和建筑形式。由此，对于雅加达这样的城市，应对当前发展进程中的问题，必须形成跨领域的多方面合作，以确保城市脉络的连续性和可持续发展，并通过教育等多种途径强化普通市民对这一城市发展观点的认同和支持。

参考书目 Bibliography

[1] ABEYASEKERE S. Jakarta: A History[M]. Singapore: Oxford University Press, 1989.

[2]] ALI R M, BODMER F. Djakarta Through the Ages[R]. Jakarta: The Government of the Capital City of Djakarta, 1969.

[3] BLUSSE L. Strange Company: Chinese Settlers, Mestizo Women and the Dutch in VOC Batavia[M]. Dordrecht: Foris Publications, 1988.

[4] DE VRIES J J. Jakarta Tempo Doeloe[M]. 3rd edtion. Edited by Abdul Hakim. Jakarta: Pustaka Antarkota, 1988. Translation of Sections from J. J. de Vries, Jaarboek van Batavia en omstreken (Weltevreden, 1927).

[5] HEUKEN A. Historical Sites of Jakarta[M]. Jakarta: Cipta Loka Caraka, 1982.

[6] NOGUCHI HIDEO. Historical Cities and Architecture in Jakarta, Indonesia[J]. East Asian Cultural Studies, 1990, Volume XXIX, No. 1-4.

[7] SURJOMIHARDJO A. Pemekaran Kota Jakarta–The Growth of Jakarta[M]. Jakarta: Penerbit Djambatan, 1977.

[8] VOSKUIL R P G A. Batavia: beeld van een stad [M]. Houten: Fibula/Unieboek bv., 1989.

[9] WIDODO J. The Boat and the City–Chinese Diaspora and the Architecture of Southeast Asian Coastal Cities [M]. Singapore: Marshall Cavendish Academics, 2004.

[10] WRIGHT A, OLIVER T B. Twentieth Century Impressions of Netherlands India–Its History, People, Commerce, Industries, and Resources[M]. London: Lloyd's Greater Britain Publishing Company, 1909.

点评

　　自 1970 年代印度尼西亚经济进入快速发展阶段后，印尼的城市化进程也随之进入快速发展轨道。目前印尼的城市化率刚刚超过 50%，和中国城市化程度处于十分相近的水平。同样与中国相似的是，快速城市扩张和建设在带来城市经济繁荣和现代化城市生活的同时，也带来对原有自然环境和历史文化环境的严重破坏。作为世界第四大人口大国和东南亚最大的国家，印尼拥有丰富的自然物产，印尼的热带丛林举世闻名。然而今天随着快速经济发展和城市化进程，热带丛林由于无序砍伐而迅速消失的速度也令世人瞠目。也正因如此，环境的可持续发展理念在印尼各界取得了越来越广泛的共识。印尼特殊的历史使印尼成为一个多文化融合的国家。印尼与中国的文化交流源远流长。华人向印尼的移民史最早甚至可以追溯到汉代。印尼在早期佛教的东南亚传播史上扮演着极为重要的角色。自 13 世纪伊斯兰教传入印尼后，伊斯兰教成为印尼最主要的宗教。今天印尼仍有近九成的国民信奉伊斯兰教，从而使印尼至今仍为世界上穆斯林人口最多的国家。始于 17 世纪的荷兰殖民统治，又使印尼成为东南亚受到西方文化最强烈影响的国家之一。如何在经济全球化趋势日益强化的今天仍能保持多民族多宗教的文化传统，同样也是今日印尼面临的重大挑战。

　　作为印尼的首都和最大的城市，雅加达拥有超过 1 000 万的人口和逾 600km² 的土地，与上海外环线以内的中心城区几乎完全相当，因此具有很强的可比性。与上海以及其他所有快速发展中的大都市一样，雅加达也有林立的高楼、宽阔的马路、丰富而多样的都市生活。但与上海相比，高楼的数量却远没有那么多、那么密。相似的人口密度却并未对应相似的开发强度，中心城区大片的低矮住宅区仍举目皆是，成片的绿色丛林也不少见。当然，其代价是住房紧缺的矛盾和基础设施的落后远甚于上海。与上海一样，雅加达政府希望中心城区过高的人口密度能够得到有效疏解，而疏解人口的办法也如出一辙：鼓励在远郊开发中低价位住宅。当然，效果也很相似，越是低收入阶层和寻求就业人群就越不愿意离开中心城区，同时他们也更难承受中心城区的居住消费。这一所有城市都面临的矛盾似乎成了城市发展的宿命。

　　雅加达的城市基础设施远不及上海发达与完备。交通的混乱和拥挤与上海的堵车相比好似慢了一个时代。为解决市民的出行，雅加达十年前开始兴建城市快速公共汽车专用车道（BRT），这一比地铁便宜得多的系统使得雅加达市民的日常出行条件得到大大改善。相比雅加达，我们有着资源支配能力强大得多的政府，因此可以比雅加达修建快速公交系统快好几倍的速度来修建城市轨道交通系统。从这个意义上说我们的市民要幸运得多。但我们也应该反思一番，为什么我们不能更多地发挥不同层次公共交通的综合效果来解决我们的出行需求？事实上，任何一种单一的公共交通体系都很难完全满足所有的出行需求。如果能够更加充分地发挥政府的优势，将更多的精力投入到公共交通体系的建设上去，我们的交通状况应该会比现在更好。我们一直被城市交通拥堵困扰，但又似乎永远解决不了这一难题。为什么我们不能换一个思路，将交通问题的解决方案更多地集中到公共交通方式上来。交通拥堵也许是一个永远都解不开的难题，但创造一个便捷而永远都不会拥堵的公共交通体系是完全可能的！比起上海的市政建设，雅加达看上去还有很大差距。窄仄的道路似乎更加加剧了拥堵。但不断拓宽的道路真的就减缓了我们的拥堵吗？或是更加加剧了这一困局？若是如此，我们何不以更少的投入、更聚焦的思路来不断改善我们的公共交通条件，将交通基础设施的建设更加聚焦在公共交通和慢行交通所需的道路资源需求，而少去关注私车的道路资源需求，我们的城市交通问题也许才能得到根本的解决。雅加达因为其政府财力所限，不得不将有限的公共财政投入到便宜的快速公交线路的建设上来。我们的政府执行力强，是否应该在公共交通上再增加点投入呢？至少，我们的快速道路系统是否应该腾出一点空间资源给公共交通呢？

　　雅加达曾经是一座闻名世界的水城。作为一座位于河口的海湾城市，这里水网密布。来自欧洲低地水乡的荷兰殖民者又进一步加强了这种水城的布局。水上交通在汽车时代到来前曾经是雅加达最重要的交通方式。这一特点与开埠前的上海何其相似！随着"现代"城市的发展，这两座城市曾经密布的河网都逐渐消失。然而，混凝土城市对于天然水道的占据并未改变河口低地的水流聚汇，城市下水系统又因为投入的不足而捉襟见肘。作为代价，雅加达遇雨成灾举世闻名。上海比起雅加达在城市基础设施的投入上要肯（能）花钱得多，但我们面对越来越严峻的气候变化考验，真的能够永远抵挡大自然的袭击吗？退一步讲，我们即使在技术上和财力上有办法不断在抗击自然力上取得胜利，我们难道不应该用更自然更谦卑的态度，更天然更简便的方法去面对大自然的法力吗？本来，地球表面天然的河流沟溪、地表起伏、土壤植被就是在适应了大自然千万年冲刷洗涤而成，风水与地表本就是相伴一体。今天的许多灾害，原本就是人类肆意改造自然的恶果。如果我们的规划和建设能够更多地尊重自然、顺从自然，我们的城市乃至我们一切的人居环境都必定会更加美好。

　　上海正在进行新一轮总体规划编制，希望我们的规划思路能有一些彻底的转变。

伍江

吉隆坡

[澳大利亚] Ross King 著
Ross King，墨尔本大学建筑和规划系教授

纪雁 沙永杰 译
纪雁，Vangel Planning & Design设计总监
沙永杰，同济大学建筑与城市规划学院教授

KUALA LUMPU

吉隆坡规划: 新城区及其影响
Kuala Lumpur Planning: Putrajaya and its Consequences

吉隆坡三十余年推行的多媒体超级走廊城市扩张发展战略将历史悠久的首都吉隆坡和行政新都布城、新高科技产业中心赛城以及新的吉隆坡国际机场连接起来。本文对这一规划的实施和影响进一步剖析，阐明这一重大举措加剧了马来西亚各种族之间的分隔，也导致政府和市民疏远，使吉隆坡老城不仅由占少数的华族和印度族裔社区主导，也成为持不同政见群体的聚集地。

The over-riding strategy of Kuala Lumpur planning in recent decades has been the development of a "Multimedia Super Corridor" linking the historic federal capital of Kuala Lumpur with a new administrative national capital of Putrajaya, a high-tech industrial centre termed Cyberjaya and a new Kuala Lumpur International Airport. An effect of this planning has been to heighten the racial divide in Malaysian society, also to isolate the government and its administration from civil society; a "second-order" effect has been effectively to hand the historic city and its institutions to the minority, innovative and entrepreneurial Chinese and Indian ethnic communities, also to groups that the government would consider dissident and "suspect".

11

吉隆坡规划：新城区及其影响
Kuala Lumpur Planning:
Putrajaya and its Consequences

1 引言

吉隆坡始建于 1857 年。当时的马来穆斯林雪兰莪（Selangor）苏丹国锡矿丰富，其巴生区（Klang District）的马来首领征派华工开发巴生河(Klang River) 流域的锡矿。矿工们在巴生河和鹅麦河(Gombak River) 沿线的矿场工作，并在两河交汇的河口建立驻地，命名为"吉隆坡"，意为泥泞的河口。矿工分帮结派，福建和广东两派经常为争夺锡矿开采和销售的控制权爆发冲突。随着英国对马来亚的殖民统治，雪兰莪成为英属马来亚的一个州，矿场的混乱状况迫使英国政府指派华人来协助管理吉隆坡。1868 年，华人叶亚来（Yap Ah Loy）成为吉隆坡的第三任甲必丹[1]，他着手平息不同派别之间的争端，并发展城镇。1880 年，英国将雪兰莪州的首府从巴生迁至更具战略性中心位置的吉隆坡。

早期吉隆坡屡遭疾病、火灾，尤其是每年洪水的侵扰。1881 年的火灾和水灾几乎将由木头和茅草搭建的老城区破坏殆尽，英国政府决定用砖为建筑材料进行城市重建。华人利用这一城市重建契机在城郊开设砖厂。1896 年吉隆坡成为马来联邦[2] 的首府，由英国殖民政府管理。不同族裔的社区聚居在城市不同区域——马来人聚居在北部，印度人在砖厂周边区域，华人在市区并主导城市经济。由于种族和宗教等多方面差异，各族裔之间的团结融合非常困难（图 11-1，图 11-2）。

"二战"期间，吉隆坡于 1942 年 1 月被日军占领，1945 年 8 月重归英国统治。1957 年马来亚联合邦（Federation of Malaya）宣告独立[3]，1963 年马来西亚建国，吉隆坡成为国家首都。1969 年 5 月 13 日吉隆坡爆发大规模种族骚乱，血腥冲突不仅给城市造成巨大破坏，也对马来西亚之后的发展产生深刻影响。"5·13"事件可以看作是马来西亚历史上的重要事件，各族裔之间在政治和经济等方面的差异加剧，使得长期积压的种族分歧终于爆发，也进一步加深了华族和马来族之间的鸿沟。此后，马来西亚的政治基本是种族政治，在此基础上，吉隆坡规划也基本以种族为中心。

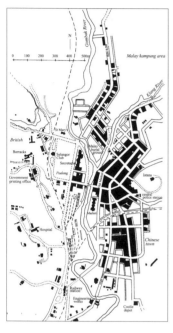

图 11-1
1890 年代的吉隆坡地图，显示了高密度的华人聚居区，松散的英国人聚居区以及马来甘榜（村落）（改绘自 the 1950 Town Planning Department "1895" map. 见 King, 2008）

---

1 甲必丹是荷兰语 kapitein 的音译，即"首领"，这是葡萄牙及荷兰在印度尼西亚和马来西亚的殖民地推行的侨领制度——任命前来经商、谋生或定居的华侨领袖为侨民首领，协助殖民政府处理侨民事务。

2 马来联邦（Federated Malay States）是 1895 年至 1946 年英国在马来半岛的殖民政体之一，由四个接受英国保护的马来王朝组成，包括雪兰莪、森美兰、霹雳和彭亨，1895 年成立，首府为吉隆坡。当时华人称之为四州府。

3 1946 年至 1948 年，英国殖民政府试图把 11 州合并为马来亚联邦（Malayan Union）——一个在英国统治下的英国皇家殖民地，但遭到马来民族主义者的强烈反对，马来亚联邦于 1948 年解散，重新组成马来亚联合邦（Federation of Malay），并恢复马来统治者的地位。1957 年 8 月 31 日，马来亚联合邦宣告独立。

图 11-2
殖民时代的吉隆坡代表形象——高等法院，建于
1894 年至 1897 年，其采用的英属印度建筑风
格逐渐发展成所谓的马来穆斯林建筑式样

2　吉隆坡规划

1881 年吉隆坡灾后城市重建时开始形成一些法规条例，1917 年殖民政府曾颁布城镇完善法案，并于 1921 年建立规划管理部门。但总的来说，早期吉隆坡并无正式的城市规划。英国殖民政府和马来族裔长期以来一直担忧华人取得城市中的主导地位。因此，殖民当局于 1900 年在吉隆坡以北预留 101hm² 土地作为马来族专属聚居地，即甘榜巴鲁（Kampung Bahru），1913 年和 1933 年再次划拨土地给马来族专用，形成马来保留地。所有马来保留地都受法律保护，意图阻止华人或其他资本在城市中形成经济控制权。这些位于吉隆坡上佳地段的马来保留地本应体现较高密度的城市特征，但至今仍保持非常低密度的状态，如同城郊农村，也可以说是城市里的贫民窟。

1969 年种族骚乱后，政府颁布了"新经济政策"（New Economic Policy）。基于这一政策，从 1971 年至 1990 年实施的四个"五年经济计划"主要是为扶持经济落后但占据政治霸权的马来人，并为 1984 年的《吉隆坡结构规划 2020 草案》（Draft Structure Plan KL 2020）埋下伏笔。从这一时期开始，吉隆坡的规划和发展产生重大改变。

1960 年代吉隆坡继续沿巴生河谷西扩，线性地发展了新市镇序列，从八打灵再也（Petaling Jaya）、梳邦再也（Subang Jaya）、莎阿南（Shah Alam），延伸至雪兰莪州旧都巴生。随着人口由农村向城市迁移的加速与失控，引发了严重而持续的住房危机，但马来聚居区遭到冷落，而华人聚居区则人口密集、经济繁荣。同时，整个城市遭受周期性洪水灾害，交通运输极度混乱。1984 年的结构规划曾试图解决这些问题，但显然失败了。

土地利用规划和交通规划之间缺乏协调，加剧了吉隆坡老城的拥挤和混乱，不同管理部门和政府项目之间相互脱节，使工作收效甚微。英国殖民当局曾在吉隆坡地区修建铁路，但马来政府选择建设高速公路作为应对城市扩张和拥堵的手段，忽视公共交通建设，直至 1990 年代晚期才开始重视公共交通。但新的公共交通系统又是由各自独立并相互竞争的公司建设和运营，没有协调的相互竞争带来进一步的交通混乱（图 11-3）。

马来保留地不可侵犯的地位也在很大程度上增加了城市拥堵和洪水灾害的严重性。1990 年前后，政府决定逐步将联邦政府管理机构迁出吉隆坡，建立新都以减轻旧城的负荷。对这一举措的正面解释是：对城市运作进行"调整"需要土地资源来支撑，迁出行政机构另建新都可以腾出政府机构在老城中占用的大量土地；而另一方面的意图是：释放出的原政府机构占用的土地应该给马来人使用，从而削弱华人在城市中心区的土地主导权，并通过抑制租金和降低土地价值扶植马来族裔的资本力量。

3　吉隆坡扩张新战略

马哈蒂尔·穆罕默德（Mahathir Mohamad）于 1981 年 7 月出任马来西亚总理，并于 1980 年代和 1990 年代提出马来西亚通过发展

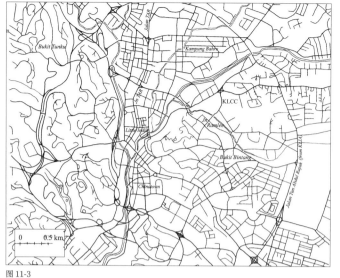

图 11-3

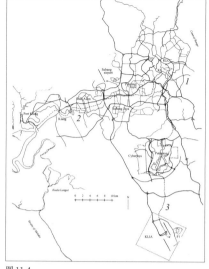

图 11-4

图 11-3
吉隆坡老城的道路系统示意图——吉隆坡是一个
混乱无序、拥挤和种族分隔的城市，也是新都建
设想要摆脱的状况

图 11-4
吉隆坡城市扩展规划示意图——原巴生谷发展带
和规划的多媒体超级走廊，城市战略转为形式化、
高科技和南向发展，图中三个编号区域分别为 1
历史古都吉隆坡，以 KLCC/双子塔作为新的城
市门户；2 巴生谷是曾经的城市扩展方向；3 多
媒体超级走廊作为城市南向发展新战略（布城、
赛城、吉隆坡国际机场、高速路和快铁）

高科技和电子商务实现全面发展，在 2020 年成为先进国家的战略方针。
在此愿景下，吉隆坡的目标是成为下一个硅谷。而吉隆坡的城市规划
和发展又不得不面对内、外两方面的现实问题：对内，马来人拥有政
治霸权但经济落后；对外，东南亚地区日益受到西方主导的全球经济
和文化的影响，也越来越受到中国崛起的影响。马来西亚带着加入全
球秩序的渴望，又带着对这个带有新殖民特色的、缺乏个性的、跨国（或
者说美国霸权）的新的全球秩序的抵抗和挣扎——这是吉隆坡宏大扩
张战略的潜在背景。

　　吉隆坡，或者说马来西亚，在地理位置上处于新加坡和曼谷两大
繁忙的交通和商业中心之间，地位尴尬。为弥补这一处境的弱势，马
来西亚提出了一系列交通和基础设施改善项目包括巴生海港（Port
Klang）扩建；改造和提升南北铁路，使之通过吉隆坡，战略性地南
北连接泰国和新加坡；建设经过吉隆坡的南北收费高速路；同时也提
出了建设全球航空网络节点的设想。

　　与新加坡樟宜机场（Changi Airport）和曼谷廊曼机场（Don
Muang Airport）相比，吉隆坡梳邦机场（Subang Airport）实力相
差悬殊，因此，马来西亚急需一个新的空中门户。尽管梳邦位于自吉
隆坡向西通往八打灵再也、莎阿南、巴生和巴生港这条城市发展走
廊的中点位置，地理位置优势，但不具备扩建潜力。新机场选址在雪
邦（Sepang），距这条城市发展走廊以南约 60km，在吉隆坡市中心
以南约 70km。1991 年政府购买 10 000hm² 土地，1994 年开始进行
新机场建设和开发项目，总投资预算约 90 亿马币（约 40 亿美元）。显
然，新机场选址背离了此前城市顺着山谷、往西朝着巴生港扩张的逻辑，
为了确保吉隆坡及其新机场能够成为东南亚地区新兴的枢纽，城市发
展战略转向沿南北高速路和铁路布局，发展形成新的南北向城市发展
带，并将这条南北发展带赋予电子经济、电子商务、电子政务的内容
和功能定位，期望它成为一个资讯科技与创新的枢纽。因为所有这些

城市发展内容都可以囊括在多媒体概念下，这条规划的发展带被称为"多媒体超级走廊"（Multimedia Super Corridor, MSC，见图 11-4）。

4 多媒体超级走廊

这个多媒体超级走廊沿袭日本的科学城模式，以筑波（Tsukuba）和京阪奈（Keihanna）为蓝本[4]，包括日本电信电话株式会社（Nippon Telegraph and Telephone Corporation, NTT）等日本公司深入参与其规划[5]。相比之下，东西向的巴生谷城市发展走廊却一直依托英国和澳大利亚的规划范例。马来西亚基本没有自主的多媒体供应商，因此，由日本主导或是美国主导下的多媒体超级发展带是否会让马来西亚沦为"网络殖民地"（cybercolony）成为一个潜在问题。

多媒体超级走廊包含两个象征性的"门户"和两个新城。超级走廊北端连接吉隆坡的门户——既有作为吉隆坡城市中心历史风貌焦点的、曾经的雪兰莪赛马会（Selangor Turf Club）马场，也有马来西亚国家石油公司（Petronas）通过 1991 年国际设计竞赛建设的、88 层高的标志性建筑双子塔。双子塔既是吉隆坡的城市象征，也是超级走廊的门户，寄托着马来西亚对电子经济新时代的发展期望。超级走廊南端是吉隆坡国际机场，是城市新经济发展带连接国际的门户。这个新机场由日本著名建筑师黑川纪章设计，被称为生态传媒（eco-media）理念和高科技手法相结合的产物[6]。

关于多媒体超级走廊功能的最初设想是打造一个全球创意创新的网络，并通过这个超级走廊上两个新城的建设来带动发展——赛博加亚新城（Cyberjaya，赛城）目标是成为电子信息技术新城[7]；而马来西亚政府迁出吉隆坡后建设的新行政中心布特拉加亚（Putrajaya，布城）将全面采用"电子政务"（electronic government）工作模式，以创造电子信息技术行业的发展机遇。赛城的规划人口 24 万，其中约 9 万居住在所谓的旗舰区，即新城中央商务区及其周边地带。负责新城开发和运营公司——有政府背景的多媒体发展公司（Multimedia Development Corporation, MDC）计划至 2020 年能有约 500 家 IT 和多媒体公司落户赛城[8]，但很显然，新城开发关注的焦点停留在硬件建设上，而非新城需要的功能和内容。

作为行政中心的布城规划为一个有 25 万人口的园林城市[9]，并计划在电子政务上大胆实验，设计为无纸化办公环境。马来西亚总理府

---

4 CASTELLS M, HALL P. Technopoles of the World: The Making of Twenty-first Century Industrial Complexes [M]. London: Routledge, 1994.

5 1996 年与 NTT 签署的协议中，NTT 承诺在此设立一个研发中心，这也是 MSC 项目提出的背景之一。

6 KING R J. Kuala Lumpur and Putrajaya: Negotiating Urban Space in Malaysia [M]. Singapore: NUS Press, 2008: 139-141.

7 CASTELLS M, HALL P. Technopoles of the World: The Making of Twenty-first Century Industrial Complexes [M]. London: Routledge, 1994.

8 ARIFF I, GOH C C. Cited in KING R J. Kuala Lumpur and Putrajaya: Negotiating Urban Space in Malaysia [M]. Singapore: NUS Press, 2008: 145.

9 人口计划在后来更改为 30 万人，再变为 33.5 万人。

也于 1998 年迁入布城 [10]。布城的规划建设由总理府下属的经济规划办公室（Economic Planning Unit）主持，综合了国内竞赛的创意，在 1997 年亚洲金融危机时开始建设，2005 年建成。布城的功能是承载国家行政管理部门，即总理府、各部委和法院等，议会和皇宫则不在其中，这是刻意强调行政和立法分开，也不突出国王作为国家的象征。

5　吉隆坡规划的实施情况

多媒体超级走廊计划的实施给马来西亚带来了直接的积极影响。21 世纪初马来西亚与基建相关的国内生产总值中，仅布城建设就贡献了近 48%，约占全部国内生产总值的 3%，并在金融危机期间为马来西亚经济稳定提供了保障。尽管目前布城建设成果明显，但持续发展的后续预算不足，今后进一步实施的力度很有限。布城的土地主要被政府机构和公务员住宅占据，私营企业仍主要位于吉隆坡老城，这也是今后布城发展动力缺乏的主要原因。

相比之下，作为 IT 科技产业平台的赛城发展很缓慢，缺乏经济动力。赛城在 2007 年号称已入住人口 2.9 万，但实际人口数量在晚上大幅下降，只剩约 1 万人，距离规划人口 24 万相去甚远。在赛城工作的人口大多居住在周边既有城镇区域，依靠通勤来这个比科技园稍大的新城。乏味的建筑，没有遮阳的大街，汽车为主的交通以及大片空置土地是赛城的主要城市面貌。

赛城也引进了一些大公司，如汇丰银行、爱立信、富士通、DHL、渣打银行和花旗银行等，这些大公司把数据处理和呼叫中心设在赛城。还有一些电子制造业厂家迁入，一些马来西亚的大学也在赛城设立校区，如前身为电讯大学（Telecommunications Training College）的多媒体大学（Multimedia University）、国家能源大学（Universiti Tenaga Nasional）和马来西亚博特拉大学（Universiti Putra Malaysia）等。政府和这些大学都期待能效仿斯坦福大学孵化硅谷的模式，用大学的科研力量对多媒体超级走廊的开发产生促进作用，并在赛城打造一个互联的、充满创造力和制造力的社区 [11]。但是，没有迹象表明赛城真正实现了这种期待的辉煌，相反，赛城的发展在对外和对内两方面都有难以超越的对手。对外，新加坡一直是强有力的竞争对手，对全球领先的科技企业和科技人才具有更强的吸引力；对内，赛城要面对更具活力和吸引力的吉隆坡老城的竞争。因此，最可能的结果是赛城演变为一个巨大的数据处理中心，而非真正的科技新城。

吉隆坡国际机场和其连接吉隆坡的公路与铁路建设得很好，但未能削弱新加坡和曼谷作为全球性枢纽的地位，巴生港也面临同样的境地。政府原本希望通过将行政功能搬迁集中到布城以解决吉隆坡老城的拥堵问题，但 2011 年对吉隆坡街道和交通情况的调查发现，老城

10　ARIFF I, GOH C C. Cited in KING R J. Kuala Lumpur and Putrajaya: Negotiating Urban Space in Malaysia [M]. Singapore: NUS Press, 2008: 147.

11　Prime Minister Mahathir Speech. Cited in KING R J. Kuala Lumpur and Putrajaya: Negotiating Urban Space in Malaysia [M]. Singapore: NUS Press, 2008: 146.

图 11-5（a）

图 11-5（b）

图 11-5（c）

图 11-5
吉隆坡城市营销的新形象：（a）作为多媒体超级走廊北端门户的双子塔（Cesar Pelli 设计，1998）；（b）多媒体超级走廊南端门户之吉隆坡国际机场（Kisho Kurokawa 设计，1998）；（c）多媒体超级走廊南端门户之吉隆坡国际机场中央车站（KL Sentral，PAB 设计，2001）

交通拥堵以及其他与街道生活相关的问题并没有改善的迹象。政府将投资和关注点从吉隆坡老城转移到新规划的多媒体超级走廊发展带，实际上也是对老城各种亟待解决的问题无从下手的一种宏观对策。尽管如此，毫无疑问，今天的吉隆坡（老城）仍然是马来西亚经济、文化和服务业中心。

6　吉隆坡规划相关的几个重要问题

如果从道路交通、土地利用、城市公共设施和市政基础设施等常规规划要素分析，吉隆坡的多媒体超级走廊规划是合理的。但在这些物质性因素之外，对吉隆坡发展有更重要影响的问题，如全球化背景下的城市营销、贫富差距、城镇就业不足、内乱、城市贫民窟、种族分隔和国内移民、内在殖民化、代表不同宇宙观和价值观的符号与文化资本等，更值得研究和思考。

6.1　城市营销

吉隆坡城市规划一直以城市形象为中心[12]。某种程度上，这也是历届马来西亚总理都采用的做法，通过一个比一个更壮观的巨型工程体现政绩，也以此捍卫伊斯兰政权。尤其在马哈蒂尔时代，虽然城市建筑反映了英属印度建筑的传承，但越来越依附于伊斯兰意象和主题的趋势也十分明显，尤其体现在公共机构和大型企业的建筑[13]。但随着政府换届，这类大型项目又往往面临被忽视、改变甚至拆除的命运。多媒体超级走廊是马哈蒂尔时代最宏伟的项目，随着 2003 年马哈蒂尔卸任，今天也同样面临可能遭受忽视的困境。马来西亚历届总理之间的相互对立影响到执政党和国家的稳定，也对吉隆坡规划和实施带来很大影响。

如果说双子塔和吉隆坡国际机场都体现了伊斯兰和马来文化，那么布城的建设则追求理想的伊斯兰城市。相比吉隆坡老城，布城充满了形式和秩序。无论方式是否恰当，这种做法确实强化了吉隆坡的形象特点，起到城市营销作用（图 11-5—图 11-7）。尽管如此，布城和赛城的综合情况依然堪忧，而吉隆坡老城和巴生谷城镇带也同样问题重重。如前所述，吉隆坡城市问题的核心是种族分隔，占据政治霸权的马来族和占据经济优势的华族，以及作为少数派的印度人之间的争端往往非常暴力和激烈，这一事实一直是吉隆坡城市规划和规划意图的潜台词。多媒体超级走廊和近期的吉隆坡规划可以看作是马来西亚政府通过在布城建立马来政权中心以脱离被华族主导经济的吉隆坡，从这个意图的角度看，规划是合理有效的。然而这样做的后果是——布城被马来穆斯林完全占有，而作为商业金融中心的吉隆坡则更进一

12　KING R J. Kuala Lumpur and Putrajaya：Negotiating Urban Space in Malaysia [M]. Singapore：NUS Press，2008.

13　LAI C K. Building Merdeka：Independence Architecture in Kuala Lumpur, 1957-1966 [M]. Kuala Lumpur: Petronas，2007；KING R J. Kuala Lumpur and Putrajaya：Negotiating Urban Space in Malaysia [M]. Singapore：NUS Press，2008.

图 11-7（a）

图 11-7（b）

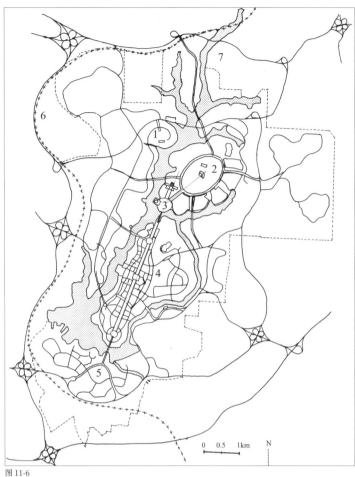

图 11-6

图 11-6
布城二期规划总图：1 总理官邸；2 中轴线旁的
美拉华蒂皇宫（Istana Melawati）；3 中轴线
上的布特拉广场（Dataran Putra），布特拉
清真寺（Masjid Putra）和总理府（Perdana
Putra）；4 宏伟的中轴线；5 会议中心；6 快铁；
7 湿地

图 11-7
布城的伊斯兰建筑主题：（a）布特拉清真寺
和总理府；（b）从布城管理局大门看正义宫
（Palace of Justice）

步地被华族占据。吉隆坡成为充满市民生活的城市，而布城则由警方
控制出入口来实行安保，这就让人质疑规划的后果是否进一步加深了
种族鸿沟。

马来西亚种族政治的另一方面也影响到城市规划和实施。马来西
亚的印度族群主要是农民，聚居在逐步形成的传统农业区域。农业工
业化的推广使这批人的权利逐渐被忽视和剥夺。随着多媒体超级走廊
的建设征地和清理土地过程，他们面临被野蛮搬迁至偏远地区的命
运[14]。在吉隆坡城内，贫困的印度族裔也面临同样境况，为配合吉隆坡
机场高铁以及和机场相关的大型项目[15]，老城原砖厂附近的印度族群社
区正遭受大规模驱逐。

14 BUNNELL T. Malaysia, Modernity and the Multimedia Super Corridor: A Critical
Geography of Intelligent Landscapes [M]. Abingdon: Routledge Curzon, 2004.

15 BAXSTROM R. Transforming Brickfields: Development and Governance in a Malaysian
City [M]. Singapore: NUS Press, 2010.

图 11-8（a）

图 11-8（b）

图 11-8（c）

图 11-8（d）

图 11-8
受法律保护的低密度的马来甘榜，城市中心的贫民窟：（a）（b）市中心的甘榜巴鲁；（c）（d）位于寸土寸金的班台孟沙区（Pantai-Bangsar）的班台达兰甘榜（Kampung Pantai Dalam）

6.2 城市里的贫民窟

　　与吉隆坡老城内的印度族群社区被驱逐相反，多媒体超级走廊规划范围内却充斥着马来甘榜，即马来人聚居的村落或非正规居住区[16]。这些原先处于城郊位置的甘榜随着马来半岛城市化进程被不断扩张的城镇包围，变成城市里的村落。英国殖民时期的法律保护这些马来甘榜永久的特殊使用权，这一法律自 1957 年马来西亚独立后一直沿用至今[17]，成为城市的一个传统。

　　这些破败、低密度但受法律保护的甘榜对于吉隆坡拥挤和缺乏可开发土地的状况所具有的影响远胜于华族占有其他土地的影响。但从政治角度分析，对于由马来人垄断和主导的政权来说，指责华族比批评马来甘榜更容易，这也正是多媒体超级走廊开发计划形成的背景。尽管想了很多办法试图解决城市土地利用的窘境，但如果不触碰马来甘榜不合理用地的问题，吉隆坡规划很难有实质性改变。更具有讽刺意义的是，城市规划窘境的另一面是甘榜内低收入的马来居民大多又反对马来精英组成的政府，甘榜已成为各种反对力量的源头（图 11-8）。

6.3 公民社会的变化

　　在杨生关编著的书中描述了包括马来和印度等吉隆坡弱势和边缘群体的状况[18]，是过去二十年边缘群体倍增的证据和写照。这种境况一方面可能与社会媒体作用越来越强大有关，媒体愈渐成为市民抗议和披露真相的一种手段；另一方面也表明市民与政府日益增强的抗拒状态，而这也是政府决定放弃吉隆坡另建新都的一个因素。很难说是因为政府主动疏远吉隆坡，或是新规划举措加剧了这种分隔和对立状态，但可以肯定，吉隆坡扩展规划战略与政府和人民在物质和意识形态之间的裂痕有密切关系，并将有深远影响。

6.4 交通状况混乱

　　英国殖民当局早在 1886 年就修建了东西向的巴生谷铁路运输线，这条铁路至今仍提供公共交通服务。1990 年代马哈蒂尔政府委托不同财团修建了另外两条铁路系统，服务城市边缘区域，其后又修建了覆盖内城的高架单轨系统，再之后修建了吉隆坡机场快铁连接吉隆坡市中心、赛城、布城和新的国际机场。吉隆坡这五个公交系统各自使用不同技术，相互没有衔接，缺乏换乘点，更没有共同的售票系统。这也是吉隆坡规划失败的一个明显例证。负责交通的部门、战略和规划管理部门以及公路和铁路等相关机构之间没有协调，反而为各自利益进行不合理竞争。

16　KAHN J S. Other Malays: Nationalism and Cosmopolitanism in the Modern Malay World [M]. Singapore: Singapore University Press, 2006: 58. （文中认为对马来甘榜之所以产生的理解要从 19 世纪末至殖民时代后期的移民和商业的综合角度来看待。）

17　KING R J. Kuala Lumpur and Putrajaya: Negotiating Urban Space in Malaysia [M]. Singapore: NUS Press, 2008: 68-71.

18　GUAN Y S. The Other Kuala Lumpur: Living in the Shadows of a Globalising Southeast Asian City [M]. Abingdon: Routledge, 2014.

6.5 硬件与内容

吉隆坡规划发展的另一个教训是，专注于城市硬件建设而忽略其承载的内容，而城市竞争最终将由城市内容和功能起决定作用。吉隆坡规划扩展区域在硬件方面的意图很强烈，也有大手笔，但内容方面相去甚远。吉隆坡老城里，在一些缺乏规划管理的区域，电影、电视制作等艺术类的一些新城市功能反而自发成长，但由于担忧反政府思想的滋生和蔓延，政府对这类新功能采取了抑制而非鼓励的举措。就城市内容角度而言，将吉隆坡建成全球城市的愿景深受质疑。

吉隆坡扩展规划中的布城和赛城原计划建成新的创新创业热土，但必须面对的一个问题是：什么样的环境才能吸引和聚集创意人群，是一个早已国际化、拥有丰富社会和文化资源的老城区，还是新的、孤立的、枯燥无味的、规划的乌托邦？全球范围内的经验证明应该是前者[19]。

---

19 关于创意中心可借鉴首尔经验：城市通过积极规划和发展来催化新的创意和创新，按不同功能建设了松岛高科技新城（New Songdo）、坡州书城（Paju Book City）、Heyri 文化艺术村（Heyri Art Village）等，而作为创意中心的、位于老城的东大门（Dongdaemun）体现了硬件和内容并重，甚至超过江南（Gangnam）占据前沿地位。前卫的艺术文化依然集中在弘大（Hongdae）及相似的传统区域，而不是偏远的新区。

参考书目 Bibliography

[1]   BAXSTROM R. Transforming Brickfields: Development and Gov-
      ernance in a Malaysian City[M]. Singapore: NUS Press, 2010.

[2]   BUNNELL T. Multimedia utopia? A Geographical Critique of High-
      tech Development in Malaysia's Multimedia Super Corridor Anti-
      pode: A Radical[J]. Journal of Geography, 2002, 34(2): 265-295.

[3]   BUNNELL T. Malaysia, Modernity and the Multimedia Super Cor-
      ridor: A Critical Geography of Intelligent Landscapes[M]. Abing-
      don: Routledge Curzon, 2004.

[4]   CASTELLS M, HALL P. Technopoles of the World: The Making of
      Twenty-first Century Industrial Complexes[M]. London: Routledge,
      1994.

[5]   GUAN Y S. The Other Kuala Lumpur: Living in the Shadows of a
      Globalising Southeast Asian City [M]. Abingdon: Routledge, 2014.

[6]   KAHN J S. Other Malays: Nationalism and Cosmopolitanism in
      the Modern Malay World[M]. Singapore: Singapore University
      Press, 2006.

[7]   KING R J. Kuala Lumpur and Putrajaya: Negotiating Urban Space
      in Malaysia[M]. Singapore: NUS Press, 2008.

[8]   KING R J. Reading Bangkok[M]. Singapore: NUS Press, 2011.

[9]   LAI C K. Building Merdeka: Independence Architecture in Kuala
      Lumpur, 1957-1966[M]. Kuala Lumpur: Petronas, 2007.

[10] WONG S F. Walkability and Community Identity in the City Cen-
      tre of Kuala Lumpur[D]. Melbourne, Australia: The University of
      Melbourne, 2011.

点评

说起吉隆坡，很多人都会想到双子塔。这既说明了标志性建筑对于城市形象的重要性，也从一个侧面反映了吉隆坡城市规划建设中"项目导向"的特点。这与中国强调城市总体规划的统领作用有着很大的区别。上海在开埠之前就是一个已经存在了近六百年的、中等规模的城市，而吉隆坡在形成城市之前却只是河口荒滩。但作为东南亚近代殖民地城市——吉隆坡，与开埠后上海的城市发展历程有着某种程度的相似。

吉隆坡和开埠之后的上海都是在没有"总体规划"的情况下"自然"成长起来的城市。同样，近代上海与吉隆坡，都存在着严重的空间分割现象——"现代化"的欧化城区、成片的"西式"建筑与"土著"居民生活空间的分割。所不同的是，上海还同时存在着公共租界和法租界两个均属欧化却又泾渭分明的不同区域，而吉隆坡则是华人区与马来人区两个全然不同的"土著"区。在这样的发展背景下，一方面导致了城市建成区的混乱和不平衡，缺乏完整统一的城市空间体系，但另一方面也带来城市空间的"有机化"与个性化的空间结构。

上海最早的"总体规划"可以推溯到1929年的大上海计划（其实只是"新上海"的市中心规划直接加上租界现状），真正意义上最早的"总体规划"是1940年代后期的"大上海都市计划"，而这又只是一个"纸上谈兵"的规划。吉隆坡最早的总体规划始于何时不得而知，但1984年马哈蒂尔总理主导下的2020年结构规划草案却是带有很强计划经济特征的、与我们的规划相似的"总体规划"。今天吉隆坡的城市空间布局和大型建设区域，都还深受这一规划的影响。如果说上海1949年以后形成的规划体制及其规划成果是在计划经济模式下无从选择的城市发展路径，那么吉隆坡1984年规划则是他们面对快速城市化和高速经济增长，试图通过规划来解决经济社会发展的问题而做出的理性选择。在马哈蒂尔的强势领导下，马来西亚甚至还执行了四期"五年计划"。同样，也正是因为这一规划的"功利性"而导致它难以真正具备长远的和统筹的规划特点和规划效果。

用R. King教授的话来说，这个规划是"失败"的。诚然，评价一个规划是不能简单地用"成功"或"失败"来表述的，吉隆坡迄今为止的城市发展还或多或少地受着这一规划的影响就充分证明这一规划是对城市发展起着重大作用的。毫无疑问，由于政治制度和政权更迭，马哈蒂尔当年主导的规划在"后马哈蒂尔时代"究竟还能起多大的作用是不言自明的，尽管这一规划被称之为"结构规划2020"。

　　吉隆坡的"规划"更多地表现为大型项目的规划而非整体空间结构的规划。双子塔就是这一规划的产物。这种大型建设项目也的确能起到超乎预想的效果。在大型标志性建筑引领下，规划战略所期望的城市产业与功能也得以跟进。以"多媒体超级走廊"（MSC）为主体的功能性城市空间结构得以实现，以电子信息产业为主体的城市产业结构得到有效推动。其实，在我们的规划实施路径中，又何尝不总是通过大型标志性项目来实现的呢？R. King 教授认为吉隆坡的规划一直是以形象为主，由此看来规划建设中重城市形象并非中国的专利，这在大多数情形下对于城市规划功能的实现也是起着很大作用的。试想如果不是双子塔，吉隆坡的新城区还会那么受世人关注吗？同样，陆家嘴如果没了核心区那三座超高层，金融中心的地位恐怕也要大打折扣。

　　在吉隆坡的规划中，还有一点不能不提，这就是首都功能外迁。作为马来西亚首都，吉隆坡有着所有国际大都市所拥有的"通病"：人口密集、环境窘迫、交通拥堵等，尽管比起中国的大都市，吉隆坡甚至都不能算作是"大城市"。但马来西亚政府还是毅然决然地将政府机构——"首都核心功能"搬出市中心，迁往 40km 开外的新城布特拉加亚。这既有利于吉隆坡作为马来西亚最大的经济中心城市而释放出大量的空间资源，也为政府机关自身创造了良好的执政环境，同时并不影响吉隆坡作为首都的政治地位。联想到北京以"疏解首都非核心功能"为解决其城市病的药方，实在觉得有点"头痛医脚"的意味——看对了病却吃错了药。

　　近年来，吉隆坡为了应对新的经济发展挑战，又推出雄心勃勃的"大吉隆坡计划"，更是一个完全以大型项目为主导的新一轮规划。同前一轮规划不同的是，这一轮规划的大型项目不再过分关注项目的标志性形象，而是更为强调各项目的功能性。如敦拉萨国际贸易金融中心项目（TRX）、新捷运计划和吉隆坡—新加坡高铁项目等，都是能够对马来西亚国家经济社会发展产生巨大历史性影响的功能性项目。比起吉隆坡，我们的总体规划更像"规划"——具有更强的系统性、完整性，但与此同时，我们在规划实施过程中对于大型功能性项目的安排是否过于"随机"甚至过于"任性"？我们的标志性项目往往为了追求"高端"而花更多的钱，但是否起到应有的引领作用（当然也有很多成功的标志性项目）呢？看来吉隆坡的经验也有很多值得我们学习和思考的地方。

伍江

马尼拉

[菲律宾] Michael V. Tomeldan 著
Michael V. Tomeldan，菲律宾大学建筑学院副教授

纪雁 沙永杰 译
纪雁，Vangel Planning & Design设计总监
沙永杰，同济大学建筑与城市规划学院教授

MANILA

马尼拉大都会的发展与挑战
Influences and Challenges to the Urban Development of Metro Manila

本文对菲律宾首都马尼拉的城市演变、现状及未来城市发展所面临的挑战进行综合介绍和分析，主要包含两部分内容：一是马尼拉城市演变的五个阶段——16世纪中期被西班牙探险航行初次发现时的马尼拉、此后三百多年的西班牙殖民统治、1898年成立亚洲第一个共和国、1901—1946年美国殖民时期以及当今的马尼拉大都会；二是从贫富差距与住房问题、自然灾害和城市环境问题三个方面分析马尼拉大都会未来发展面临的挑战及对策。

This article introduces the city evolution history of Manila, from Spaniards firstly discovered the Philippine archipelago in the 16th Century, which led to Spanish occupation of the Manila area for more than 3 centuries, to the First Philippine Republic declared in 1898, and immediately followed by American colonial period in the first half of the 20th century, till today's Metropolitan Manila. It also illustrates the future challenges Metro Manila is facing in its urban development in terms of income gap, housing backlog, disaster risk and urban environment, and further about key improvements needed to retain Manila's status as the Philippines' premier metropolis.

12 马尼拉大都会的发展与挑战
Influences and Challenges to the Urban Development of Metro Manila

1 引言

菲律宾首都马尼拉位于菲律宾北部的最大岛屿吕宋岛（Luzon）西南岸，濒临马尼拉湾，由 16 个城市和 1 个直辖市组成了马尼拉大都会（Metro Manila）地区，也称为马尼拉国家首都区（National Capital Region）。2010 年统计显示，马尼拉国家首都区已有 1 186 万人口，总面积仅 638.55km²，是世界上人口密度最高的地区之一。

2 城市演变过程

2.1 东西方相遇

公元 16 世纪中期的马尼拉（当时被称为 Maynilad）[1] 只是在帕西格河（Pasig River）[1]南岸近马尼拉湾的一个用木栅栏围合的聚居区，在马坦达王（Rajah Matanda）以及其继位者苏莱曼王（Rajah Sulayman）的统治下是兴盛的商业贸易中心。西班牙探险家斐迪南·麦哲伦（Ferdinand Magellan）为寻找亚洲的"香料群岛"（即东印度群岛）而进行的环球旅行在 1521 年 3 月到达菲律宾宿雾岛，菲律宾首次被欧洲了解。1564 年，西班牙人米格尔·洛佩斯·莱加斯皮（Miguel Lopez de Legazpi）在菲律宾宿雾建立了第一个欧洲人定居点，并以此为据点扩张殖民统治。1571 年，西班牙获得马尼拉的掌控权，莱加斯皮将拥有自然海湾的马尼拉作为西班牙殖民政府在菲律宾的首都，并于 1577 年统治了吕宋北部的绝大部分岛屿。[2]

图 12-1
西班牙殖民时期建立的殖民地，靠近水源是帕西格河沿岸早期聚居地的显著特征
图片来源：Map of Settlements During the Spanish Colonial Period, circa 1630 by TAM Planners Co.

2.2 西班牙殖民时期（1571—1898 年）

西班牙殖民者取代了马尼拉的苏莱曼王朝的统治地位，当地他加禄民族（Tagalogs）和菲律宾当地华商早已建立起来的贸易活动遭到破坏，引发了人民的不安与不满情绪。同时，西班牙的海上军事力量也不断地受到其他欧洲海洋强国的威胁以及中国沿海的海盗骚扰。在这样的敌对氛围下，莱加斯皮加紧了巩固殖民地的建设，产生了之后高墙环绕的西班牙王城（Intramuros，字面意思为城中城）。

图 12-2
1852 年西班牙王城内的市长广场，马尼拉大教堂是广场空间的主导背景

西班牙王城是为巩固和保护西班牙在菲律宾的政治、军事和宗教地位而建设的。城墙环绕的王城北临帕西格河，其他三边挖有护城河作为防御，占地约 64hm²，以星形城堡要塞为原型，有许多外突的三角形堡垒以保护主城墙。城墙总长 4.5km，高 6.6m，局部厚度达 2.4m，

1　帕西格河是马尼拉的母亲河，其横贯马尼拉，西端通过马尼拉湾汇入大海，东端连接菲律宾最大的湖泊——拉古纳湖（Laguna de Bay），丰富的支流为马尼拉建构了重要的水网系统。

2　AGONCILLO T A．History of the Filipino People [M]. 8th Edition, Quezon City, the Philippines, Garo Tech Books Inc., 1990: 74.

于 1601 年完工 [3]。在之后长达三百多年的西班牙殖民时期内，这座王城就代表了马尼拉城。王城面朝不同方向设有含皇家门（Puerta Real）、巴里安门（Parian）等在内的七个出入口。城内格状路网将城市划分为若干个方正地块。王城内兴建有大量的教堂和教学机构，城内的宫殿是西班牙总督府，还建有市政厅等办公建筑（图 12-1，图 12-2）。

马尼拉与阿卡普尔科（Acapulco，现墨西哥的港口城市）之间的海上贸易早在 1565 年已经开始，直至 1815 年墨西哥爆发摆脱西班牙殖民的独立战争，海上的帆船贸易终止。这二百多年丰厚的贸易收入不仅为王城的建设和发展提供了财力，也为周边地区的发展提供了机会（图 12-3）。

至 19 世纪中期，马尼拉城已经扩展到帕西格河南、北岸的一些岛屿（图 12-4）。1863 年的大地震摧毁了总督府、市政厅和教堂等一些重要建筑。1880 年的再次地震，促使当时的执政者把总督府迁至帕西格河上游东部圣米格尔区（San Miguel）的马拉坎南（Malacañang）。新建的总督府如今被称为马拉坎南宫（Malacañang Palace），迄今是菲律宾总统府。

---

3 TURALBA M C V. Intramuros: An Urban Development Catalyst[R]. Architecture Asia, 2005.

图 12-5

图 12-6

图12-8

图 12-9

图 12-5
1899 年 7 月 4 日的市政厅
图片来源：http://1.bp.blogspot.com

图 12-6
1905 年的规划（伯纳姆规划）保护了王城区，护城河被填平变为公园，新政府建筑为新古典样式，如近景的国家立法会大楼
图片来源：http://nostalgiafilipinas.blog-spot.com

图 12-8
宽阔的塔夫脱大道在中间设置了电车通道
图片来源：http://corregidor.proboards.com/thread/1103/taft-avenue

图 12-9
1941年福罗斯特和阿雷利亚诺为奎松城所做的规划设想了一个国家级办公机构集中的中心城市，有大片的公园和开放空间
图片来源：flickr

2.3 亚洲的第一个共和国

在西班牙的殖民统治期间，菲律宾人民的反抗斗争持续不断，尤其是针对教会滥用职权的斗争。1896 年西班牙政府对于菲律宾志士何塞·黎刹医生（Dr. Jose Rizal）不公的审判和杀害促发菲律宾独立战争（1896—1898）迅速在全国蔓延。与此同时，美西战争（Spanish-American War）在 1898 年 4 月爆发，美国舰队驶入马尼拉湾。同年 5 月 1 日，西班牙战败。1898 年 6 月 12 日菲律宾革命领袖埃米利奥·阿奎纳多（Emilio Aguinaldo）宣布菲律宾独立，成立菲律宾共和国。但是这一独立宣言并不被美国认可，1899 年 2 月 4 日美菲战争（Philippine-American War）在菲律宾大部分国土正式打响。这场战争历时三年，1902 年以菲律宾战败而结束。

2.4 美国殖民时期（1901—1946 年）

1899 年，尽管还处于美菲战争时期，但美国已经掌控马尼拉并入驻王城，市政厅等建筑也被用于新殖民政权（图 12-5），直至 1935 年菲律宾联邦共和国（Philippine Commonwealth）[4] 成立。

1904 年，美国总督威廉·卡梅伦·福布斯（William Cameron Forbes）任命丹尼尔·伯纳姆（Daniel H. Burnham）担任规划师，对马尼拉重新进行规划。随后，伯纳姆和安德森事务所（Burnham and Anderson）运用城市美化运动的规划理念完成了马尼拉规划。这个规划保护了西班牙王城区，考虑到卫生原因填平护城河，将其变为绿地公园；王城南边的巴贡巴延区被规划为政府办公中心，一些纪念意义的空间也设立在这一区，如何塞·黎刹医生的纪念碑和纪念公园。伯纳姆在规划里设置了放射状主干路网，一条沿着海湾的宽阔林荫大道最大限度地展现出马尼拉湾风情，政府机构大楼多为宏伟的新古典样式。美国殖民政府也利用城市美化理论规划设计了其在菲律宾的其他殖民城市，如菲律宾的碧瑶市（Baguio City）、宿雾市（Cebu City），以及一些省会城市。这些城市都具有以林荫大道为轴线的对称布局，以及宏伟的政府建筑和宽敞的公园（图 12-6—图 12-8）。

然而将巴贡巴延区建设成政府行政中心的规划设想并没有实现。1935 年菲律宾宣布成立菲律宾联邦共和国，行政中心有了新的选址，马尼拉城也开始扩张。1904 年至 1941 年，马尼拉的城市化从旧王城向帕西格河北岸、巴贡巴延南侧和东侧扩展。联邦共和国总统曼努埃尔·奎松（Manuel Quezon）在 1930 年代后期决定将行政中心迁至马尼拉东北部更宽敞的地块。1939 年，新都为纪念总统而命名为奎松城。美国规划师哈里·福罗斯特（Harry Frost）和菲律宾规划师胡安·阿雷利亚诺（Juan Arellano）为奎松城进行了城市规划，设计为带有放射性大道的四边形城市，所有的政府机构办公楼被公园绿地环绕（图 12-9）。然而这一计划因"二战"被迫中断。

---

4 菲律宾联邦共和国（Philippine Commonwealth, 1935—1946 年）是菲律宾为实现完全自治而经历的一个个十年过渡体制。

图 12-7
1905 年的马尼拉规划（伯纳姆规划），采用了
当时美国流行的城市美化运动理念
图片来源：Silao Federico, Burnham's Plan
for Manila, *Philippine Planning Journal*,
Volume 1, 1969

  1941 年 12 月 7 日，日本偷袭美国珍珠港之后几小时，菲律宾的军事目标也遭到轰炸。几天后，日本在菲律宾北部吕宋岛的林加延海湾（Lingayen Gulf）登陆，向马尼拉入侵，此后占领菲律宾三年半。1945 年美日两方在马尼拉激战，美军对城市进行轰炸并摧毁日军据点，以成千上万的生命和满目疮痍的城市为代价换来了马尼拉的解放。90% 以上的西班牙王城基本被夷为平地，美国殖民政府的建筑也严重受损，许多文物建筑，如市政厅、马尼拉大教堂、圣地亚哥堡等都只剩残垣断壁（图 12-10）。

  1946 年 7 月 4 日，菲律宾宣告独立。当时的菲律宾经济落后，马尼拉的城市状况非常糟糕。缺少财政、农地和工厂被毁、基建和交通系统被炸，使得当时的重建工作举步维艰。20 世纪新建的美国殖民政府办公建筑由于在建造时采用有效的功能空间理念，相比于西班牙王城可以更快地得以修复，而王城内的许多建筑，如教堂、学校等需要

图 12-10

图 12-12

图 12-13

图 12-14

图12-10
1945年的航拍图显示帕西格河左岸的西班牙王城以及美国殖民时期的政府建筑遭受严重损坏。近处是马尼拉邮政局和大都会剧院

图 12-11
1960 年围绕西班牙王城的绝大多数美国殖民时期的办公建筑已完成重建，右侧为西班牙王城局部

图 12-12
1960 年代奎松城的奎松纪念场，是福罗斯特和阿雷利亚诺规划的一个重点

图 12-13
1970 年代的马卡蒂市中央商务区，许多大公司和银行把总部移到马卡蒂市

图 12-14
1970 年代 Agri-Fina 广场周边的双子楼、紧临的立法局、带钟楼的马尼拉市政厅以及远景的邮政局都按照伯纳姆规划建造
图片来源：flickr

图 12-11

很长的时间进行重建（图 12-11）。很多建筑失去了在原地重建的机会，迁到郊外。城市内被清理出来的空地迅速被战争难民非法占据，建设临时居住点，发展为后来的城市贫民区。

尽管早在 1946 年，奎松城的路网规划已经完成，为马尼拉未来的城市化发展预示了可行性。放射状的道路以黎刹纪念碑为中心发散出去，环状道路确定了未来都市的城市空间（图 12-12）。然而资金的缺乏使得建设理想都市的计划落空。

虽然道路、水电等基建设施建设起来很慢，但是马尼拉及其周边地区仍然以史无前例的速度发展着。至 1960 年代，马尼拉发展成为大马尼拉地区（Great Manila Area），周边邻近的城市和地区成为马尼拉城市化的受益者。当时尚未大规模开发的奎松市、规划的马卡蒂市（Makati）、帕赛市（Pasay）和其他一些周边城市成为马尼拉的郊区城市，吸引了大量人口和商业。作为其中最大的郊区城市，奎松市从 1950 年代到 1980 年代吸收了大量、不断膨胀的马尼拉城市人口。"二战"后，马尼拉南部马卡蒂当地的大家族拥有的地产也被重新规划为带有商业的新住宅社区。1950 年代到 1970 年代，马尼拉许多富裕家庭迁至马卡蒂居住，而许多大公司的总部和银行也设立在马卡蒂的商业区。到 1970 年代，马卡蒂已经取代马尼拉成为菲律宾的金融中心（图 12-13—图 12-14）。

2.5 马尼拉大都会

1975 年，为巩固马尼拉城市地位而颁布的总统法令将马尼拉市同周边的 13 个市镇和 3 个城市整合为马尼拉大都会（Metropolitan Manila）。这 17 个城市依然保留自己的市长以及整套行政班底。马尼拉大都会的行政区划面积为 638.55km²，总人口在 1980 年达到 592 万（图 12-15）。马尼拉大都会通过政府主持的填海造地向马尼拉湾方

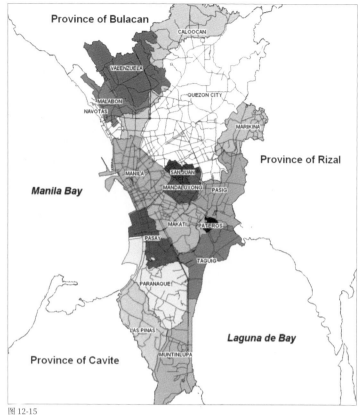

图 12-15

图 12-16

图 12-17

图 12-15
17 个城市组成马尼拉大都会
图片来源：Map of Metropolitan Manila by
TAM Planners Company

图 12-16
马尼拉和其南边的帕赛市沿马尼拉湾进行填海造
地工程，前景是绿地环绕的西班牙王城

图 12-17
马卡蒂市的博尼法乔全球城

向扩展，在完成帕赛市的沿海填海工程后，如今沿海岸线向南继续推行（图 12-16）。

1960 年代至 1990 年代，私人开发力量也向马尼拉南部推进，在马卡蒂市进行许多大型建设。1980 年代，阿亚那土地开发公司（Ayala Land）在成功开发了马卡蒂的商业区后，在南部蒙廷卢帕市的阿拉邦镇（Alabang, Muntinlupa）又开发了一个 5.9km² 的新的商业住宅区。到 1990 年，另一个私人开发公司菲林维斯特开发公司（Filinvest Development Corporation）也带着自己的菲林维斯特企业城（Filinvest Corporate City）项目参与到阿拉邦的建设中。两个开发商的合作使得位于马尼拉南端的阿拉邦成为另一个商业中心区。1995 年，坐落在马卡蒂市达义（Taguig）的一个大规模的军营地产因功能转换私有化，其面积和地理位置成为马卡蒂中央商务区扩张的有利条件。如今这一地区正建设着博尼法乔全球城（Bonifacio Global City），是马尼拉大都会 21 世纪最大的开发项目（图 12-17）。马尼拉大都会的其他市也各自积极开发自己的商业中心区。

据 2010 年的官方统计数据，马尼拉大都会已有 1 186 万人口，总面积仅 638.55km²——全国 13% 的人口生活在全国 0.2% 的土地上，而整个大马尼拉城市区（Mega Manila Urban Region）的人口已经达到 2 500 万，接近全国总人口的四分之一。马尼拉大都会是菲律宾的政治、经济和文化中心，2011 年地区生产总值达到 1 890 亿美元，占菲律宾国内生产总值的 33%。经济增长成为城市人口膨胀的主要原因。如今，马尼拉人口密度是 18 557 人 / km²，是世界上密度最高的地区之一，这一高密度给城市资源带来巨大压力。

3　未来城市发展的挑战

马尼拉大都会具有巨大的经济增长潜力，同样也面临众多城市问题，譬如缺乏合理的城市规划、低效的土地管理、缺乏有效的经济改革等。

3.1　巨大的贫富差距

尽管马尼拉经济有了长足的发展，然而马尼拉人之间收入差距之大也是普遍问题，甚至比经济水平相当的印尼和泰国等东南亚国家更为严重。城市绝大部分的人口都处于低收入水平线下，城市高昂的地价对于百万马尼拉人来说，意味着可负担的住房也是一个无法实现的梦。2009 年有关数据估计，马尼拉大都会里的 260 万单元的住房里有近 544 609 单元的住房属于临时性建筑搭建的贫民窟，占总数的 21%。这些贫民区几十年来非法占据私人或国有地块，许多地块还非常危险，如水路、桥下、铁路旁。这些贫民区缺乏规划，地块形状不规则、通路曲折而狭窄、建造过程不合格，里面容纳的密度超大。这些临时性建筑中的绝大多数都是由其居住者自发建设，用可回收的材料随意搭建。土地使用权的不安全感以及持续被驱赶的威胁加剧了贫民窟的破败和临时性，政府也并没有为改善这种状态采取任何的有效举措。

3.2　减少自然灾害的风险

菲律宾是世界上最易遭受洪水、台风、火山和地震等自然灾害的国家之一。马尼拉大都会的许多地区非常容易遭受洪水袭击，而这些地区在 1960 年代至 1990 年代都毫无顾忌地发展，根本没有考虑解决吸收或排放涨潮海水和洪水的功能。气候变化带来的频繁降雨和持续增长的雨量使得这些易受水患的地区在未来更加脆弱。马尼拉也面临地震威胁，一条主要的地震带从北至南穿越马尼拉。2002 年的有关地震研究（Metro Manila Earthquake Impact Reduction Study）模拟了不同的地震情形对马尼拉的影响，发现沿西谷断层带（West Valley Fault）的地震将给马尼拉带来最严重的人身和经济灾害。然而最近的相关资料显示，早已被标识的地质灾害高危地带已经发展为高度城市化的区域。因此，这些存在自然灾害威胁的城市区域面临着紧迫任务，需要进行重新规划发展，如迁移贫民区、重新设置排水渠、进行新的洪水控制及疏导设施建设，考虑迁移沿地震断层带的城市区域等。

3.3　不完善的城市环境

2011 年，西门子资助的经济学人智库（Economic Intelligence Unit）对 22 个主要亚洲城市进行环境评估后发布《亚洲绿色城市指标报告》（Asian Green City Report），包含 8 个考察指标：①能量和二氧化碳排放；②土地利用和建筑；③交通；④废弃物；⑤水资源；

Performance ● Manila ○ Other cities

	well below average	below average	average	above average	well above average
Energy and CO₂			●		
Land use and buildings		●			
Transport		●			
Waste		●			
Water					
Sanitation					
Air quality				●	
Environmental governance			●		
Overall results	●				

⑥卫生；⑦空气质量；⑧环境管理。在评估的 22 个亚洲城市中，马尼拉大都会总体低于 22 个主要亚洲城市的平均水平（图 12-18）。

在能量和二氧化碳排放上马尼拉优于平均水平——马尼拉人均排放 1.6t 二氧化碳，远远低于平均水平的 4.6t，主要原因是大部分马尼拉人还无法承担高能耗的生活方式。在土地使用和建筑上，由于缺少绿地，马尼拉低于平均线，整个大都会人均绿化 5m²，远少于每人 39m² 的平均水平。在交通指标上，马尼拉也低于平均水平，单位面积（1km²）内仅有 0.05km 的轻轨捷运系统，远低于平均值 0.17km。尽管马尼拉在废弃物指标上以每人每年产生 248kg 的废弃物优于平均值 375kg，但其中只有 77% 的废弃物被正确地收集和处理，低于平均值 83%。关于水资源，马尼拉也因为只对 66% 的用户提供 24 小时的水供应而低于平均值，并因为 36% 的系统渗漏造成巨大的水资源浪费，而系统渗漏的平均值为 22%。在卫生标准上，马尼拉只有 12% 的住房有卫生配套设施，远远低于平均值 70%。在空气质量上，总体上马尼拉优于平均水平——三大污染物（二氧化氮、二氧化硫和悬浮颗粒物）的年平均值较低。然而，这一好的空气质量在马尼拉整个区域分布不均，城市化密度高的地区因有更多的交通而产生更多的空气污染，马尼拉的空气污染 80% 来自汽车排放。在环境管理这方面，马尼拉处于平均水平之上，市级管理机构对整个环境政策负责，定期对环境进行检测，并单方面公布环境信息。而薄弱方面是马尼拉周边地区对环境重视度不一，比较富裕的地区如马卡蒂市积极地支持环境治理，而贫穷的市区则难有能力去关注这一问题。

4 结语

目前菲律宾的许多城市问题根源于经济资源分布不均。许多的金融活动和经济资源都集中在马尼拉大都会，更高的就业率和更好的服务都是马尼拉大都会吸引人口的主要原因。把马尼拉这种集中的经济资源分散到其他正在发展的区域是几十年来一直都在推行的经济策略，也带来一些成功案例。菲律宾除了马尼拉大都会外，已经发展有宿雾和达沃（Davao）两大重要城市，另外还有九个都市区。[5] 在马尼拉北部的吕宋也建成一些省一级的城市中心，起到替代和辅助马尼拉的作用。在过去十年，其他城市不断增加基建投入，修建机场、码头、道路和电站等，这些都为菲律宾其他区域的平衡发展起到一定的作用。

同时，马尼拉也需要不断地更新改进来维持其作为菲律宾首要都市的地位。马尼拉的一个薄弱之处是其特有的政治地位，它有 17 个地方自治政府，而没有一个统领的政府机构。每个城市的规划发展都是独立的，不顾及对其他城市的影响，财政资源也是出自每个市自己的税收收入。故而不难想象有的城市会有更雄厚的资金支持，而有的城市则缺乏资金补助，进一步导致城市和地区间发展的不平衡。如今的马尼拉发展局并没有足够强有力的执政能力对 17 个组成市在如土地使用、区划规划、建筑密度控制、环境管理等方面进行统一的规划管理。

由于私人开发力量的参与，城市的一些区域开发迅猛，而其他地区被很多无家可归的贫民占据建设贫民区。缺乏土地管理和发展控制以及政府主导的配套设施建设缓慢，导致马尼拉大都会很多地方开发混乱。每一个组成市都相互竞争建设自己的中央商务区，忽视了城市中的公园绿地和公共空间。

马尼拉的公共交通效率较低，为了增加城市的动力，急需对交通基建设施增加投入，不仅要提升现存的城市轨道交通，增加其运能，也要增加新的轨道交通线路以服务更广泛的区域。由于都市内用地紧张，许多轨交线路需要采用高架的方式。同时，对水资源管理方面也应该进一步加强。自从供水公司私有化后，如今绝大多数的老管道都已经更换为新的管道。城市应该建设新且更有效的排水设施来应对洪水，采用更好的供水系统为终端用户提供自来水。

除了功能上能有效地运行外，马尼拉也期待成为一个美丽的都市。许多城市区域需要进行新一轮城市更新，中心城区内衰败的部分应该重新开发以降低犯罪率，同样也应该加强环境建设并刺激经济活动。然而城市更新活动也需要避免大拆大建、避免大量原始居民的迁移更替，以及城市更新区域的绅士化现象。

5　据菲律宾国家经济发展局（The National Economic Development Authority, NEDA）数据为 12 个都市区。

参考书目 Bibliography

[1] AGONCILLO T A. History of the Filipino People, 8th Edition[M]. Quezon City, the Philippines: Garo Tech Books Inc., 1990.

[2] BROADBENT G. Emerging Concepts in Urban Space Design[M]. New York, USA: Van Nostrand Reinhold, 1990.

[3] Economist Intelligence Unit. Asian Green City Index[R]. Sponsored by Siemens, 2011.

[4] GOVPH. The Local Government Code[R]// Republic Act 7160. 1991.

[5] JAVELLANA R, ZIALCITA F N, REYES E V, et al. Filipino Style[M]. The Philippines: Tuttle Publishing, 2004.

[6] MMDA. Metropolitan Development Authority[EB/OL]. [2014-01-14]. http://www.mmda.gov.ph.

[7] National Economic Development Authority(NEDA), United Nations Development Program(UNDP), European Commission Humanitarian Aid. Mainstreaming Disaster Risk Reduction[M]. VJ Graphics Arts, Inc., 2008.

[8] TURALBA M C V. Intramuros: An Urban Development Catalyst[M]. Architecture Asia, 2005.

[9] ZOLETA-NANTES D. Metro Manila Earthquake Impact Reduction Study(MMEIRS) [J]. Metropolitan Manila Development Authority (MMDA), Philippine Institute of Volcanology and Seismology (PHIVOLCS) and Japan International Cooperation Agency (JICA), 2003.

点评

　　菲律宾首都马尼拉，作为菲律宾最大的城市，颇有国际化大都市的气势，也面临着东南亚各发展中国家城市化进程中的普遍问题，在东南亚当代城市中具有很强的典型性。

　　马尼拉是一座具有数百年殖民地历史的城市。马尼拉的西班牙王城是亚洲最早的欧洲殖民地城市之一，以至于长期以来被称为亚洲最具欧洲风情的城市。西班牙殖民地时期建造的王城至今仍保留着西班牙殖民地时代的浓厚气息（其中大部分建筑为在"二战"战火的废墟上按原样复建的）。20世纪上半叶近半个世纪的美国殖民统治，又为马尼拉留下了大型中央绿地加放射型大道的美式理想城市格局。独立之后，行政中心区美式的英雄主义规划和其他区域各自为政体制下的自由资本主义发展模式同时发挥作用，使得这座城市成为一座空间格局颇为奇特的城市。

　　马尼拉是一座"联邦"式城市。今天的马尼拉都市区实际上是由17个不同的市镇合并而成，互相之间仍保持着行政上相当程度的独立性。马尼拉都市区政府的协调与控制能力仍然很有限。这就决定了马尼拉是一座很难拥有强势规划引导发展的城市。当年的马科斯专制统治时期，为了加强以马尼拉为首都的大都市统一，通过行政手段合并了这17个行政单元，并采取了一定的措施推动城市基础设施的一体化建设。但马科斯政权被推翻后这种政府强势建设行为被大大弱化。

　　马尼拉又是一座东方传统文化浓郁的城市。上千年来数个马来苏丹王朝在这里创造了丰富多彩的伊斯兰文化，来自中国大陆的一代又一代移民将华南文化与当地文化相融合，为后人留下了灿烂辉煌的吕宋文明。在今天的马尼拉中国城，人们还可以领略到这种强烈的、来自中国的南国风情。

　　同很多东南亚国家一样，马尼拉的大城市集聚效应非常明显。马尼拉以全国0.2%的国土，13%的人口，产生着全国三分之一的GDP。这种高度集聚既带来大都市的高密度效应，又使得城市的规划与统筹变得格外困难。面对与东南亚各国相似的快速城市化和经济发展的双重压力，马尼拉特殊的行政体制更导致其很难通过统一而有效的规划来解决问题。都市区内各行政单元的各自为政，都市发展署（即马尼拉都市区市政府）的理事会体制（理事会由各市镇组成），缺乏强有力的经济和法律手段来实施统一高效的马尼拉的规划管理。土地私有制（特别是为大家族所有）使得几乎所有的大型开发都不可能遵循一个总的规划导向来进行。从近几十年来的所有大型开发项目来看，各项目都在世界一流的规划和设计水准下进行。但就整个城市整体而言，就显得七零八落。同样的，由于都市区统筹税收能力低下，城市公共基础设施的统一规划与实施也面临极大的困难。迄今为止整个马尼拉的供水系统还只能覆盖不到三分之二的市区，城市排水系统的匮乏造成一遇台风暴雨就会水漫城市，城市公共轨道交通的三条线路面对上千万人口,实在显得捉襟见肘。从这一点看来,上海及所有中国城市依靠政府"集中力量办大事"的能力,还真的很令人羡慕。对于马尼拉而言,如何建立起更有效的政府管理机制,特别是最大可能地将各大型私人开发行为纳入统一的规划框架,使得统一的规划要求和私人开发的目标最大可能地融为一体,将是他们面临的最大挑战。当然,当务之急是需要制定一个具有超前战略意图的、各利益攸关方都能够接受的总体规划。

马尼拉面对的另一个头疼问题是大片的城市贫民窟。在马尼拉的居住区域内,住房的卫生设施配套率不到八分之一,有超过五分之一的居住空间属于临时搭建的棚户,三分之一以上的人口生活在贫民窟内,与市内一片片大型商业区和高档居住区形成鲜明的对照。马尼拉贫民窟的另一个特色是很多贫民窟与高档社区往往只有一路之隔,城市的贫富差距显得格外明显。对于这样一种令人头疼的城市景象,无论是专制时代的马科斯政府,还是现如今的民主政府,常常在需要展现"面子"的时候,也只能采用鸵鸟的办法——搭建大型广告牌或砌一道围墙将其一遮了之。前几年在迎世博时的上海,也出现过不少类似的"遮羞墙",想想竟也不乏可笑的国际惯例。

尽管经济发展的低迷和政府管控能力的低下使得马尼拉解决上述困难的手段明显不足,但马尼拉人在对待城市历史文化的问题上却有着高度的保护共识。早在"二战"刚结束时,面对美军轰炸的一片废墟,马尼拉做的第一件事便是对拥有几百年历史的老西班牙王城进行原样修复。时至今日,老王城以及散落在城市各处的老教堂老建筑,仍在述说着几百年来城市的荣辱历史。老教堂的古风依旧也许可以归因于菲律宾是东南亚唯一的基督教国家,但西班牙王城并没有因美国殖民地的建立、战后专制政府的统治和民主政权的建立而得到不同的价值评判,依然为所有马尼拉人,抑或说菲律宾人及来自全世界的游客们所青睐,这实在是一个城市对待自己历史所应该采取的正确态度。

相比马尼拉,上海的发展似乎要令人乐观得多。我们一直有一个总体规划在指导着城市的建设与发展(尽管这规划本身始终面临着滞后于发展的尴尬),我们有着强有力的政府来统筹社会资源去实施这个规划,我们也已经建成了让马尼拉羡慕不已的城市公共基础设施,但我们过于强势的规划管理体制和政府手中过强的资源支配能力,在能够支撑起"集中力量办大事"的发展模式的同时,是否有滥用权力、忽视市场支配能力的现象呢?是否有在不断改善城市底层居住条件的同时忽略了他们在城市中心区的生存权利的现象呢?一旦我们的政府失去了如此强大的资源支配能力而将其越来越多地交还市场支配时,我们的规划及其管理体制还会那么管用吗?这实在值得我们深思。

伍江

孟买

[印度] Uma Adusumilli 著
Uma Adusumilli，孟买大都市区域发展局（MMRDA）总规划师

沙永杰 徐洲 译
沙永杰，同济大学建筑与城市规划学院教授
徐洲，同济大学建筑与城市规划学院研究助理

MUMBAI

孟买大都市区域：
现状和未来发展的挑战
Mumbai Metropolitan Region:
Current Status and the Future Challenges

本文从规划管理的视点介绍孟买大都市区域产生和发展的历史、法令和管理框架背景，梳理了孟买大都市区域以往两版规划和目前正在公示的第三版规划的主要关注问题和规划思路。文章归纳了五个对孟买大都市区域发展有重大影响的问题——城市管治难度大、人口密度过高、行政体系繁复、就业与经济亟待提升和贫民窟问题，阐明了第三版大都市区域规划关注的城市扩张、开发建设新中心、郊区发展中心、环境保护计划、住房和区域信息系统六方面举措，并进一步分析了未来发展面临的主要挑战。

The paper introduces the context of Mumbai Metropolitan Region development and framework of regional planning management by MMRDA, reviews briefly the past two Regional Plans published in 1970 and 1996, analyses key issues about the third Regional Plan 2016-2036. Five issues in MMR in respect of vital aspect of regional development, which are governance, population densities, employment and economy, multiple institutions and slum and dilapidated structures, and six aspects addressed by the third Regional Plan, which are urban extensions, development of growth centres, rural development centres, environmental proposals, housing and regional information system, are discussed.

13

孟买大都市区域：
现状和未来发展的挑战
Mumbai Metropolitan Region: Current Status and the Future Challenges

1　印度大都市区域发展的背景

在印度，制定大都市区域规划主要出于引导城市周边开发和保护资源两点考虑，而非针对包含城市的整个都市区域的发展问题。为应对城市周边混乱开发问题，印度政府已经采取了多种办法，主要是在机制层面的举措，包括通过城市范围扩张将混乱开发范围纳入城市辖区，或者纳入重新调整过的都市区域发展管控范围。在印度许多邦（State）内，人口超过 30 万的城市都设置了城市发展局（Urban Development Authority），在城市层面协调城市周边开发问题。孟买是印度的金融中心，也是马哈拉施特拉邦（Maharashtra State）的首府。马哈拉施特拉邦城市人口所占比例为 45%，是印度城市化率排名第三的邦。马哈拉施特拉邦在协调区域发展方面的举措并未限定在都市区域范畴，而是扩展到大区（District）[1] 范围，并将相关的生态敏感区域也纳入都市区域考虑，是一个大都市区域——所谓孟买大都市区域也要从这个背景来理解。

将孟买大都市区域与印度其他大都市区域进行比较（表 13-1），从中心城区与都市区域在土地和人口比例方面看，孟买虽然在不大的中心城区内承载了超过一半的人口，但中心城区以外的大都市区域人口比例也接近一半。与其他主要都市区域相比，这个比例很高，对孟买都市区域进行规划管理的必要性十分突出。[2]

印度几个主要大都市区域发展局（Metropolitan Development Authority）的职能不尽相同。这些局都具有制定区域规划和项目计划的职能，但在土地开发许可、开发项目协调和资助基础设施建设等方面的职能各有不同，不是所有发展局都具有这些职能。在涉及民生的医疗和教育发展项目方面，只有加尔各答大都市区域发展局具有这方面的管理权限（表 13-2）。

2　孟买：从城市到大都市区域

2.1　孟买市

孟买市人口 1 240 万，面积 438km²，城市面积中有四分之一是国家公园（自然森林）。整个城市呈倒三角形，两边分别临阿拉伯海和塞

1　印度每个邦分为若干大区，每个大区内有城市和郊区。

2　参见《孟买大都市区域空间规划 2016—2036 年（草案）》。

表 13-1 印度主要都市区域的中心城区和大都市区域的人口与面积

大都市区域	中心城	中心城面积 （km²）	大都市区域面积 （km²）	中心城占大 都市区域面积	中心城人口 （万人）	大都市区域 总人口（万人）	中心城人口占 区域总人口（%）
MMR	孟买	438	4 312	10.2	约1 240	约2 280	54.56
NCR	德里、新德里	1 483	34 144	4.3	约1 100	约1 630	67.47
CMA	金奈	426	1 189	35.8	约468	约869	53.83
KMA	加尔各答	185	1 887	9.8	约449	约1 438	31.26
BMA	班加罗尔	741	1 220	60.7	约842	约849	99.13
HMA	海得拉巴	650	7 100	9.2	约680	约775	87.87
AMA	阿默达巴德	464	7 700	6.0	约557	约635	87.69
SMR	苏拉特	327	4 255	7.7	约446	约458	97.30
PMR	浦那	224	9 220	2.4	约311	约505	61.69

资料来源：《孟买大都市区域空间规划 2016—2036 年（草案）》

表 13-2 印度主要大都市区域发展局的职能比较

大都市区域	大都市区域发展局的职能						
	空间规划	项目计划	开发管理	项目协调	资金支持	医疗	就业
孟买大都市区域	●	●	—	●	●	—	—
加尔各答大都市区域	●	●	●	●	—	●	●
金奈大都市区域	●	●	●	●	—	—	—
班加罗尔大都市区域	●	●	●	—	—	—	—
海得拉巴大都市区域	●	●	●	—	—	—	—
德里新德里大都市区域	●	●	—	●	●	—	—

恩河（Thane Creek），城市范围的横向发展没有空间。国家公园以外的城市人口密度达到每平方公里 35 000 人。

　　孟买在 1970 年代就开始了爆发式的发展。因为受到城市范围两侧水岸线和占据城市四分之一土地的国家公园的限制，跨过塞恩河与乌哈斯河（Ulhas Creek）向内陆扩展是必然趋势，而这种扩张亟待合理的空间规划。孟买的中心商务和综合功能区处于城市南端两侧临海的范围，这一区域承载了政府部门、商业中心、港口、铁路枢纽和大宗货物交易中心等最重要的城市内容。孟买与周边和内陆的联系主要通过南北向的铁路，这些铁路线十分繁忙，而且要避开国家公园。于是，铁路沿线出现了居住区，孟买城市外围沿着南北向铁路扩展的格局也由此形成。从孟买延伸的铁路连接到周边的城市，同样也造成这些铁路沿线的混乱发展。

2.2　孟买大都市区域的建立

　　政府由此决定加强对孟买市所影响的区域进行城市化的管理，同时计划建立东西向的、进一步连接内陆城市的交通通道，打破原有单一的南北向交通格局。1966 年《马哈拉施特拉邦区域和城镇规划法案》获得通过，为孟买周边广大区域的城镇发展提供了法律依据。依据这一法案，孟买所影响到的范围得以确立，并被定名为孟买大都市区域（图 13-1）。

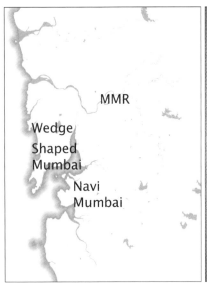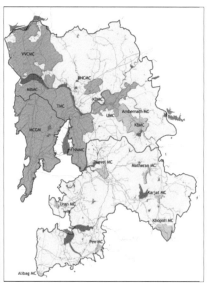

图 13-1
孟买大都市区域及主要城市示意图
图片来源：MMRDA

2.3 孟买大都市区域概况

简单地说，孟买大都市区域是由孟买市和周边日常通勤可达范围的城镇化地区组成。孟买大都市区域总面积 4 312km²，约为中心城市孟买面积的 10 倍，该范围内包括 17 个市和 1 030 个村。17 个城市的人口数量相差很大，比如其中马泰兰（Matheran）仅有 5 000 人口，而孟买则有 124 万。除孟买外，该范围内还有 4 个人口超百万的城市，以及 4 个即将突破百万人口的城市。这 17 个城市的面积总和占孟买大都市区域总面积的 32%，但承载了整个区域 91% 的人口。这 17 个城市的行政管理模式分两类——8 个规模较大的城市采用地方联合机构（Municipal Corporation）模式，9 个较小规模的城市采用市政议会（Municipal Council）模式。孟买大都市区域拥有丰富的自然资源与生态多样性，有广阔的海岸线与河岸线，沿线广布海洋湿地保护区与盐田；大都市区中部高地上有 4 片保护森林，整个区域内的森林面积占总面积的四分之一；区域内有 4 条河流以及 2 000 多处地表水体。

2.4 孟买大都市区域的法律框架

印度是联邦制国家。根据印度宪法，城市开发和住宅供应都是邦政府的管理职责，与之相关的重要内容，如土地开发、供水、公共健康和卫生事业等均在邦政府管控之下。与此对应，每个邦都有各自的关于城镇规划的法规。

依据 1966 年《马哈拉施特拉邦区域和城镇规划法案》建立孟买大都市区域后，1970 年出台了第一个区域规划，1975 年成立了孟买大都市区域发展局（Mumbai Metropolitan Region Development Authority，MMRDA）来实施这个区域规划并行使其他相关职能。目前在用的区域规划是孟买大都市区域发展局 1996 年修编的版本。

1992 年第 74 次印度宪法修正案强制要求，城市和区域的空间规划必须由包含若干选举产生的委员所构成的专门机构制定。由此，《孟

买规划委员会法案》于 1999 年通过，规划委员会于 2009 年成立，在
孟买大都市区域发展局的协助下开始筹备第三轮的孟买大都市区域空
间规划。2016 年 9 月，第三轮孟买大都市区域空间规划的草案向公众
公示和征求意见。

3 孟买大都市区域规划

孟买大都市区域拥有众多突出的发展优势：得天独厚的水域和森
林资源、多样化的自然物种、丰富的历史资源、基本适应区域发展要
求的法律和机制构架、比例较高的且有较好收入的市民、良好的就业
环境、健全的社会机构和在基础设施建设方面的合作机制等。区域发
展的明显弱势主要在于：发展重心集中在城市、住宅问题严峻、对城
市的管治能力有待提升、发展过于市场导向。这些弱势也导致两个未
来发展的突出隐患：一是如何安置较大数量的贫穷人口，二是如何遏
制城市竞争力减弱趋势。

孟买大都市区域规划为整个区域制定空间发展格局并引导全域的
城市化进程，地位十分重要。以后的两版区域规划和目前正在形成的
第三版规划体现了区域发展思路的演变。1970 年版区域规划强调了限
制城市规模、规划的引导性功能和整合公共土地资源；1996 年版区域
规划则突出体现了印度推行的自由经济和市场引领的思想，刺激私人
土地整合，也强调了环境问题；第三轮 2016—2036 年版区域规划再
一次强调政府进行有效干预来解决涉及区域整体发展的关键问题，并
吸纳更多相关机构和人士进入区域管治框架，实现一定程度的公共参
与和公共管治。

3.1 孟买大都市区域前两轮区域规划及实效

1970 年版主要有两点目标：普遍提升区域人口的居住条件；消解
单极化发展格局，形成区域内相对均衡和多中心发展格局。1996 年版
主要有四点目标：促进和支持区域经济增长；提升生活质量，尤其针
对低收入群体，以减少发展过程中对环境的负面影响；提升资源整合
效率；利用资源整合大力引导私人投资。

依据前两轮区域规划，在过去四十多年里，孟买大都市区域发展
局领导并执行了以下重要举措，对区域发展产生了重要影响和成效：

（1）开发建设了孟买新城（Navi Mumbai）；

（2）白领工作地点从过去集中于孟买南部，已经部分扩展到孟买
北部和孟买新城；

（3）建成孟买北部 CBD（Bandra Kurla Complex），也是孟买新
的国际商务中心；

（4）通过规划和立法程序将农产品集散市场和钢材集散市场迁往
孟买新城范围内的规划位置；

（5）区域内一系列新增的城市化范围被确定，与之对应的规划管
理部门也相继成立，开始编制规划和领导实施城市化建设；

（6）形成一份《工业用地选址法规》（*Industrial Location Policy*），将环境影响作为产业分类的重要指标；

（7）两个世界银行贷款项目已经执行，其中，孟买城市发展项目（Mumbai Urban Development Project）主要关注低收入人群的住宅，而孟买城市交通项目（Mumbai Urban Transportation Project）则注重提升轨道交通网络能力；

（8）区域内生态敏感区被划定，相关的保护规划正在编制之中；

（9）区域内两个独立机构形成并发挥作用——遗产保护协会和环境保护协会；

（10）由孟买大都市区域发展局负责，一个更加合理有效，覆盖全域城乡基础设施建设的融资体系正在形成。

3.2 孟买大都市区域现状

孟买大都市区域总面积 4 312km² （2016 年），其中 31% 为绿地或湿地，建成区面积仅占 16%。大都市区域包含 5 个大区、17 个建制市和 1 029 个村。该区域内登记人口 2 280 万（2011 年），城市人口占 94%，而 42% 的城市人口居住在贫民窟（2011 年）。整个区域就业人口 910 万，其中 400 万人是正规就业，非正规就业人数占比超过一半，所有就业人口中 73% 从事第三产业。以下是五个对孟买大都市区域发展有重大影响的问题。

第一，城市管治难度大。以住宅与商业为主的建设活动超出城市的法定边界，出现大量非法建设行为，包括：在未获得所有权或使用权的土地上开发、未获得施工许可的建设、擅自更改用地性质、建设量超出许可范围以及建设完成后的其他违法行为等。据估计，孟买大都市区域规划范围内（地方政府规划范围以外的范围）约 80% 的建设量是这些违法建设的产物。这带来一系列问题，不仅影响交通和市政基础设施建设，更威胁人身和财产安全。大量由无资质人员开发建设的房屋加上该区域内本来就有的大量破损老旧建筑，在强季风季节，孟买大都市区域内很多地区时刻面临着房屋垮塌的威胁。每年排查违章建筑、告知人员撤离已经成了孟买大都市区域内城市管理部门的一项例行工作。然而，由于政府管理部门人员有限，且基础设施维护已经占用政府大量人力，这项工作还没有实质性改进。对城市扩张范围和人口数量达标的地区进行市政建制也是目前的当务之急，但推进这一工作遭受重重阻力，阻力既来自那些担心丧失政治影响力的地方自治机构，也来自不愿受城市法规约束、希望避免市政税务的普通民众。

第二，人口密度过高。孟买大都市区域内主要城市的人口密度已达 40 000 人 / km²，其他城市的人口密度也正在接近这一水平，而未来的保障性住房建设还会进一步加强人口密度。合理分散人口与就业机会是控制人口密度的唯一途径。城市扩张也会对人口密度疏解产生一定作用。

第三，行政体系繁复。孟买大都市区域内有 40 个规划相关的管理部门，包括市级、区级、邦级和国家等不同层级的部门，各个层级的基础设施管理部门也大致是这个数量，还有各级执政政府。如果联邦政府与市政府的执政党不同，城市建设推进的难度就非常大。

第四，就业与经济亟待提升。尽管孟买市人口占孟买大都市区域总人口的比例从 1971 年的 75% 下降到了 2011 年的 54%，孟买市的就业岗位仍占整个区域总量的 70%。孟买大都市区域经济保持增长，但制造业增长缓慢，甚至出现衰退，经济重心从传统工业转移到了第三产业，孟买市则重点发展金融业。据观察，随着制造业衰退，非正规就业出现了明显的增长。印度政府每十年进行一次人口普查与经济情况调查，人口普查能显示就业人口数量，经济调查反映地区就业岗位供应情况。最新调查数据显示，孟买大都市区域共有 910 万就业人口，而其中只有 400 万人是正规就业（正式合同聘用）。

第五，贫民窟与破旧建筑问题。孟买大都市区域有近 40% 城市人口生活在贫民窟，另有 20% 人口生活在破损严重的建筑物中。根据多项政令，政府必须为这些人提供住房，这给政府工作带来很大压力，因此，目前正在考虑将违章建筑纳入住房供应体系，并开始一系列的实验性举措和法规，试图寻找一种既能缓解政府财政压力又能确保社会公平的合理模式。

3.3 孟买大都市区域发展局（MMRDA）

根据 1974 年《孟买大都市区域发展局法案》（*MMRDA Act*），成立孟买大都市区域发展局的主要目的是在区域层面协调城市化发展。历经四十余年发展，这个机构已经不单纯是一个规划机构了，在大都市区域层面的政策制定、管治能力建设和协调区域重大项目等方面也发挥不可或缺的作用——拥有专业能力和管治职能，孟买大都市区域发展局在以下八个方面具有突出管理能力：①从区域整体到局部开发项目的空间规划；②土地开发和开发控制；③区域开发相关的机制建设；④区域范围内的开发协调；⑤基础设施建设相关的融资；⑥区域范围重大项目的设计和实施管理；⑦协调和引导公共与私人合作投资项目；⑧处理环境修复相关问题。

为了充分发挥管治职能和积极影响，孟买大都市区域发展局注重以下六点策略：①在孟买成熟市区以外大力推进新中心的开发建设，促成区域层面的多中心发展格局；②加强孟买新城等新城建设，使其能够成为独立运行的新城，减少整个区域对孟买市的依赖；③将区域层面的积极政策体现在村镇规划层面上；④通过土地储备银行获得支持区域基础设施建设的资金；⑤持续更新区域层面的政策；⑥强化四个重点领域内的实施管理：交通、水资源开发、固体垃圾管理和住宅。

为了保护历史文化遗产和自然环境资源，孟买大都市区域发展局通过资助两个有多方面力量参与的机构——孟买大都市区域遗产保护协会和孟买大都市区域环境保护协会，在文化遗产和自然环境保护两方面发挥重要作用（图 13-2）。通过这两个机构，区域发展局已经资助超过 130 个项目，资助总额超过 250 万美金。

图 13-2
孟买大都市区域遗产保护协会和孟买大都市区域环境保护协会
图片来源：MMRDA

与其他该区域内管理机构合作，孟买大都市区域发展局还参与设立了几个相对独立的推进规划实施的机构，为这些机构运行提供部分运行资金。这些机构主要包括马哈拉施特拉邦城市基础设施基金组织、孟买都市区域联合交通署和孟买轨道交通公司等。

3.4 孟买大都市区域第三轮规划（2016—2036 年）

第三轮区域规划前期开展了一系列专项研究，包括土地利用、交通、环境、经济、就业和住宅等方面，同时也开展了一系列针对具体问题的国际咨询环节，通过国际和本地专家研讨，来自本区域各个专项研究团队和相关政府管理部门的多方参与，达成了关于这轮规划目标和区域结构性问题等方面的重要共识，形成这轮区域规划的理念基础。关于区域未来空间结构的一个重要共识是，孟买大都市区域的中心应由以往集中于南部孟买市的单一中心模式转变为"孟买市—塞恩市（Thane）—孟买新城"的多中心格局，进而，整个区域空间结构将通过主要交通线路形成若干环状和放射状结合的网络（图 13-3）。

1. 规划目标

该轮规划强调了以区域整合与协调为核心内容的以下目标：

（1）通过管理机制的"分散化"促进市民在城市开发过程中的有效参与；

（2）通过政策引导下的分散就业机会举措促进整个区域相对平衡发展；

（3）在区域经济发展中对第二产业给予特别支持，利用本区域在第二产业方面的已有优势条件进一步创造就业机会；

（4）增强区域范围内公共交通网络建设，实现其连通和整合；

（5）增强对区域整体的认同，将各个独立城市的优势通过整合形成整个区域的集体优势，共赢发展；

（6）划定历史和自然环境保护区，并确定区域内统一的保护对策；

（7）在现有管理机制和规划框架下，提出关于今后城市化扩展区域的建议；

（8）形成整合为一体的区域范围的自然开放空间和基础设施网络。

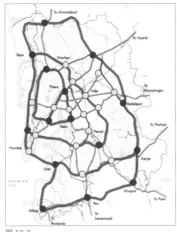

图 13-3

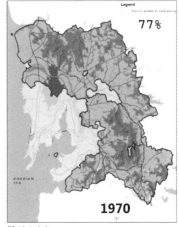

图 13-4（a）

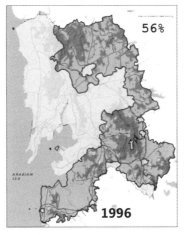

图 13-4（b）

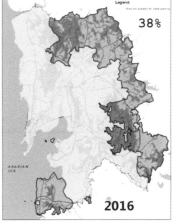

图 13-4（c）

图 13-3
孟买大都市区域第三轮规划提出的区域空间结构
（交通）示意图
图片来源：MMRDA

图 13-4
孟买大都市区域规划中关于土地利用和开发控制
的内容仅针对地方政府城市规划尚未覆盖的范
围，在三轮规划中，这个范围大幅度减小：
（a）77%，1970 年；（b）56%，1996 年；
（c）38%，2016 年
图片来源：MMRDA

2. 区域规划关注的重点问题

孟买大都市区域规划的土地利用和开发控制内容只针对地方政府的城市规划未覆盖的范围，而这样的范围已经从 1970 年区域规划时占整个区域总面积 77% 降到当前的仅占 38%，因此，第三轮区域规划的重点已经不可能是以往模式的用地规划和开发控制（图 13-4）。孟买大都市区域的人口增长速度已经开始下降，这就需要反思已经列为城市化扩展范围的用地是否有必要调整，新一轮区域规划针对这一重要问题进行了一系列提案，由此也一定程度影响了本轮规划中如下重点关注问题（图 13-5，图 13-6）。

第一，城市扩张。这轮区域规划为 6 个城市扩张划定了范围，其中 4 个通过扩张形成新的城市空间结构，另外 2 个将是新建制城市。这些城市区域扩张范围实现后，整个区域内城市（城区）范围将由现在的 32% 提升到 39%，这对市级政府管理能力和公共服务配套方面的能力提出了挑战。实际上，这些扩张已经在进行，应对扩大了范围的城市政府扩编已经完成，两个新城市的建制也在筹备过程中。

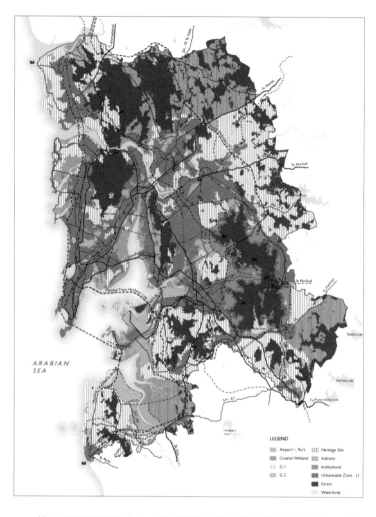

图 13-5
孟买大都市区域第三轮规划 2016—2036 年（草案）图片来源：MMRDA

第二，开发建设新中心。为了挽救区域内的制造业和均布第三产业，本轮规划设定了 7 个工业区和 4 个综合发展促进中心区。区域规划一旦获批，就将进行这些新中心的具体规划设计。

第三，郊区发展中心。本轮规划划出了整个区域内基础设施最薄弱范围，在这些范围内建立郊区发展中心，以促进那些弱势范围的经济发展，推进基础设施建设，把区域的相关优惠政策在当地实现。孟买大都市区域发展局将最大限度参与这项工作。

第四，环境保护计划。主要包含两方面计划：一是形成整个区域内水资源和森林资源的网络，强调区域和市级合作，建立绿色廊道和适度发展乡村旅游等一揽子计划；二是针对森林和水体保护规划制定配套的相关法规。

第五，住房问题。第三轮区域规划对住宅更新和新增需求量进行了估算，至 2036 年，整个区域内需要重建、翻新、改造和新建的住宅需求量估计高达 440 万单元（依据目前情况的估算），如何确保合理住宅用地是今后规划面临的一个突出问题。规划还提出了提升居住品质、发展租房市场、征收住宅空置税和发展员工宿舍等政策建议。

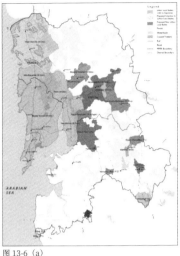 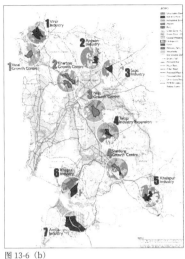 

图 13-6（a）　　　　　　　　图 13-6（b）　　　　　　　　图 13-6（c）

图 13-6
孟买大都市区第三轮规划：（a）城市扩张示意图；
（b）新中心的开发建设示意图；（c）郊区发
展中心示意图
图片来源：MMRDA

第六，区域信息系统。本轮规划提出了在区域范围内共建共享城市管理数据的建议，这些数据包括人口、就业、土地利用、环境保护、交通等现代城市管理需要的各个方面信息，而这需要管理机制和法规层面的保障。

3. 规划实施

第三轮区域规划提出了五个实施要点：第一是规划法规体系的保障，土地利用和开发控制规划应该直接作用于本轮规划覆盖的区域38% 的土地上；第二是对既有的城市层面的规划进行适度调整，尤其是在涉及规划的新中心和郊区发展中心的情况下；第三是首先实施区域交通、新中心和郊区中心建设，作为重点项目给予优先权；第四是通过邦政府层面协调土地、资金和税收等重要相关问题；第五是建立区域发展基金和城市更新专门委员会。

初步估算，第三轮区域规划涉及的建设内容需要建设资金 180 亿美金，尚不计港口、机场和市域范围轨道交通网络建设费用。

4　未来发展的机遇与挑战

4.1　马哈拉施特拉邦的机遇与挑战

马哈拉施特拉邦被认为是印度最具有城市发展理念的一个邦，整个邦在今后的城市化进程中将面临以下机遇与挑战。

由于在硬件和软件方面的基础条件都比较好，马哈拉施特拉邦具有一些有利条件或发展机遇——拥有良好的民主政体机制，且城市具有比较完善的市政服务体系；相关城市机构具有合作联系；城市管理法规相对完善（包括城市规划）；市民具有理解城市规划和开发问题的能力；各种专业协会组织参与和宣传相关的规划、项目和重要规划议题；通过法律程序解决城市开发问题的方式比较成熟和普遍。而其主要难度和挑战也十分明显：该邦已有住房政策，但缺乏相应的土地利用和城市化政策；邦的发展仍过于依赖孟买市；现有法规对用地性质改变缺乏有效管理；完全依赖市场带来区域经济高风险、贫困人口问题日益严重和必要的产业被排挤等严峻问题；一些公共部门没有发挥应有的作用等。

4.2 孟买大都市区域的机遇与挑战

上述马哈拉施特拉邦的情况在孟买大都市区域同样存在，而且还有一些区域独有的机遇和挑战问题需要特别考虑。

在优势和机遇方面，孟买大都市区域既有历史古城，也有新兴城镇，为今后发展提供了丰富多元的城市基础。这一区域内的历史城镇数量众多。纳拉索帕拉是今天的瓦塞维拉尔市（Vasai Virar）的一个部分，公元前那里就是一个港口和国际贸易小镇；约有 18 万人口的本韦尔（Panvel）则是印度现存的最古老的城市之一；另外，卡延（Kalyan）与安巴尔纳斯（Ambernath）也都是具有悠久历史的城市。孟买新城则是 1970 年才建立起来的崭新城市，目前人口已达 180 万，而且根据全国性的产业规划文件，今后还将在那里修建一座全新的港口——加瓦拉尔·尼赫鲁港（Jawahalal Nehru Port）。孟买大都市区域内的地方政府比较完备，在印度处于领先水平，地方政府发挥着该级别应有的职能，包括提供教育、医疗、道路设施建设、公共卫生事业、供水与市政交通等。孟买市政府还负责电力的供应。为了公共利益，跨市的合作项目也时有发生，如在供水与道路设施建设等方面，因此，该区域内行政机构之间具有健康的跨市合作传统。

不利因素和挑战也有很多，主要体现在以下方面：①整个区域处于全面再开发状态，合理控制具有很大难度；②新增城市化用地并未考虑现状下合法或非法使用该地的人口；③大量的贫民窟、破旧建筑与违章建筑是普遍问题；④保障性住宅、公共住宅和职工住宅的建设远远滞后于实际需求；⑤以增加用地和容量刺激开发，往往是以牺牲城市公共设施和公共空间为代价；⑥对开发项目进行控制的法规数量众多而繁杂，影响管理效率和实际作用；⑦现行用地类性质更改许可条例带来民间私自改变土地性质的情况，对基础设施的规划造成障碍；⑧自然资源保护力度不足，有待更合理的开发与维护模式；⑨亟待政府对住宅进行直接干预；⑩亟待引导制造业与就业岗位回流至该区域；⑪管理部门之间的协调机制亟待提升；⑫与孟买大都市区域以外的周边地区需要一定程度的对接，适当推广本区域的合理模式。

参考书目 Bibliography

[1] MEHROTRA R. Mumbai: Planning Challenges for the Compact City [EB/OL]. (2016-03-12)[2017-01-12]. https://www.lafargeholcim-foundation.org/symposium/mumbai-2013/workshops/green-workshop-compact-city-sustainable-or-just-sustaining-econ.

[2] MEHROTRA R. Negotiating the Static and Kinetic Cities [M] // HUYSSEN A. Other Cities, Other Worlds, Urban Imaginaries in a Globalizing Age. Durham and London: Duke University Press, 2008.

[3] Mumbai Metropolitan Regional Development Authority. The Regional Plan 2016-36[EB/OL]. (2016-11-01)[2017-01-12]. https://mmrda.maharashtra.gov.in/regional-plan.

[4] PACIONE M. City Profile: Mumbai[J]. Cities: The International Journal of Urban Policy and Planning, 2006, 23 (3): 229-238.

[5] Urban Age India. Integrated City Making: Governance, Planning and Transport [R]. London: London School of Economics and Political Science, 2008.

点评

孟买和上海具有很强的可比性。这两座城市的人口规模、空间规模相似，都是自己国家最大的城市，都因港而兴，最终成为本国最重要的港口城市和经济中心城市。两座城市也都因一段西方殖民历史而成为本国最早步入现代化，也最具国际化的城市。

与上海一个世纪的租界历史相比，孟买的殖民地历史要长得多。孟买自1534年被割让给葡萄牙（1661年转属英国）直到印度独立，经历了四百多年的殖民地历史。这使得孟买所受到的欧洲文化影响十分久远。因而在印度，孟买总是被视为最欧化的城市。正如在中国，上海总是被视为中国最西化的城市。

印度长期实行计划经济，1990年代开始弱化计划经济的改革，莫迪总理上台后试图推行更为市场化的经济体制改革，但仍然阻力重重。在这种经济体制下城市规划的作用始终被放在相当重要的位置。孟买同样也是一个非常注重总体规划的城市（大都市区域）。为统一协调区域内的建设发展，孟买成立了大都市区域发展局，统筹大都市区域内的规划建设。在大都市区域发展局的主持下，分别于1970年代和1990年代制定了两轮大都市区域总体规划（相当于上海市域总体规划）。2009年，孟买更是成立了规划委员会，进一步加强城市规划在城市发展中的主导作用。在孟买规划委员会的主持下，孟买几乎与上海同时启动了新一轮城市总体规划，即上海2016—2035年总体规划和孟买大都市区域2016—2036年空间规划。2016年，两个城市又几乎同时向公众公示新一轮规划草案，并由此引发市民对规划的广泛关注。

孟买和上海在近几十年的发展历程中同样面临着快速城市化背景下城市人口猛增的压力，因而同两轮上海总体规划一以贯之地推动城市空间的多核多中心发展一样，孟买近两轮规划也始终力图推动城市的多核多中心发展，特别是新城发展和孟买周边原有历史小城镇的新发展。

但与上海规划中更多强调雄心勃勃的发展愿景不同，孟买的规划中似乎更加实事求是地研究城市下一阶段面临并亟待解决的实际问题，如住房问题、交通问题和基础设施建设问题等。我们有理由相信孟买的规划是一个更易被实施的规划。

孟买的两轮规划都十分强调历史保护区和自然保护区的划定，这一点非常值得我们学习。我记得早在1980年代上海尚未进入城市建设快车道的时候，孟买就已经建立了相当完善和严格的历史建筑与历史城区保护机制。当上海已经损失了不少宝贵历史遗存后才开始启动历史建筑与历史文化风貌区保护时，孟买主动保留下来的历史遗存要比上海多得多。同样的，孟买早在前两轮规划中就划定了生态敏感区并严格控制区内的建设。即便今天孟买面临着与上海相同的发展压力，孟买大都市区的城市建设用地也一直控制在总面积的三分之一左右，而完全未开发的绿地和湿地也差不多占全部土地面积的三分之一左右，始终保持着上海上一轮规划中设想的、今天已完全不可能实现的"三个三分之一"（即建设用地、生态用地和农业用地各占三分之一）。孟买的中心城区虽然有着全世界最高的人口密度，但也仍然保留着四分之一的城区为国家公园，几乎完全为森林覆盖。孟买从未为降低人口密度而动占用国家公园的脑筋。想想上海上一轮规划中预留的"绿带"和"楔形绿地"几乎全部为大型居住社区或其他房地产开发所占，规划中的绿地所剩无几，真是令人汗颜。希望这一轮规划中所划定的生态红线能真正守牢，规划的郊野公园都能真正实现，上海的森林覆盖率（注意，不是绿地率）能够不断提高，若城区中规划规定的每一寸绿地都不再被以任何冠冕堂皇的理由取消，则上海幸哉！

当然，上海也有相当多的方面令孟买羡慕。不说遍地的现代化高楼大厦（孟买大概也是印度高楼大厦最多的城市，但其数量和质量都无法与上海同日而语），单是上海四通八达的地下轨道网、国际一流建设水平的高速公路和大桥就足够让孟买的朋友们羡慕甚至嫉妒。孟买2014年开通了第一条地铁线，全长11.4km，大约是同期上海地铁里程的五十分之一。按照规划，2020年孟买将总共开通三条轨交线，总里程将达85.5km，即便真能实现，届时也只有上海轨交总里程的十分之一。

与上海相比，另一个令孟买头疼的问题是贫民窟。孟买有差不多40%的居民生活在贫民窟中。位于孟买市中心地带的塔拉维贫民窟，总面积约2.4km²，却有着约100万人生活其中！好莱坞电影《贫民窟里的百万富翁》就是以此为故事发生的地点而拍摄的。这样的贫民窟要想得到彻底改造，绝不是一朝一夕能够完成的。整个孟买的建筑有80%为非正规建造甚至违法建造。另外，孟买还有20%的人口生活在长期失修的破旧老建筑里。整个孟买只有不到40%的人居住在正规住宅里。预计到2036年住宅缺口达440万个以上的居住单元。这是一笔何时才能还清的欠账？

还有另一个困难是大都市区域范围内各行政实体之间的利益协调与管理协调问题。孟买是全世界人口密度最高的城市，其面积为437km²，生活着1 240万人，人口密度高达2.84万人／km²；若再除去占市区四分之一面积的国家公园，人口密度则达近4万人／km²！因此孟买的发展与空间环境品质的改善只能依赖于向整个大都市区域疏散。而大都市区域内17个各自独立的城市行政实体和1 000多个互不隶属的村庄，它们之间的协调单靠一个大都市区域发展局来统筹，其难度远不是上海各区间各自为政的状况所能比拟的！

同上海人一样，孟买人也有建设伟大城市的梦想。我们期待着孟买人最终实现这一伟大梦想。

伍江

首尔

[韩国] 金度年 著
金度年，韩国成均馆大学教授，韩国成均馆大学精明绿色城市研究中心主任

沙永杰 [韩国] 曹淳铉 译
沙永杰，同济大学建筑与城市规划学院教授
曹淳铉，SPC集团北京事业部SI首席总监

SEOUL

首尔: 转变飞速量化的成长模式, 培育新价值观的城市进化
Seoul: Healing Compressed Development, Fostering New Value and Evolution for the Future

本文从首尔经济和城市开发的飞速量化成长过程中未预测到的后果为切入点, 阐述首尔城市发展思路、举措和城市更新模式的转变过程, 并深刻分析这个目前仍在进行的过程中不断成熟的城市新价值观。

This essay shows the on-going process of transformation of Seoul's development paradigm from the quantitative growth period to present, introduces key impact events and factors, influential urban projects and actions taken place, and further analyses in-depth the new value which guides Seoul on city forming.

14

首尔: 转变飞速量化的成长模式, 培育新价值观的城市进化
Seoul: Healing Compressed Development, Fostering New Value and Evolution for the Future

1 引言

当前, 现代城市面临着巨大的变化。一些学者把这种变化定义为继农业革命、城市革命和产业革命以来的信息革命。这些变化对城市有怎样的影响? 我们应该采取何种对策? 这是需要我们深刻考虑的重大问题。

我们从漫长的城市发展演变历史中可以看出, 以往影响城市形成和发展的力量主要来自权力阶层, 比专业人员在建筑或城市建设具体实施中的影响作用强大很多, 在很大程度上主导了城市发展的方向。信息时代的信息大众化增加了大众直接参与城市发展的可能性, 城市发展的方向性决策环节将迎来更透明、更合理的方式。同时, 全球范围内环境保护思想和可持续发展理念的普及也促使各个城市发展方向和发展模式的转变。基于这种转变的大背景, 本文分析了当前首尔城市发展模式正在发生的转变。

作为韩国首都的首尔, 历史超过六百年, 而今天作为现代化大都市的首尔, 则是 1960 年代至 1980 年代末三十年间飞速成长的结果 (图 14-1)。尤其是在 1980 年代, 与江北地区几乎相当面积的江南新城区全面开发建成, 城市建成区迅速扩大, 人口增加了 5 倍以上。为什么会发生这样的现象? 这种飞速成长遗留下来的影响是什么? 要正确理解今天的城市状况, 理解今天正在发生的变化 (内部和外部的) 对城市规划和设计的关联性和重要性, 就必须反思这些最根本的问题。

1960 年代至 1990 年代是韩国城市发展的"量化成长时代", 也可以说是城市的"硬件成长时代"。朝鲜战争 (1950—1953) 导致韩国物质匮乏和经济荒废, 为了摆脱困境, 韩国政府在以首尔为中心的地区实施出口产业策略。以开发和加工产业为主的量化成长给国家和国民都带来财富, 这无疑在经济方面是成功的, 但这种产业政策也带来几项未曾预料到的结果: 首先, 农村人口迅速向城市移动, 引发严峻的城市住房问题。其次, 因为绝大部分的国家机构和重要功能区域集中在首尔, 90% 以上的国有和民间企业把总部设在首尔, 形成国家资源和财富集聚的状态。为承载大量城市人口并提供商业和办公空间, 首尔不得不迅速进行江南地区的大规模开发 (图 14-2)。再次, 最严重的问题是由于人口和经济活动密集引起的环境污染, 这一时期首尔地区的空气和水质受污染的程度达到全球最恶劣的状况, 而当时政府方面则认为在国家经济发展和城市扩张成长过程中, 一定程度的环境恶化是不可避免的代价。

图 14-1
今天的首尔，传统、现代与自然相融合的城市
形象

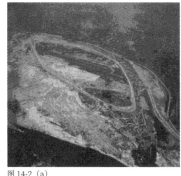

图 14-2
汝矣岛的演变：（a）1960 年代的汝矣岛和汉江；
（b）为 2010 年的汝矣岛金融区与汉江

图 14-2（a）   图 14-2（b）

　　政府主导的飞速量化成长激发了国家和国民的自豪感，为了向世界市场营销韩国及其首都首尔，首尔进入在世界舞台上进行大型"招商"活动的量化成长的鼎盛时期，最具代表性的是 1988 年首尔奥运会和 2002 年世界杯。首尔在筹备这两项重大事件的过程中，在城市建设发展思路上有了质的提升，从以前将城市看作承载国家经济"量化发展"的物质性基地（其重要作用在于为国家经济产业发展提供完备的基础设施和大量住宅），转向助推国家走向国际舞台和提升国家影响力的重要手段。这种思路上的转变成为首尔转型并向新的文化、新的城市形象不断演进的强大推力。

2　城市转型的背景：飞速量化发展达到顶峰

2.1　举办奥运会：改善国家形象和变身为现代化国际城市

　　作为一项国际性大型活动，举办奥运会除了为国际社会作贡献的意义，对城市而言，也是全方位实现城市形象提升最有效的手段，可以带动整个城市系统性进化。以往举办过奥运会的城市都在筹备和举办这一重大活动的过程中，在有形和无形方面发生了重要改变，对城市之后的发展方向产生很大影响。可以说，奥运会具有促进城市进化和创造新价值观的触媒作用，在一座城市的发展进程中是虽短暂但极其重要的一个历史片段。

1980 年代的韩国在国家主导的产业出口和城市大规模开发政策实施下,实现了空前绝后的飞速经济成长。在这段年经济增长率高达 12% 的飞速量化成长过程中,铲车和塔吊遍布在首尔这座具有六个世纪历史的首都城市的各个角落,大量新建筑似乎都在一夜之间建成。

1980 年代初首尔申办奥运会的目的是,通过举办这样重大的国际活动使韩国和首尔从旧时代的阴影中彻底走出来,变身为现代化国际城市。但在当时条件下,要在首尔全域创造现代化城市面貌,时间上和经济条件都不可能。为了最大限度地实现最初申办时的目标,政府采取筛选项目和集中建设的方针,一方面保障竞赛场馆等必须建设的项目,确保成功举办奥运会所需的各种必要设施;另一方面集中国家财力进行提升首尔城市功能和城市战略营销方面的一些关联性项目。

汉江综合开发项目就是首尔为举办奥运会进行的关联性项目之一。这个项目的名称体现了城市的愿望——借举办奥运会的契机,对贯穿城市全域的汉江沿岸进行综合治理和开发。汉江频繁泛滥,每次泛滥势必使沿江地区大面积受灾,而且沿江用地因未经妥善规划和建设的排水管线系统而十分混乱,污染严重。此外,首尔迫切需要优化位于城市西面的机场与位于城市东面的大部分奥运会竞赛场所之间的交通联系(而两个点之间的联系就是汉江)。在此情况下,为了统筹解决这些城市问题提出了汉江综合项目。在筹备期的六年间,为了使汉江河床和河岸标高统一,总长度达 36km 的河道被重新整理和回填,并在施工过程中全部重新敷设位于河床或河岸的通信线缆、燃气管道、自来水管等城市设施。为了保持统一水位修建多个水坝,并沿河道修建完善的河岸堤坝,并在堤坝旁设置统一排水管,集中回收(江水)到城市的污水处理厂。该项目的另一重要内容是建设了今天首尔已不可或缺的沿江城市高速公路(在今天的首尔城市交通网络中,它也是一条尚无法取消或替代的、重要的交通要道)。在改造后的堤岸和高速公路之间的平地为市民建设了社区娱乐设施和植被覆盖的公园,并相继建成自行车道、足球场、游泳池及其他公共设施,汉江沿岸面貌彻底改变。如果没有奥运会这样重大事件的契机,汉江综合开发项目根本不可能实施,因此这可以看作是首尔发展进程中里程碑式的城市更新项目。但是随着社会发展和人们对城市环境观念的变化,当时建设的高速公路在今天因为使得市民难以接近汉江和破坏沿江动植物生态系统而被指责。当时为了改善城市面貌和环境品质的举措,在今天却更多地体现出对城市的负面影响,这是当初始料未及的。

2.2 大拆大建和城市脉络的改变

筹备汉城奥运会期间,首尔处在改造传统城市中心区和建设新的城市中心区的发展阶段。1970 年代后期,韩国中央政府和首尔市政府推进城市扩张政策,也就是越过汉江向江南地区扩张。为了迅速推进该政策,需要为江南开发创造相对优越的条件和政策支持,于是对江北传统城市中心区的建筑及规划法规设定比较严格,使江北改造更加困难而失去了很多过去拥有的优势和亮点,大部分学校和医院等因不

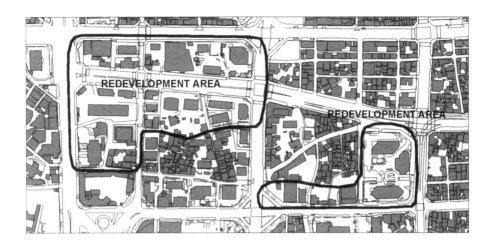

图 14-3
传统城市中心区的再开发地段与传统城市肌理存
在显著冲突

便扩建和改造而搬到江南地区。总之，江北的各项法规和制度加剧了
南北之间的差距。

但是，举办奥运会使情况发生了改变。政府放松了对江北地区建
筑高度等方面的各种法规控制，并给经济界施加压力，迫使他们积极
投入城市改造开发。在筹备的几年里，首尔传统城区内有 95 个地段
重建。依靠 1980 年代韩国很好的经济发展情况和国际方面的"三低"
条件 (低油价、低国际利率和低生产成本)，首尔江北传统城区的改造
更新得以快速进行 (图 14-3)。改造的结果是，首尔传统中心区牺牲了
一批颇有魅力的街巷和传统特色的小店铺等历史街区和文化遗迹，变
身为整洁、高效，具有国际业务功能的商务地区，呈现出现代化城市
的气息。

首尔大量投资于城市基础设施，大大促成了首尔的城市现代化。
首尔在控制复杂物流方面的经验提高了城市管理和运行的能力。在奥
运会结束时，首尔变得比以前更加干净、有序，并且增加了大量工作岗位。

今天看来，在推进这类大规模的城市改造过程中，根本没有来得
及考虑的问题是自己的价值，或者说是首尔自身的特殊性问题，而只
将奥运会视为走向现代化的一个手段或步骤。这对于拥有六百年历史
的首尔，并不能说是完全把握和利用了这次机会。

由于受当时的时间和经济能力的限制，只能更注重结果而非过程，
这种情况使得圆满结束奥运会的首尔迎来各种后续问题和挑战。所谓
以结果为目标的城市改造开发，把构成传统城市脉络的小街巷、数十
个地块和传统建筑整合起来建成一栋象征现代化的高楼大厦，将存在
了数百年的街道扩建成宽阔的机动车车道，首尔人熟悉和亲历过的大
小河流被填平，改造成机动车车道，记忆中与生活密切相关的汉江的
白沙滩和渡口消失了……

3　反省、转变与重要城市举措

3.1　产业和意识的转变

首尔再一次面临巨大的转变——产业结构由制造业快速向信息技
术产业转移。与产业转变同时发生的是市民意识的变化和对首尔精神

的要求，关心城市环境和生活品质成为市民意识中的主要内容。大众参与制度和地方自治制度的实施促成了市民意识和市民参与的大幅度提升。尤其是经历亚洲金融危机后，政府和民众都强烈意识到不可能继续延续量化增长的城市发展模式，城市发展的转型势在必行。而这种产业和意识的转变也促使政府和民众在文明和文化层面重新认识城市的价值，即为了下一代的将来而必须确立这一代人的责任和义务。

由此，首尔城市管理政策发生改变，着眼于追求更优质的环境和更高的生活质量，进入为可持续发展的城市未来做充分准备的时期。首尔从此告别大拆大建的工地和制造业黑烟，朝向人与自然共处、传统与历史得以保护的文化城市方向转变。这种模式转变不仅是首尔内在因素所致，也是全球化发展趋势的外力作用结果。

最初的变化是从大众参与和地方自治制度的实施体现出来的，后者体现得更突出。选举首尔市长等地方自治政策导致城市决策层对地方民众的要求十分敏感，而对中央政府的政策反应相对迟缓。首尔和其他韩国城市的这种内在变化不是偶然性的，而是从全球化经济格局变化带来的教训中学到的。韩国在此前的量化增长阶段并未意识到大规模产品生产模式在新经济格局下对韩国的危险性，韩国企业和政府政策均没有正确回应这种变化，导致 1997 年的经济危机。经济危机让韩国政府和人民深刻理解到经济发展需要新模式。其次，随着国家经济结构的变化，普通市民开始关注社会问题和环境问题，在西方国家热门的"可持续发展"和"福利"理念也成为韩国民众普遍关注的问题。此外，全球城市之间的竞争日益激烈，必须回应市民对生活质量的要求。对此，首尔采取了积极推进环保型城市发展和提高福利的城市政策，意图将首尔打造成具有全球竞争力和吸引力的城市，而发展数字产业和信息产业是符合环境保护和提高大众福利的合理选择。首尔这种变化是国际、国内影响因素综合作用的结果，体现了环境可持续性和经济可持续性的综合要求（图 14-4）。

能代表首尔这种变化的有两个代表性项目：一是首尔传统城市中心区的清溪川复原项目；二是由垃圾填埋场地改造成的世界杯公园和数字媒体城开发项目。两个项目都是政府主导的，体现了城市建设和管理思路的转变。除了其核心功能外，二者都将重点放在环境和文化上，支持历史环境和文化，将过去重视机动车为主改为重视步行街的规划设计，体现出注重城市品质和"软件"的新理念。此外，首尔在城市规划管理和城市更新项目方面也有一系列的新举措，促进城市发展的转型。

3.2 清溪川复原项目

清溪川（Cheonggyecheon）复原项目于 2005 年 10 月竣工。该项目拆除首尔传统城市中心区一条机动车高架快速通道，还"灰色"城市一个清澈的水源和绿地公共空间，展现了以人为本的环境保护为重的城市面貌。被机动车逼到路边的行人重新回归街道和公共空间，给城市带来多样的城市文化和活力（图 14-5）。

图 14-4
2007 年首尔传统城市中心区复兴计划总体示意图（局部）

　　清溪川在首尔历史上是一条非常重要的河流，东西横贯传统城市范围，是首尔排洪的重要水道。过去它是城中妇女们洗衣服、孩子们玩耍的交往游戏场所，也是市民的生活和文化空间，但在量化快速发展时代出现了严重环境污染问题，并与解决城市交通问题存在矛盾。在以量化成长和经济效率为唯一价值的开发时代，城市采取了填满河道这个既简单又容易实施的处理问题方式，清溪川于是消失在人们的视野中，改道地下。

　　在世纪之交的时候，受到全球范围内不断高涨的对环境和对文化价值的关注，被遗忘的清溪川重新受到首尔的关注。最初关于清溪川是否要复原的问题有很大争议，关于周边地区的交通问题、沿线大量商铺搬迁问题、生态复原问题等来自各个方面的争议不断。实施的清溪川项目并不只是河道恢复，而是以城市生态、交通、历史和文化的复原为综合的核心内容。项目从开始到成功完工历时两年。

　　清溪川复原项目将高速公路从城市中心区拆除，恢复被遗忘的城市特色和空间，很显然带来城市中心的生命力和活力，大大缓解首尔传统中心区公共休闲空间的不足，产生多种联动的积极影响效果。城市功能和品质提升的势头也以清溪川为中心线向沿岸两侧扩展，大大提高了江北中心城区的竞争力。而且这个跨越多个首尔历史发展时段的城市空间也激发市民在这里积极开展和参与多彩的城市文化活动，清溪川成为城市中心区市民的舞台，为传统城市中心的复兴作出巨大贡献。

图 14-5 (a)

图 14-5 (b)

图 14-5 (c)

图 14-5 (d)

图 14-5
清溪川复原项目：(a) 复原前的清溪川高架快速路；(b) 复原后位于江北中心区的清溪川起点区域和周边的办公楼；(c) 作为市民日常公共空间的清溪川；(d) 位于中心区具有自然景观特征的一段

3.3 上岩数字媒体城和兰芝岛世界杯公园

上岩数字媒体城 (Digital Media City, DMC) 是中长期大规模综合开发项目，将城市中一处大家想要回避和遗忘的地区建设成生态、文化和数字化产业结合的新城市区域，重新还给市民。这个项目预示着首尔新城市发展模式的开始。

上岩数字媒体城总规模约 57hm²，位于首尔西部城市门户区域。这个大型开发是 1998 年首尔千禧新城市构想、首尔副城市中心以及未来城市实验等战略构想的内容，在实施过程中细化为世界杯公园 (竞赛主场地和周边公园)、环保住宅小区 (Eco Village)、数字媒体城等具体开发项目 (图 14-6—图 14-8)。位于上岩地区中心位置的数字媒体城项目于 2015 年竣工，其中核心建设项目——高端数字媒体娱乐区域正在紧张实施之中。

该项目的价值在于它不是单纯的城市开发，而是治疗以往城市发展过程中留下的"伤痕"。上岩地区的兰芝岛从 1978 年到 1993 年十五年间一直是首尔垃圾的填埋地，形成一座高 95m，长 2km 的垃圾山。这块被遗弃的、巨大的不毛之地经过治理如今焕然一新，成为所有市民都喜爱的环保生态公园。对"山体"内部积聚的气体进行处理产生的燃气用于旁边世界杯竞技场和上岩住房开发区的供热，这是首尔走向绿色环保城市的标志性项目。

图 14-6（a）

图 14-6（b）

图 14-8

图 14-6
上岩数字媒体城和兰芝岛世界杯公园区域改造前
后对比：(a) 垃圾山和周边被遗弃的用地（1997）；
(b) 变成城市绿化景观场所和高端产业区（2010）

图 14-7
上岩数字媒体城和兰芝岛世界杯公园区域规划设
计总体示意图

图 14-8
由垃圾山改造成的城市公园，摄于 2007 年 11 月

图 14-7

DMC 项目不同于一般住宅或商业开发项目的另一点在于，这个项目是城市开发和产业革新的综合实验示范，突显出首尔新城市中心开发、数码产业升级发展及经济开发整合的特点。DMC 集中了高端 IT 技术和人力资源以及数码文化娱乐产业领域的力量，形成一个拥有两万多名工作人员，主要从事广播制作、IT 研发以及数码文化产品生产为一体的、具有环境生态特色的高端产业区域，将是首尔城市经济未来成长的动力点，并将为首尔在 21 世纪参与信息产业的全球竞争提供一个很好的基地。

3.4 从孤立的开发项目到创造相通相连的城市场所

除大型城市开发和复原项月外，首尔还经历了城市公共空间范式的变化。在快速发展时期，为了营造现代化面貌，在首尔传统中心区以建设若干标志性建筑为目标的大批高层建筑项目都是以自我为中心，城市公共环境的"场所感"与建筑物之间的关联被消解了。这种以单体大型建筑为中心的拆除重建模式，虽然很容易地就改变连一个城市区域的形象，但新建筑物很难与周边地区和谐有机地衔接。建筑内部空间，尤其大型建筑底层的公共部位往往由于退界或需要封闭等情况与街道形成隔离的状态，因此新建筑无法与周边城市环境相互融合渗透，与城市所需要的完整的街道空间，以及街道与建筑相通相连的场所关系相距很大。而当时的建筑设计也只注重建筑自身，并没有意识到与城市空间的联系和互动。

经过对上述问题的反思，1990 年代开始，首尔采用塑造人性化城市空间的城市设计概念，对街道等城市公共空间进行以人为本的整治和修复，开始出现很多漂亮的步行街（图 14-9）。其中一些是自发产生的转变，但有相当一部分是对量化快速成长时期开发项目遗留的城市空间的"断点"等显著问题进行修复的结果。

图 14-9（a）

图 14-9（b）

图 14-11（a）

图 14-11（b）

图 14-9
老游洞（Royou-dong）区域街道改造实施前后的变化：(a) 改造前缺乏步行路人的典型街道景观（1999）；(b) 综合改造后的街道景观，这也是今天首尔中心区大多数街道具有步行化特点的典型例子（2000）

图 14-10
首尔广场的变化：(a) 改造前以机动车交通为主的广场布局；(b) 改造后的广场布局

图 14-11
首尔广场成为市民使用频繁的城市公共场所：(a) 市民活动和演出场地（2007 年 11 月）；(b) 在广场举办农产品展销会的场景，背景为首尔市政府办公楼，老建筑为日本占领时代建造的市政府，新的玻璃体建筑是最近扩建的新楼（2012 年 9 月）

图 14-10（a）

图 14-10（b）

通过一系列努力，城市管理部门和市民都认识到"城市的活力源自街道"这一基本事实。认识到将构成街道景观的所有元素合理整合起来的时候，城市会变得漂亮，人们就会在户外活动，街道就会变得有生气，也会带来商业机制和生活的便利。首尔在街道整治工作中特别注重人行范围内的城市空间——也就是建筑界面、建筑物一楼、私人用地上的临街开放空间（privately owned public space）以及与街道合理整合成（integrated）的小尺度环境。通过对这些街道小尺度环境进行优化，首尔出现了大批值得逛、适宜休闲和打发时间的街道。首尔通过在城市中心区推行街道环境改善的城市设计导则，形成私有空间与城市公共环境相融相通的效果，业主和市民都满意并获益，城市环境和形象大大改善。

3.5 由机动车为主转变为步行为主

首尔这一变化趋势最具代表性的例子是首尔市政府大楼前广场的变化。这个广场从过去的完全为机动车提供道路和停车场的功能转变为市民广场（图 14-10，图 14-11）。

首尔在飞速发展时期机动车数量暴增，为了保持机动车交通顺畅，城市不断扩建道路，但对于首尔的人口规模而言，这种做法无疑是不可持续的。首尔市管理部门和市民近几年来越来越认识到"极限"的问题，从而出现了在交通模式上的转变。这个转变最明显的起点是在1997 年《步行权和步行环境改善基本条例》和 1998 年《步行环境基本规范》颁布之后。这个转变体现了市民对城市文化价值和对"人"的尊重，首尔实施了一系列"创建步行化城市"的城市改造举措，意图是将城市空间的主角重新定位为人，而不是汽车和机动车交通。首尔广场（2004 年，通过网络公开征集方式由市民对首尔市政府大楼前的原交通场地进行命名）项目的实质是将城市空间还给市民，项目实施深受好评。

最初讨论首尔广场项目时，有很多人认为可以通过交通控制手段控制穿越广场的车流（在城市进行大规模活动时），反对改为步行广场，担心邻近的清溪川复原项目实施后（减去了一条城市快速路）会导致交通状况更加恶化；也有人担心首尔冬季寒冷这样的场地可能会被市民遗忘，争议很大。但这些顾虑随着项目实施后，在步行优化、以人为本和公共空间市民化所带来的崭新的城市氛围之中烟消云散。

首尔广场面积为 13 207m²，由草坪和花岗石硬铺地两种"材料"构成，面积各半，完全开敞，与围绕广场的公共设施、历史资源和商务空间相连相通，设计意图是为市民提供完全开放的空间。这个场地是 1897 年高宗皇帝开辟的民意广场，历经日本战略时期建成市政厅大楼，广场变为交通场地，至 2004 年 5 月又重新以城市开放空间形式重新回归市民。因此，这个项目对于首尔市民意义十分深刻。今天首尔广场成为各种不受季节和时间限制的市民活动和文化交流的场所。

3.6 尊重城市环境和城市复兴

首尔过去受速度和效率价值观影响的大拆大建的城市发展模式正在转向尊重自然环境、历史文化和城市脉络，追求城市复兴的新模式。在大规模拆除后形成的"新画布"上描绘全新景象的价值观被尊重城市历史、文化、生活和环境的价值观取代，这种价值观推动首尔走向城市复兴。

2000 年的《城市中心地区管理基本计划》和 2004 年的《城市中心地区发展计划》等法规对首尔传统城市中心区保护更新和管理提出了严格的要求，确立了均衡历史文化价值和经济价值，尊重环境和人的生活的基本准则。

通过传统城市中心区的街坊和地块的详细调查，提出必须保留、保护的街坊和新开发项目必需严格遵守的规范。为了保护历史城区的结构和基本城市肌理，2010 年出台了《城市环境整治基本导则》详细技术要求，针对历史街巷、水系和地块尺度等主要要素提出管理导则和标准。2011 年开始将城市历史建筑保护范围由原来关注重点历史遗迹扩展到首尔全域的历史肌理。

这些保护控制法规的第一个成果是在自 1990 年首尔引进保护性再开发理念二十多年后的 2012 年，仁寺洞（Insa-dong）地区出现了小地块定制型再开发项目（根据历史建筑和历史肌理原型有针对性设计开发的项目）。此外，公平润地区小地块定制型改建项目通过保持传统街巷和地块形式实现在城市中心区保留历史特征和地域特征的意图（图 14-12）。

尽管陆续推出一系列城市复兴政策和举措，但首尔在保护环境特色、保护小文化、延续历史价值等方面上仍存在很大困难。小地块定制型再开发政策历时二十年后才得以首次实现，就印证了困难的程度。这座城市还没有完全脱离持续了数十年的量化飞速开发的惯性，要理性和智慧地实现开发与保护的平衡，仍然要不断努力。

4　结语

从城市进化的角度分析，城市可以看作由"不可改变的"（发展和传承）和"必须改变的"（应对时代变迁的灵活性）两方面内容组成。作为人类生活的场所，城市的意义和永恒价值在于"不可改变的"部分，

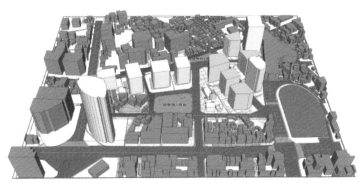

图 14-12（a）

图 14-12（b）

图 14-12
首尔公平洞地区原有拆除重建计划于修改后计划
的比较：（a）以往的计划；（b）小地块定制
型计划

而"必须改变的"是生活方式和生活需要的工具设施等，应符合文明的发展和时代的需求不断演进。以住宅建筑为例，建筑的意义和使用目的是恒定的，但建筑外观形状则可以表达不同时代的特征，有多种变化，内部设施也应不断进步发展。首尔积极追求的城市价值不仅仅是现代化，还应该追求作为一个宜居城市恒久不变的价值。如果一个城市"不可改变的"部分发生变化，"必须改变的"部分没有及时改变，或者向错误方向改变，城市进化原则和理念混乱，这样的城市不可能进化为好城市，甚至会被淘汰。人类历史上有很多重要城市最终"消失"的例子。首尔也曾忽视对其消失了的城市内容的价值、消失的缘由，以及引发的后果的深刻反省，其结果是导致"历史城市"首尔很多最有价值的内容被摧毁。由此看来，首尔奥运会一方面带来巨大的积极效应，同时也为这座城市带来难以治愈的副作用，将其不可改变的部分改变了。

我们必须考虑今天的我们和我们所在的城市是否走在正确的轨道上。首尔正通过研究其他城市的经验来探寻和确立自己的发展目标与模式，虽然解决了很多问题，仍有很多挑战需要面对。首尔将保持合理的城市发展价值观，为实现城市的价值，不断摸索、尝试和进化。

参考书目 Bibliography

[1] DONYUN KIM. Making Seoul Identifiable: A New Architectur-
al Paradigm for the 21st Century[C]. UIA Congress, Beijing,
China, 1999.

[2] 서울특별시. 서울 도시기본계획 2030[R]. 2011.
首尔特别市. 首尔城市基本规划2030[R]. 2011.

[3] 서울특별시. 서울 도심 재창조 프로젝트 마스터플[R]. 2007.
首尔特别市. 首尔城市中心区改造总体规划[R]. 2007.

[4] 서울특별시도시개발공사. 상암 디지털미디어시티(DMC) 실행전략
[R].2002.
首尔特别市城市开发公司. 上岩数字媒体城市（DMC）实施战略规划
[R]. 2002.

[5] 서울시정개발연구원. 상암(上岩) 밀레니엄 시티 기본계획[R]. 2000.
首尔城市发展研究院. 上岩千禧年城市基本规划[R]. 2000.

[6] 서울특별시. 서울 시가지 경관계획 지원을 위한 경관기본구상 및 기본설계
[R]. 2008.
首尔特别市. 首尔街道景观规划的基本构想与基本设计[R]. 2008.

[7] 김도년. 서울시 관수동(觀水洞) 도심블록의 10년간 도시형태 변화특성 분
석[J]. 서울시개발연구원: 서울도시연구, 2010, 11(2): 99-117.
金度年. 首尔市观水洞城市中心区域十年城市形态变化特征分析[J].
首尔市发展研究院: 首尔城市发展研究, 2010, 11（2）: 99-117.

点评

这篇文章清晰展示了首尔所面对的挑战，以及城市演变过程中在发展与传承、顺应趋势与变革等问题上的艰难抉择。要理解首尔的城市发展和巨大挑战，必须首先了解首尔人口增长和地理条件限制的现实。

与其他"亚洲三小龙"一样，首尔自 1960 年代起的城市发展主要是以工业化为动力，同时伴随着大规模人口流动。在过去五十年里，首尔人口的大幅增长速度快于香港、新加坡和台北。从 1960 年至 2010 年，首尔市域范围的人口从 245 万增长到 1 000 万，增幅达 4 倍。大首尔地区人口则达 2 000 万，几乎占韩国人口的一半。从地理条件看，当代首尔所在区域是丘陵地带（同韩国大部分地区一样），城市位于横亘汉江两岸的平坦区域，周围被山脉环绕。

这样的人口和地理状况给首尔城市发展带来一些困难。首先是城市扩张受到限制；其次是汉江南、北两岸城市开发的联系有困难；第三是与城市外围区域的联系困难；第四是必然的极端高密度人口。首尔是世界上人口密度最稠密的城市之一（超过 17 000 人／km²）。由此就不难理解金度年教授在文章中所分析的首尔发展面临的挑战。

除了引导首尔今后发展的大思路外，我想强调首尔的一些具体经验，对亚洲当前正处于城市化进程中的城市很有参考意义。在首尔江北的传统城区，尽管城市快速成长，拆除重建开发模式盛行，但一些位于新开发的高层建筑之间，具有人性化尺度、高密度、混合功能的老街区仍然十分成功。这些老街区是充满活力的社区，对不同社会背景的人都有吸引力。同样，在快速发展的背景下，首尔做到了将受保护的遗产建筑、小尺度的老房子和大规模的新建筑和谐共处，相得益彰，而且在功能布局上十分灵活，能有充分潜力满足当代城市的各种使用需

要，这大大促成了城市的活力和效率。还有，首尔对一些特定区域（如仁寺洞）进行规划控制，实行保护并允许进行小规模的更新项目，通过保护和更新并举促进这些文化特色区域的合理发展，保存和强化该区域的特征和场所感。

王才强

首尔是一个值得研究的城市。这个东亚地区最大的城市之一，其历史、文化和中国的关系是如此密切，城市化进程也与中国城市有如此多的相似性，离中国又是如此之近，应该得到中国城市研究和城市规划领域的足够关注。

首尔（市区）面积 600km²，1 000 万人口，与上海中心城区相仿。如果将首尔都市圈算上，人口超过 2 000 万，面积则超过 10 000km²，与上海也有很强的可比性。但其人口膨胀主要发生在 1960 年代到 1990 年代，比上海早了二十年。首尔与其城市膨胀相应的城市规划和开发始于 1970 年代，以江南地区的兴起为标志，二十年后上海浦东新区成为上海的"江南"。

今天，快速的经济增长已经降速，城市人口膨胀也已停止，首尔江南三十年前的耀眼早已被后来的上海浦东所取代。如何保持城市经济的持续增长？如何激发城市的持续活力？如何保证首尔能朝着规划既定的"世界一流城市"目标前进？改变经济增长方式、推动文化兴市战略、注重市民公共生活、强调城市自然生态，成为当下首尔城市发展最重要的主题。

与很多亚洲发展中国家的城市化进程相比，韩国政治体制中强势政府的优势得到更好的体现。在城市快速膨胀的年代，首尔坚持规划的先导和调控

作用。1970 年韩国及时颁布了城市规划法，确立了规划在城市发展中的作用。强势政府使强势规划成为可能。

在城市面临转型的今天，韩国社会的民主化进程也在不断加快。政府的强势地位逐渐减弱，规划的强势作用面临挑战。与中国政府的全方位管理意识不同，首尔市政府在城市发展中的作用越来越多地集中在重要建设项目的推动上。这使得政府推动规划实施的作用更多体现在引导而非全面参与。政府的角色更多是教练员和裁判员而非运动员。这一点值得我们深思。我们的强势政府管理和强势规划是否也将面临转型呢？

首尔近年最引世人瞩目的建设项目是清溪川改造。这是一个得到全世界赞誉的工程。早期的粗放工业化和大量底层劳动力的集聚，使清溪川这条曾经的清水河变成臭水沟，快速的经济增长和机动化交通压力使一条曾经的清溪不得不被覆上盖板，其上建成一条川流不息的高架快速路。然而不到半个世纪，首尔人决定拆除高架路，掀开河道上的盖板，让清溪川重见天日。于是，首尔人少了一条拥堵不堪的高架路，多了一片绿水交融的好公园。城市终究是人的城市，城市终究为人的需要而存在。令人感到自豪的是，距清溪川改造工程完成不到五年，上海外滩改造工程完工。几乎一模一样的逻辑，更大的规模，我们的城市都在从工具理性走向人文理性。另一个值得关注的建设项目是与清溪川改造交相辉映、殊途同归的上岩数字媒体城和世界杯公园。一个往日的垃圾填埋场，居然摇身一变而成为市民休闲的绝好去处，城市创意产业的现代基地。

当我们看到韩国人创下现代汽车遍布世界、三星与苹果手机平分天下的辉煌，并为之赞叹不已的时候，是否想到我们城市的经济社会成功转型与国家的国际竞争力、与中华文化复兴之间的关系呢？

首尔另一个有趣的城市现象是江南与江北的差别，正如上海浦东与浦西的差别。一如浦西那让人流连忘返的小街小巷，首尔江北的传统城市空间肌理依然保持着历史记忆中的模样；但与上海浦东不同的是，首尔江南虽为新区，有与浦东相似的高楼大厦，相似的路网结构，相似的社会阶层，却比浦东多了许多市民公共活动的空间和市井生活的氛围。在上海，最吸引人的休闲场所和购物天堂恐怕大多数仍都集聚在浦西；而在首尔，江南已成为多数人购物休闲的选择。城市新区开发和建设、具有时代气息的建筑形象，与经济发展相适应的城市尺度和现代交通所必需的街道格局不可相逆，但是否就一定会远离人的生活、远离人性呢？如果浦东在开发初期就能在密集的商务楼宇之间加入更多的商业休闲购物旅游功能，如果浦东的规划能多考虑些人能享受到的便利（包括车的便利），如果在陆家嘴 CBD 多加些实用的、符合行人尺度的、可供市民游客留足公共街道空间，而不是像世纪大道那样不仅华而不实而且还为交通制造麻烦的非人尺度空间，浦东的魅力就不会仅仅只是吸引人去拍一张照片了。与首尔江南相比，上海浦东建设在后，在这一点上，却反而不如江南。这实在值得我们深思。

伍江

上海

张帆 石崧 著

张帆,上海市城市规划设计研究院院长
石崧,上海市城市规划设计研究院发展研究中心主任

SHANGHAI

上海城市发展与城市规划
互动演进历程分析
The Evolution and Interaction of Urban
Development and Urban Planning in Shanghai

本文通过对城市发展历程的回顾与梳理,期待把握上海城市发展的内在规律和未来趋势。从历史视角看,上海从东海之滨的江南城镇,演变为远东最大的经济、金融、贸易中心,再到1949年后由单一功能的工商业城市转身为多功能的国家经济中心城市,直至现在迈向国际经济中心城市,城市的每一次转型发展都与当时所处的国际国内政治经济格局有着密切的联系,并伴随着社会、经济和环境的多重转变,最终在空间秩序和城市形态上留下深刻印记。历史经验显示,上海的发展必须要坚持宽阔的国际视野,以开放促改革,使自身更好地融入全球经济体系之中,从而不断实现经济、社会、环境的全面协调发展。

This paper attempts to review the historical process, explain the mechanism and describe the future trends of urban development in Shanghai. From a small coastal Jiangnan town to the largest economic, financial and trade center in the Far East, and then from a socialist industrial city to a national and international economic center, Shanghai has continually evolved with the changing national and global socio-economic environment. The spatial order and urban form of Shanghai have restructured with the triple transition of society, economy and environment. The history of the urban development shows that Shanghai must keep the global view and adhere to the policy of opening-up to enhance reform, so as to integrate into the global economic system, and then achieve the comprehensive development of economy, society and environment.

15

上海城市发展与城市规划
互动演进历程分析
The Evolution and Interaction of Urban
Development and Urban Planning in Shanghai

1　引言

上海近代的快速崛起，往往会让人们忽略这座城市的既往历史。早在春秋时期(前 770—前 476)，吴国国君寿梦即在今松江西筑"华亭"。至秦代 (前 221—前 206)，上海西部分属海盐县 (县治在今上海市金山区)、娄县 (县治在今江苏省昆山市境内) 两县。唐代正式设华亭县，天宝年间 (742—756)，今青浦地区青龙镇兴起，为苏州的外港。北宋熙宁年间 (1068—1078)，因青龙港逐渐衰落，始有上海港。南宋咸淳年间设上海镇。元至元二十八年(1291)，设上海县，延续至有清一代。可以说从历史上看，上海是因港设县、以商兴市。1843 年上海开埠后启动了城市近现代化的进程，在此后一百七十年间，随着外部政治经济环境的变化，上海的城市职能也随之发生调整，逐渐形成今天的城市空间格局。而在不同的历史时期，城市规划都发挥了其应有的作用。

2　近代国家门户的崛起

2.1　社会经济发展

1843 年上海开埠后成为世界列强进入中国的主要贸易口岸之一。凭借其优越的交通区位优势，上海迅速取代苏州成为长三角的中心城市。至 1850 年代，上海已是中国最大的外贸口岸。贸易的发展带动金融业的兴起和繁荣。到 19 世纪末，上海作为中国金融中心的雏形已然显现。这一时期的城市产业结构也经历了以贸易为先导，进而集航运、贸易、金融、工业等功能于一体的多功能经济中心的发展历程。到了 1930 年代，上海已成为境内外银行总部的集聚地(至 1935 年，上海共有银行 182 家，银行总部 58 处) 和中国的工业基地 (工厂数占到全国总数的 36%，工人数占全国的 31.3%)，也是远东的商贸、工业和金融中心。直到 1937 年日军侵占上海，城市发展才陷于停顿，结束了城市的第一个黄金成长期。

这一阶段，凭借城市经济的快速发展和租界区的中立地位，在 1852 年至 1949 年的近百年间，整个上海地区 (包括所辖乡村) 人口由 54 万余人增至 540 余万人 (图 15-1)。其中，在太平天国运动、辛亥革命、"八·一三"事变等国内政局动荡时期，均出现外地人口向上海大规模的移民。

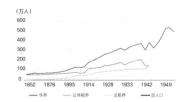

图 15-1
1852—1949 年上海人口数量情况
数据来源：根据邹依仁 (1980) 《旧上海人口变迁的研究》人口资料绘制

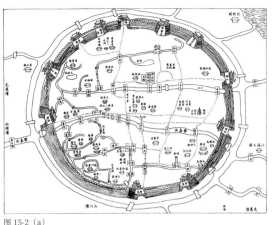

图 15-2（a）

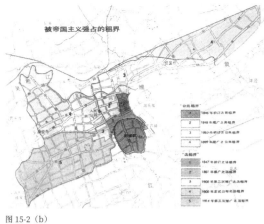

图 15-2（b）

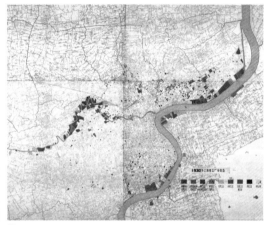

图 15-2（c）   图 15-3

图 15-2
1949 年前上海城市空间拓展历程：（a）清同
治年间上海县城图；（b）上海公共租界和法租
界扩展示意图；（c）上海 1949 年城市现状图
资料来源：上海市城市规划设计研究院，
2007：18，54

图 15-3
1930 年上海工业区布局
资料来源：上海市城市规划设计研究院，
2007：15

2.2 城市空间格局

开埠前，上海县城主要囿于老城厢的城墙内，大规模的城市空间拓展始于租界的建立。随着租界的不断扩张，华界也开始寻求城市的拓展，出现西方殖民者租界和华界共存的局面。1927 年上海特别市成立后，计划在江湾五角场建设新市区。后虽因抗日战争而没有最终实施，但由此开辟的道路、新建的体育场、医院、图书馆、博物馆等基础设施奠定了上海城区扩展的基础。至 1949 年，上海租界面积达到 2 976.83hm²（包括公共租界 2 233.53hm² 和法租界 743.3hm²），城区建成总面积达到 80km² 左右（图 15-2）。

至 1930 年代，上海城市建设格局基本形成。在公共租界，外滩标志性的建筑群集聚了主要的航运与金融产业，南京东路商业集聚区也初具规模，在杨树浦、闸北、沪西和沪南等黄浦江、苏州河沿岸地区则形成上海最早的一批工业区（图 15-3）。城市居住空间也呈现出华洋分隔的格局：法租界集聚了当时品质较高的住宅区；华界地区在滨河工业区初步形成高密度、低质量的工人住宅区。

图 15-4

图 15-5(a)

图 15-5(b)

图 15-4
1931 年大上海计划总图
资料来源：上海市城市规划设计研究院，
2007：44

图 15-5
大上海都市计划总图：（a）初稿；（b）三稿
初期草图
资料来源：上海工务局，1949

2.3 城市规划响应

上海开埠后，城市发展重心从老城厢转移到租界，城市建设形成"两界三方"（公共租界、法租界和华界）各自为政的格局。1845 年 11 月颁布实施的《土地章程》是上海租界成立的法律依据和城市建设的根本规章，"两界三方"在各自管辖范围内制定道路红线规划、建筑规则和土地使用的局部规划规定，按计划实施市政建设和营造管理。但由于缺乏统一规划，造成"局部有序、全局无序"的城市格局，各区间相互分割，公共交通设施各行其政。

1927 年上海特别市成立后，由上海市中心区域建设委员会负责制定上海历史上第一个综合性都市发展总体规划——"大上海计划"，将规划视界投射到 500km² 的新市域范围。为了绕开租界割裂的旧市区，规划在江湾五角场一带设置新的市中心，集中布置市级行政办公、文化和体育设施等核心功能。道路网设计采用西方盛行的小方格与放射路相结合的形式（图 15-4）。1937 年 " 八·一三"事变后，这一规划最终没能完全实现。但是由此初步形成的五角场地区的空间布局结构，对上海东北部地区的开发影响深远。从中国城市规划发展史的角度来看，"大上海计划"吸纳了当时西方的城市规划理论，同时亦兼具现代性和本土性，是中国近代城市规划的重要探索之一。

抗日战争胜利后，上海市政府明确由上海市工务局负责成立都市计划小组，在 1946—1949 年期间完成三稿都市计划方案（"大上海都市计划"，见图 15-5）。"大上海都市计划"规划吸纳了"有机疏散""快速干道""功能分区"和"区域规划"等欧美现代城市规划理念，并将这些规划理念因地制宜地运用于上海的规划实践，开启了中国现代城市规划的先河。该规划确定上海的都市性质为"港埠都市，亦将为全国最大工商业中心之一"，其区域范畴涵盖江浙两省的东部区域，面积约 6 583km²，至 2000 年规划人口规模 1 500 万人左右，市域范围700 万人左右。规划以"有机疏散"为目标，通过发展新市区与逐步重

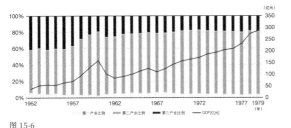

图 15-6

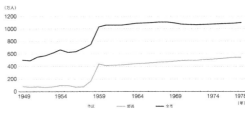

图 15-7

图 15-6
1949—1979 年上海经济结构演变
数据来源：根据 2000 年上海统计年鉴绘制

图 15-7
1949—1978 年上海市户籍人口数量情况
数据来源：根据 2000 年上海统计年鉴绘制

建市中区 [1] 的方式，将人口向新市区疏散，在郊区新市区建设"邻里单位"，并将工业向郊外迁移。同时在中心区外围建设 2～5km 绿带以控制中心城向外蔓延。这些如"有机疏散、组团结构"等先进规划理念以及确立卫星城的建设思路，在中华人民共和国成立后，对上海的历次城市总体规划产生了深远影响。

3　国家生产中心城市的定位

3.1　社会经济发展

中华人民共和国成立后，计划经济占据主导地位。上海按照中央政府的统一部署，本着"先生产、再生活"的原则发展工业。在此背景下，上海的城市职能由一个多功能的外向型经济中心城市转变成单一功能的内向型生产中心城市，逐渐成为中国的重要工业基地和财政支柱：以全国 1/1 500 的土地，1/100 的人口，提供了全国 1/6 的财政收入。

1960 年代至 1970 年代，上海的第二产业在国民经济的占比始终保持在 77% 左右（图 15-6）。一方面，上海积极发展机械、冶金、化工等重工业部门；另一方面，强调工业发展的自给自足程度，减少对外贸易的依存度。在当时 146 个工业部门中有 140 个在上海建设、生产，保证了上海工业的独立性。

这段时期上海的人口总量经历了较大的波动，1958 年行政区划调整后，江苏省十个县划归上海，全市人口规模突破 1 000 万人；而在"文化大革命"期间，上海中心城人口则以每年平均 1.5% 的降幅减少；至 1970 年代末全市人口约为 1 100 万（图 15-7）。

3.2　城市空间格局

中华人民共和国成立初期，上海的城市建设主要是恢复和发展生产，开辟近郊工业区，为劳动人民建造住宅。1950 年代，上海市委市政府扩建已有的沪南、沪西、沪东工业区内的工厂，并在彭浦、桃浦、漕河泾、华泾、闵行、北新泾、蕰藻浜和浦东滨江地区规划一批新建、迁建工厂的备用地；还在市区利用空地和周边的长阳、天山、漕河泾、周家渡地区等规划和新建一批工人新村，随后启动"二万户"工人住宅计划 [2]。另外，在市区启动阴阳沟和蕃瓜弄两处棚户区改造项目。1958 年，国务院批准将江苏省的嘉定县、上海县、松江县等十个县划

1　市中区，大致与现今常用的"中心城区"一词相对应。

2　1952 年 4 月，上海市人民政府决定兴建"二万户"工人住宅，这是继曹杨新村（"一千零二户"）之后上海第二批工人住宅。

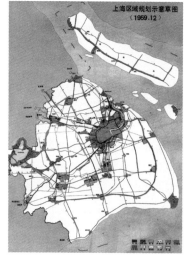

图 15-8

图 15-9 (a)

图 15-9 (b)

图 15-8
苏联专家 1953 年编制的上海规划方案
资料来源：上海市城市规划设计研究院，
2007：46

图 15-9
1959 年上海城市总体规划方案：(a) 区域规划示
意草图；(b) 城市总体规划草图
资料来源：上海市城市规划设计研究院，
2007：48

归上海，上海市辖区面积从 606.18km² 扩大为 6 185km²。此后，上海相继规划建设闵行、吴泾、嘉定、安亭、松江五个卫星城和一批近郊工业区。至 1979 年，全市建设用地面积超过 250km²，其中中心城建设用地面积超过 180km²。

3.3 城市规划响应

1950 年末，上海引进苏联规划理论和工作方法。1953 年，政务院邀请苏联专家穆欣来上海指导编制《上海市总图规划示意图》。规划按照发展工业的主导方向，提出疏散旧区稠密的人口和居住靠近工作地点的原则。方案强调建筑艺术布局，采用多层次环状放射、轴线对称的道路系统 (图 15-8)。

1959 年上海行政区划调整后，上海市人民委员会邀请建筑工程部规划工作组编制完成《关于上海城市总体规划的初步意见》，首次将规划范围扩大至包括新划入十县在内的全市域。规划确定上海建设和发展的总方向：使上海在生产、文化、科学、艺术等方面建设成为世界上最先进美丽的城市之一。在空间布局上，提出"逐步改造旧市区，严格控制近郊工业区的发展规模，有计划地建设卫星城"的城市建设和发展方针。规划用五年时间将旧市区的人口压缩至 300 万左右，同时大力发展卫星城以接纳市区疏散的人口。规划方案重点调整工业布局，确定各工业区的性质，同时重视改善居住条件，提出每年建 100hm² 职工住宅，以逐步改善人民的居住质量 (图 15-9)。在本轮规划指导下，上海相继建设闵行、吴泾、嘉定、安亭、松江五个卫星城和一批近郊工业区；1970 年代建设了金山、宝山两个工业卫星城。经过 1949 年后三十多年的规划建设，旧市区改造取得很大成绩，十个近郊工业区和七个卫星城初具规模。上海从集中单一结构向群体组合结构发展，奠定了今后城市市域空间发展的骨架，意义深远。

图 15-10
1980—2010 年上海市生产总值变化及增长情况，
数据来源：《上海统计年鉴 2011》

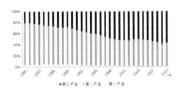

图 15-11
1980—2010 年上海市三次产业结构
数据来源：《上海统计年鉴 2011》

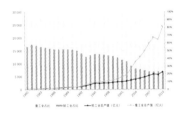

图 15-12
1980—2010 年上海市轻工业与重工业的发展情况
数据来源：《上海统计年鉴 2011》

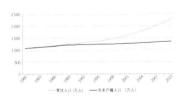

图 15-13
1980—2010 年上海市人口发展情况
数据来源：《上海统计年鉴 2011》

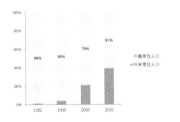

图 15-14
1982—2010 年上海市外来常住人口比重变化趋势
数据来源：历次人口普查数据

4 国际都会的重新腾飞

4.1 社会经济发展

1980 年代上海以"调整经济结构和振兴上海经济"为主题，推动城市经济恢复性增长。在此基础上，以 1990 年浦东开发开放为标志，上海进入城市跨越发展的新时期，围绕"三、二、一"的方针调整产业结构，外资逐步成为推动上海产业结构战略性调整的主要动力。上海从改革开放前的以工业为单一功能的内向型生产中心城市发展为多功能的外向型经济中心城市。

2001 年末中国加入世界贸易组织后，上海紧紧围绕"四个中心"[3]建设目标，提升配置全球资源的能力。外资涌入显著推动了重工业的快速发展，使上海在制造业领域形成以电子信息产品制造、汽车制造、石油化工及精细化工制造、精品钢材制造、成套设备制造和生物医药制造为主的新的六大支柱产业。随着跨国公司地区总部、研发中心等核心机构落户上海的步伐加快，推动了产业结构逐步向服务经济转型。

改革开放三十年，上海经济连续多年保持两位数增长，国民生产总值从 1980 年的 312 亿元增长到 2010 年的 17 166 亿元（图 15-10）。产业结构不断调整优化，三次产业结构从 1980 年的 3.2∶75.7∶21.1 调整为 2010 年的 0.7∶42∶57.3（图 15-11），城市经济增长由此前的主要依靠二产拉动，逐渐转变为"二、三并重"共同推进经济增长的局面。产业结构内部，随着工业投资向重化工的倾斜，重工业占比已经从 1980 年的 44.7% 增加到 2010 年的 78.4%（图 15-12）。

随着城市经济的快速发展，1980 年代以来上海城市人口总量一直保持快速增长态势，常住人口从 1980 年的 1 152 万人增长到 2010 年的 2 302 万人（图 15-13）。其中，1980 年代人口总体上处于平稳增长的阶段，年均增长 16.6 万人。从 1990 年代开始则进入快速增长阶段，年均增长 25.9 万人，21 世纪前十年年均人口增长达到 63.4 万。其中，外来常住人口的增长是二十年来上海人口总量规模扩张的主导因素（图 15-14）。

4.2 城市空间格局

1979—2010 年上海城镇建设面积由 254.9km² 增长到 2 816.8km²，年均增长 82.64km²，城镇建设用地占市域面积比例到 2010 年已超过 40%（图 15-15）。

1980 年代，上海城市建设以偿还"历史欠账"为主，重点推进基础设施和住房建设。城市格局呈现以中心城为核心的单中心圈层式扩张的基本特征，十年间年均新增建设用地 57.75km²。这一时期，工业布局出现由中心城区向外扩散的趋势。同时为解决知青返城的住宅需求，"六五"期间上海在市区边缘新辟了 51 个居住区；此后，又在市郊结合部（其中不少位于浦东）新辟 21 个住宅新村。1978—1990 年，

3　"四个中心"即国际经济中心、国际金融中心、国际航运中心及国际贸易中心。

上海建成住宅 4 368hm²，占中华人民共和国成立后新建住宅总量的71%。

1990 年代，在浦东开发开放和中心城"退二进三"战略的推动下，中心城向浦东、宝山、闵行地区拓展。而郊区工业区建设则带动了郊区城市化的进程。城市格局呈现中心城圈层式扩张与郊区城市化并行的特征，十年间年均新增建设用地 69.7km²。这一时期配合土地批租政策的广泛推行，按照"市区体现上海的繁荣与繁华，郊区体现上海工业的实力与水平"的指导思想，中心城工业大批外迁，同时在郊区推进"1+3+9"工业区 4 建设以满足外资落户上海的用地需求。住宅建设则采取新区开发与旧区改造同步推进的策略，重点开发浦东地区，并完成了市区内 365hm² 危棚简屋改造任务。

21 世纪前十年，世博会筹办、新城建设、重工业发展成为推动城市建设的主要动因。中心城近域蔓延与郊区城市化快速发展共同推动城市格局呈现出圈层式扩张和轴向延伸的空间特征，形成大都市区的空间框架。十年间年均新增建设用地 128.74km²，上海进入城市空间快速扩张阶段。这一时期，配合 2010 年上海世博会的筹办，基础设施建设和工业区外迁加速了中心城的转型重构。而在郊区，随着新兴工业区和大型工业基地的建立，新城、沪宁沪杭和滨江沿海轴线成为城市建设的重点地区。在城市郊区化和郊区城市化的共同作用下，中心城和近郊区已形成连绵发展态势，并进一步向嘉定、松江地区拓展，城市规模急剧扩张。

4.3 城市规划响应

改革开放以来，上海市政府先后组织编制了三轮城市总体规划。目前，第三轮城市总体规划成果已经上报中央政府审批。

1980 年代，上海在 1985 年国务院批转《关于上海经济发展战略的汇报提纲》的基础上，编制完成《上海市城市总体规划方案》。1986年 10 月，国务院批复中明确提出上海要发挥"重要基地"和"开路先锋"的作用。这是上海第一个经国家批准的城市总体规划方案。此轮总体规划将上海置于国际发展的大环境中加以定位，明确"上海是我国最重要的工业基地之一，也是我国最大的港口和重要的经济、科技、贸易、信息和文化中心，同时还应当把上海建设成为太平洋西岸最大的经济和贸易中心之一"。结合市场化与国际化的基本趋势和城市发展的制约瓶颈，规划提出城市布局的基本设想，即"改造和建设中心城，积极开发浦东地区；充实和发展卫星城，有步骤地向杭州湾北岸和长江口南岸两翼展开"、中心城建设采用"多心开敞式"的布局 (图 15-16)。在此基础上，进一步修编卫星城和郊区城镇总体规划和中心城的分区规划。

---

4 "1+3+9"工业区中的"1"是指浦东新区；"3"是指三个国家级经济开发区：漕河泾新兴技术开发区、闵行经济技术开发区、上海松江出口加工区；"9"是指九个市级工业园区：莘庄工业区、康桥工业开发区、嘉定工业区、上海市工业综合开发区、松江工业区、青浦工业园区、金山嘴工业开发区、宝山城市工业园区和崇明县工业园区。

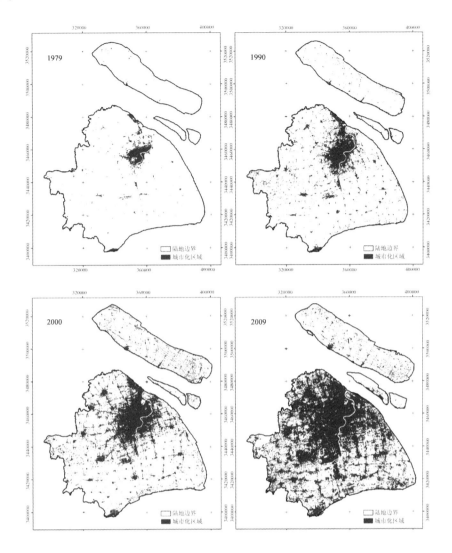

图 15-15
1979—2009 年不同时期上海城市用地分布图
数据来源：尹占娥等，2011

1990 年代，为适应浦东开发开放的建设需求，在 1992 年编制完成《浦东新区城市总体规划》的基础上（图 15-17），结合《迈向 21 世纪的上海——1996—2010 年上海经济、社会发展战略》和洋山深水港规划的战略部署，上海于 1999 年正式上报《上海市城市总体规划（1999—2020 年）》。2001 年 5 月国务院批复指出："把上海建设成为经济繁荣、社会文明、环境优美的国际大都市，国际经济、金融、贸易、航运中心之一"。在"四个中心"总体目标指引下，本轮总体规划按照城乡一体、协调发展的方针，提出了"多轴、多层、多核"的市域空间布局结构，拓展沿江、沿海发展空间，确立了"中心城—新城—中心镇—一般镇"四级城镇体系，中心城延续"多心、开敞"的布局结构，形成"一主四副"[5]的公共活动中心格局（图 15-18）。

5 "一主四副"格局中"一主"指的是浦东陆家嘴及浦西外滩；"四副"指的是徐家汇、五角场、花木及真如。

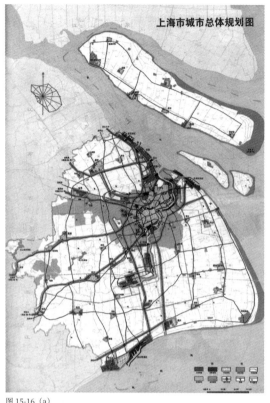

图 15-16（a）

图 15-16
1986 年版上海市城市总体规划方案：（a）城
市总体规划图；（b）中心城总体规划图
资料来源：上海市人民政府，1986

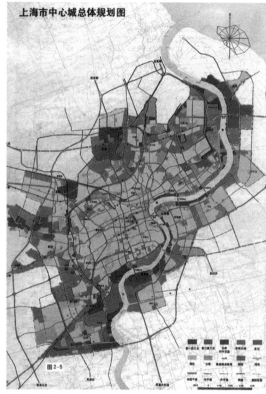

图 15-16（b）

《上海市城市总体规划（1999—2020 年）》实施以来，结合上海
2010 年世博会的筹办，编制两轮城市近期建设规划，一方面落实城市
总体规划，另一方面增强了城市总体规划实施的时效性。在总体规划
的指导下，中心城区坚持"双增双减"[6]，郊区坚持"三个集中"[7]的建设方
针，有效指导城市建设。在中心城，上海通过分区规划、控制性单元
规划编制、控制性详细规划编制分层落实，实行精细化管理。在郊区，
"十五"期间启动"一城九镇"[8]试点城镇建设，"十一五"规划提出"1966"[9]
四级城乡规划体系，进一步加快城乡一体化步伐。

5   展望与思考

21 世纪以来，遵循建设国际经济、金融、贸易、航运中心和现代
化国际大都市的规划目标，按照"五年打基础、五年建框架、十年基
本建成"三步走的行动计划，上海城市经济总量和综合功能持续提升，
经济结构不断优化，"四个中心"框架基本形成，城市功能布局、城
镇体系和基础设施框架基本建立。在这期间，世博园区、虹桥商务区、

---

6   "双增双减"即增加公共绿地、增加公共活动空间，减少容积率、减少建筑总量。

7   "三个集中"即人口向城镇集中、产业向园区集中、土地向规模经营集中。

8   "一城九镇"即松江新城（"一城"）与海港新城（镇）、安亭镇、高桥镇、枫泾镇、堡镇、浦江镇、
奉城镇、罗店镇和朱家角镇（"九镇"）。

9   "1966"体系中"1"指的是一个中心城；"9"指的是九个新城：嘉定、松江、临港、闵行、宝山、
青浦金山、南桥及城桥；第一个"6"指的是六十个左右新市镇；第二个"6"指的是六百个左右中心村。

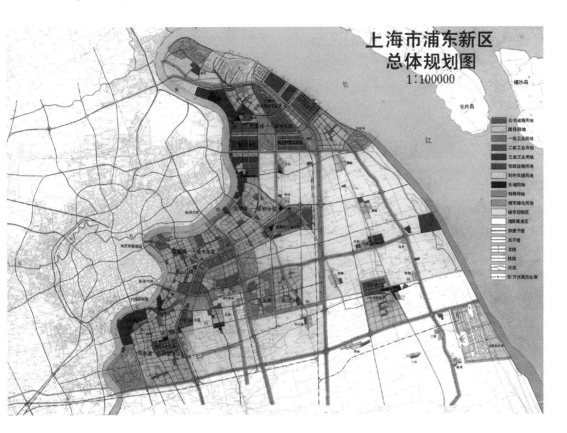

图 15-17
浦东新区总体规划图
资料来源：上海市城市规划设计研究院，
2007：102-104

迪士尼国际旅游度假区和临港地区等重大工程的开发建设，有力推动了上海城市功能提升和产业转型升级。以"三港三网"[10]为重点的一系列枢纽型、功能性、网络化基础设施体系基本建成，各项民生工程切实推进，城市运营支撑能力显著提高。

但是在社会经济发展和城市建设取得瞩目成就的同时，上海也逐渐面临更多"大城市病"的威胁，如经济动力不足、交通拥堵、安全运营、环境污染等。与此同时，2010年以来，国内外发展环境深刻变化，就上海发展而言，面临三大基本态势：一是随着既有改革的制度红利消耗，城市发展的内生经济动力处于瓶颈时期；二是随着城镇化的深化发展，社会已发展到关注人的全面发展的重要阶段；三是随着土地资源的快速消耗，城市空间环境面临着资源紧约束的倒逼阶段。面对城市发展又一个转型时期，上海市委、市政府于2014年启动了新一轮城市总体规划编制，并在历时三年的编制后正式上报国务院。本轮规划提出"卓越的全球城市"的城市愿景，围绕建设"创新之城、人文之城、生态之城"的三大目标，努力探索在底线约束、内涵发展和弹性适应的模式转型主基调下城市的可持续发展之路。规划在空间战略思路上突出了以下四个方面：首先，城市发展理念由"城市思维"向"区域思维"转变，以推进长三角全球城市区域发展为要义，推进同

---

10 "三港"即航运枢纽港、航空枢纽港和铁路枢纽港；"三网"即市域高速公路网、城市快速路网和轨道交通骨干网。

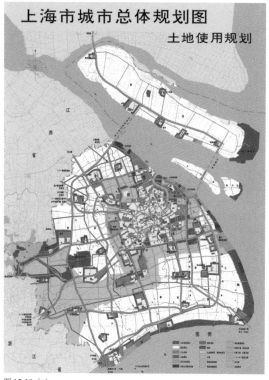

图 15-18（a）

图 15-18（b）

图 15-18
2001 年版上海市城市总体规划方案：（a）城市
总体规划图；（b）中心城总体规划图
资料来源：上海市人民政府, 2001

城化的上海大都市圈这一区域核心的共融共享、互联互通；其次，城市发展格局由"单心极核"向"多心开敞"转变，围绕着"多中心、网络化、组团式、集约型"的思路，在城市郊区推进以核心城镇为极核的城镇圈的发展，实现组团式城市区域格局；再次，城市发展模式由"关注发展速度"向"提升发展质量"转变，围绕 15 分钟社区生活圈建设，积极探索存量时代提高土地利用效率、提升城市空间品质的有机更新之路；最后，城市发展导向由"开发导向"向"管理导向"转变，着力提升城市管理的精细化方式，以"目标—指标—策略"的内在逻辑推动规划导向转化为可跟踪、可评估、可检测的公共政策。

从历史视角看，上海经历了多次城市转型，每一次的转型都与当时所处的历史背景和世界格局有着密切关联，随着社会、经济和环境的多重变化，最终在空间秩序和城市形态上留下印迹。特别是近三十年的城市发展，更加清晰地昭示上海融合发展的脉络，坚持宽阔的国际视野，结合自身发展实践，以开放促改革，使得上海顺利融入经济全球化体系之中，强化集聚与配置全球资源的能力，形成作为国际大都市的影响力。同时，城市规划在此过程中一直扮演着重要角色，成为每个重要时期的积极响应者和先行推进者，通过优化土地和空间资源配置、完善城市功能、调整城市布局、提供公共服务、统筹各项建设、协调多元利益，有效推进城市整体发展与公共利益平衡，并形成许多长期坚守的基本原则，如坚持控制和疏解大城市规模、坚持"多心开敞"的城市空间结构、坚持市区更新与新城建设并重等。这些在以往一直坚守的规划原则，在未来制定城市战略时仍需给予尊重，并要不断赋予新的内涵和发展要求。

参考书目 Bibliography

[1] 陈志洪. 九十年代上海产业结构变动实证研究 [D]. 上海: 复旦大学博士学位论文, 2003.

[2] 当代上海研究所. 当代上海城市发展研究 [M]. 上海: 人民出版社, 2008.

[3] 宁越敏, 石崧. 从劳动空间分工到大都市区空间组织 [M]. 北京: 科学出版社, 2011.

[4] 宁越敏, 张务栋, 钱今昔. 中国城市发展史 [M]. 合肥: 安徽科学技术出版社, 1994.

[5] 宁越敏, 赵新正, 李仙德, 等. 上海人口发展趋势及对策研究 [J]. 上海城市规划, 2011 (1): 16-26.

[6] 上海城市规划管理局. 上海城市规划志 [M]. 上海: 上海社会科学出版社, 1999.

[7] 上海城市规划管理局. 上海城市规划管理实践——科学发展观统领下的城市规划管理探索 [M]. 北京: 中国建筑工业出版社, 2007.

[8] 上海工务局. 大上海都市计划 [R]. 1949.

[9] 上海市城市规划设计研究院. 循迹·启新: 上海城市规划演进 [M]. 上海: 同济大学出版社, 2007.

[10] 上海市人民政府. 上海市城市总体规划方案 [R]. 1986.

[11] 上海市人民政府. 上海市城市总体规划 (1999 年—2020 年) [R]. 2001.

[12] 薛理勇.《租地章程》与外滩早期城市规划 [J]. 上海城市规划, 2011 (5): 116-119.

[13] 杨公朴, 夏大慰. 上海工业发展报告——五十年历程 [M]. 上海: 上海财经大学出版社, 2001.

[14] 尹占娥, 殷杰, 许世远, 等. 转型期上海城市化时空格局演化及驱动力分析 [J]. 中国软科学, 2011 (2): 101-109.

[15] 周振华, 熊月之, 张广生, 等. 上海: 城市嬗变及展望 [M]. 上海: 格致出版社, 2010.

[16] 周振华. 创新驱动、转型发展: 2010/2011 年上海发展报告 [M]. 上海: 格致出版社、人民出版社, 2011.

[17] 邹依仁. 旧上海人口变迁的研究 [M]. 上海: 上海人民出版社, 1980.

新加坡

[新加坡]王才强 沙永杰 魏娟娟 著

王才强，新加坡国立大学设计与环境学院教授，院长
沙永杰，同济大学建筑与城市规划学院教授
魏娟娟，新加坡国立大学设计与环境学院研究助理

SINGAPORE

新加坡的城市规划与发展
An introduction to Urban Planning and Development of Singapore

本文简要全面地介绍新加坡的城市规划和发展过程，并对公共住宅、城市遗产保护、城市环境管理和产业规划四个层面做重点分析，以体现新加坡在城市规划和城市管理方面的独特性。

This essay shows briefly a full picture of Singapore's urban planning and development process. Four aspects, including HDB, Urban Conservation and Redevelopment, Environment Control and Industrial Planning, are chosen to be further analyzed in order to better understand Singapore's uniqueness on those urban issues.

16

新加坡的城市规划与发展
An introduction to Urban Planning and Development of Singapore

1 综述

作为一个小岛国，有限的土地面积是城市发展的最大制约之一。新加坡国土面积目前 715km²，其中约 133km² 是通过填海造陆的方式增加的，估计最终面积能达 759km²。虽然目前填海造陆还在继续，但是很明显土地增长的速度远赶不上现代城市发展的速度，据估计，当新加坡城市人口达到 550 万时，其土地缺口将会达到 40km²。[1] 受天然条件所限，如何高效利用土地是城市规划所需解决的首要问题。

1.1 近代新加坡港建立与最初规划

新加坡近代城市规划与近代港口建设几乎同步开始。19 世纪初，英国人莱佛士（Sir Stamford Raffles）宣布新加坡港建立之时，就已为这座城市制定了最初的发展规划。此次规划理念体现了莱佛士作为实际政治统治者其个人理想主义与实际政治需要的结合。通过规律布置的街道将不同种族与社会族群隔离。此次规划对新加坡未来一百多年的城市发展都具指导意义，其划定的城市基本格局是新加坡现代城市发展的基础（图 16-1）。

图 16-1
1823 年英国殖民时期的新加坡城市规划图
图片来源：转引自 A History of Singapore, edited by Ernest Chew and Edwin Lee, Oxford University Press, 1991

1.2 20 世纪中期之前的新加坡

开港后港口业带来大量移民涌入，以两到三层的店屋[2] 为主要建筑形式的街区被成片建设起来。但城市建设速度远跟不上爆炸式的人口增长，伴随经济发展而来的是城市中心区的过度拥挤。到 20 世纪中叶，面积占全岛百分之一的城市中心区容纳了 36 万居民，是总人口的三分之一[3]。居住条件由于空间拥挤和缺乏维护变得相当恶劣。据统计，在南京上街（Upper Nankin Street），56% 的家庭独住一间房，7% 与其他家庭合住一间房，4% 的家庭只有睡觉的空间[4]。人口过度集聚也造成市区交通拥挤、基础设施供应不足等城市设施方面的严重问题。

1.3 现代新加坡的发展

正是在人口分布极度不平衡，环境极其恶劣甚至影响生存的情况下，新加坡现代化规划起步了。与其他城市相比，起点可谓不高。 在

1　TAN H Y. Judicious Juggling[J]. Skyline August, 2002.

2　店屋（shophouse），一种常见的东南亚建筑，通常为为两至三层高，一楼为店铺，二三楼为民居。

3　DALE O J. Urban Planning in Singapore: The Transformation of a City, South-East Asian Social Science Monograph[M]. Shah Alam, Selangor: Oxford University Press, 1999: 231.

4　KAYE B. Upper Nankin Street, Singapore: A Sociological Study of Chinese Households Living in a Densely Populated Area [M]. Singapore: University of Malaya Press, 1960: 2.

五六十年间发展成今日的新加坡很大程度要归功于政府秉承务实的精神，对城市现实有清醒的认识且对城市未来发展有长远的眼光。技术层面上来说，新加坡的规划策略一直与其经济结构和政策紧密结合，在不同的阶段以不同的方式促进经济，从而实现整个城市各个层面的综合发展。

1960 年代现任新加坡政权成立以来，新加坡的经济结构主要历经了下面四个阶段：①劳动密集，②技术密集，③资本密集，④科技、人才和创新密集。城市的发展与当时的经济结构和定位密不可分。按时间顺序的大致发展脉络如下：

1. 1960 年代到 1970 年代初

为迅速实现现代化，与世界经济圈接轨，劳动密集型产业是该阶段新加坡发展的重点。1961 年新加坡经济发展局（Singapore Economic Development Board）成立标志着大规模工业化运动展开。大批生产加工玩具、木材、假发等的工厂在城市周边被规划出来，这些产业都需要人口支持。与此同时，城市中心区严重拥挤，环境恶劣，亟待进行城市更新，将传统城区转化为中央商务区（CBD），成为国家经济发展的载体——一推一拉，人口大规模迁移势在必行。为安置疏散人口，政府必须要提供适合的住房。此前殖民政府设立的新加坡信托基金会（Singapore Improvement Trust）在此方面做过一些工作，但大幅推进和改进住宅状况的工作是由 1960 年成立的新加坡建屋发展局（Singapore Housing & Development Board, HDB）完成的。由于整个岛国面积有限，并且由于当时的法律，政府征购大片土地存在一定困难，所以"高层高密度"一开始就确立为新加坡主要的住宅策略。受限于基础设施，特别是交通设施的发展，首批建成的公共住宅（组屋）集中在距城市中心区 8km 以内的范围（图 16-2），而公共住宅在全岛范围内以新镇模式大规模发展则是在主要交通和地铁形成的城市总体框架基本完成之后。1967 年出台的《土地征用法令》（Land Acquisition Act, 1967）使政府在法律上获得征用土地的权力，大量征用土地成为可能，这项法令为发展新镇和彻底更新城市中心区铺平了道路。

与第一批组屋[5] 同时建成的还有各项配套设施以及一些产业设施，以减少居民对于中心城区的依赖。至 1970 年，中心区人口从 1957 年的 360 000 减少至 241 000。这期间，城市总人口则由 1 455 900 增长至 2 075 000[6]。这些数字说明迁移人口的目标基本达成。

2. 1970 年代中到 1980 年代中

这是新加坡经济高速发展的十年，劳动密集型产业升级成技术密集型产业。为配合经济政策的需要，疏散人口不再是最急迫的任务，如何通过重新开发城市中心区以促进经济发展被提上日程。1971 年政

图 16-2
1964 年完成的组屋 Commonwealth Chap Lak Laos Estate 位于女皇镇附近，为首批组屋的代表

---

5 组屋，指的是由新加坡建屋发展局承担开发的公共房屋，大部分新加坡人居住于组屋内。

6 DALE O J. Urban Planning in Singapore: The Transformation of a City, South-East Asian Social Science Monograph[M]. Shah Alam, Selangor: Oxford University Press, 1999.

府出台新的城市发展概念规划，明确了要在中心区建立中央商务区的策略。目标是通过一系列手段，促使城市中心区改头换面，土地售卖计划（Sale of Sites Program）是众多方式中比较突出的一项。在土地征用法令的作用下，政府迅速将城市中心区土地收购、整合和规划，再通过土地售卖计划将土地与所有的规划条件打包进行公开拍卖，作为吸引投资（特别是社会和企业投资）以及创造就业机会的重要促进手段。市区重建局作为主要政府管理和执行部门要求每栋建筑各具特色，同时又要确保整体城市形象。1970 年代开始，中央商务区大部分建筑都是通过此项计划开发完成，如 1975 年的 DBS 大厦、1976 年的 OCBC 大厦、1984 年的莱佛士城、1984 年的滨海中心、1984 年的渣打银行大厦等。到 1980 年代中期，共约 60 个项目建设完成，多数为办公、零售及酒店 (图 16-3)。

图 16-3
1970 年代飞速发展的新加坡城市中心区
图片来源：NHB

　　除了中央商务区，全岛范围内大力发展基础设施，改善环境质量也是这个阶段城市发展的重点。大量城市基础设施在城市概念规划的引导下开始建设，例如城市下水系统、蓄水池、防洪设施、机场、海港、电力站等。而以清理新加坡河为代表的环境提升运动也在同期被启动。这些努力为经济进一步重组提供了条件和空间。

　　3. 1980 年代末开始的建筑与城市保护

　　城市飞速建设带来空间过剩的危险，现代城市的物质形态虽然大致建设起来，但经济活动尚不足支撑如此多的商业空间运转。这种趋势所积累的矛盾表现在 1980 年代中期的经济衰退中。1983 年，占新加坡第四大支持产业的旅游业，出现了 1965 年以来的首次衰退。大量的酒店房间、零售业和办公空间需要新的刺激才能被消化。另外，1980 年代初完成的滨海湾南岸（Marina South）的大型填海造陆工程为市区进一步发展提供了相对充足的土地。相对来说，拆除旧建筑为新建筑提供空间的压力有所减小。另外，新加坡整体经济结构在此阶段逐渐向资本密集型经济转化。各种因素促成政府在 1980 年代中期对城市更新方式进行反思，从单纯的拆旧建新转换为结合建筑和城市遗产保护的城市更新策略。1986 年市区重建局提出城市保护总体规划，对历史街区的保护标准和保护方法等都给出明确的条例。1987 年，市区重建局在历史保护区内进行了一系列历史建筑保护的样板项目向公众说明建筑保护在技术和经济方面的可行性，同时还推出一系列经济刺激手段来鼓励私人参与建筑遗产保护的实践。1989 年，建筑和城市遗产保护正式以规划条例的形式在法律上获得认可。大批历史建筑和街区通过相关规划和保护项目被保护下来，例如典型的牛车水历史保护区 (图 16-4)、新加坡河沿岸的驳船码头（Boat Quay）和克拉码头（Clarke Quay）等街区。除了以保护为主的历史街区，城市保护与更新的内容还延伸至非历史保护区的范围。1990 年代，政府也尝试在同一街区或地块将新的开发与历史保护相结合，既保护了历史遗产，也为现代城市发展提供了空间。典型的项目包括白沙浮商业中心、远东广场、中国广场中心等项目。

图 16-4
牛车水历史保护区街道景观

4. 1990 年代中期以后

步入 1990 年代中期，全球化浪潮席卷至新加坡，新加坡不仅仅是一个岛国，更成为全球城市网络中的重要据点。在经济结构方面，科技密集型产业成为新的经济增长点。在此背景下，一系列工业园区建设起来，包括科学园和若干商务园，最新的纬一生物科技园 (One North) 也是这一系列产业升级规划的延续和完善。

近几年，新加坡城市发展又面临新的挑战，除了全球背景下的可持续议题，老龄化问题也日益凸现。另外，产业升级带来大量移民的涌入，人口的持续增长为城市的各项基础设施带来压力。除了科技和知识密集以外，创新密集型经济也逐渐受到重视。对内，新加坡人需要在全球化背景下提高对自身、自己城市和国家的认知度；对外，新加坡需要在全球竞争中提高吸引力，吸引全球人才与资金。在此背景下，全方位综合性的城市发展策略更能适应未来的需要。对大学和研究机构追加投资，建设新的大学都反映了政策上对创新密集型经济发展的支持，如新成立了新加坡技术与设计大学 (Singapore University of Technology and Design，SUTD)。引进大型项目作为城市和经济发展的引擎也是众多策略中重要的一项，如圣淘沙综合娱乐城、金沙娱乐城、新加坡体育中心和新加坡滨海湾游轮大厦等 (图 16-5)。另一方面，提升居住环境质量也是提高城市竞争力的有力手段，例如在大力发展轨道交通的框架下，新镇规划引入 TOD 理念优化现有配套设施，用更加生态和可持续的方法改善现有绿化，引进新的绿地和休闲娱乐空间。商业活动也由城市中心区向区域中心扩散 (图 16-6)，新的商业商务园的兴建分散了中央商务区的部分功能。城市保护与更新的议题已从振兴旅游业转换为对新加坡本土文化的认可和关注。

以下选择新加坡城市建设方面最具特色的四个议题——公共住宅与新镇模式、城市遗产保护与更新、城市环境规划管理，以及工业规划，进行更详细的介绍和分析。

图 16-5
金沙娱乐城及周边环境

图 16-6
裕廊东城市副中心发展计划
图片来源：URA，2009

2　公共住宅与新镇模式

2.1　一项国家举措

新加坡公共住宅 (组屋) 是新加坡城市居住环境的绝对主体，超过 80% 的新加坡人口居住在组屋，其缘起是出于政治和民生的综合考虑。前面已经提到，新加坡建国之初面临严峻的居住问题，新政府成立之后立即在 1960 年成立建屋发展局 (HDB) 专门解决住宅问题。在建国初就努力让人民拥有房产其实有很深的政治意图。新加坡建国总理李光耀在他的回忆录中谈了当时对住宅问题的思路："1965 年新加坡独立时面临大选，而各个国家的选举中选民要投票给反对党的情况屡见不鲜，我们下决心让家庭拥有自己的房产，否则就不会有政治稳定。同时，我的另一个重要意图是要让儿子需要服兵役的父母拥有

一个需要他们的孩子去保卫的实实在在的财产。"[7] 由于从一开始就把组屋上升到确保国民对国家认同的高度，用国家力量推进实施，并刻意不断保持进步来强化国民对政府的信心，并适应其多元文化的社会特征，以严格的政策确保多种族和谐共处，组屋体系成为当代新加坡社会和文化的重要组成部分，整合了其政治、经济、社会、民生和文化等各层面的内容。

2.2 五个发展阶段

从 1960 年初 HDB 成立至今，新加坡公共住宅的发展经历了五个阶段，每个阶段的发展特征鲜明，呈现为一个快速连贯、不断进步的发展过程。

1. 第一个十年（1960 — 1969 年）

这十年奠定了新加坡大规模进行组屋开发的基础和格局，以立法、国家职能机构、住宅金融政策三方面为代表的新加坡组屋体系成型。新政府把改善大众居住看作国家经济发展和政治稳定的前提。在立法和完全国家财政的支持下，新成立的 HDB 综合了清除贫民窟、土地管理、规划、设计、建造、出租出售和管理等几乎所有与公共住宅相关的职能，以极高的效率，十年内完成 12 万套住宅，使 34.6% 人口住进新的组屋。为快速、大量地提供住宅，这一时期的住房标准较低，全部采用标准化住宅平面，在政府补贴下按照最低租金或售价提供给居民，将租金和月付控制在平均家庭收入的 15% 左右。控制价格、为低收入阶层快速且大量建造住宅是这十年的主要工作（图 16-7）。

2. 第二个十年（1970 — 1979 年）

这十年继续保持更高速度的公共住宅增量，1976 年公共住宅已覆盖总人口的 50%，基本解决了"量"的需求。在此期间，HDB 开始关注居民对住宅的多样性需求，主要体现在房型设计和社区规划两个方面。组屋单元平均面积从 1960 年代的 42m² 提高到 1975 年的 75m²，房型设计除了一房至四房的户型外，增加了五房户型（新加坡的习惯说法，将起居室和与之连通的餐厅也算作一房），意图是将公共住宅的覆盖对象从低收入阶层扩大到中等偏低收入阶层。随着住宅标准提高，开发土地离城市中心区的距离不断增加，这一时期的公共住宅开发实际上也是新加坡郊区城市化的全面展开过程，独具特色的新加坡新镇模式得以确立和实现。

3. 第三个十年（1980 — 1989 年）

随着公共住宅开发和新镇建设的全面展开，这一时期的重点是将社区建设与国家长期发展规划整合，新推出的规划将新镇与新加坡地铁交通网络紧密联系，人均居住标准由 20m² 提高到 30~35m²，同时对城市绿化和水资源的规划标准和关注度大大提高，把住宅开发和城市化发展与国家环境资源管理相结合的宏观思路十分明确。这一时期

图 16-7
1970 年代初的大巴窑新镇中心部位
图片来源：HDB，1975

7　Discovery Chanel. The History of Singapore: Lion City, Asian Tiger [M]. Singapore: John Wiley & Sons (Asia) Pte Ltd，2010：190.

图 16-8
建于 1980 年代和 1990 年代的公共住宅社区
图片来源：HDB，2010

图 16-9
达士岭组屋（The Pinnacle@Duxton），
2009 年建成
图片来源：Wikimedia Commons

的公共住宅建设强调各个新镇、各个邻里单元在建筑形象和公共空间方面的独自特征，提出了一系列确保形式多样性的城市设计导则（图 16-8）。此外，1980 年代新加坡公共住宅发展的一个更突出的重点就是社区培育，关注居民的认同感和归属感。除了增加公共图书馆、社区活动中心等高质量福利性质的社区功能外，还出台了一系列与公共住宅社区培育相关的新政策，如 1982 年推出大家庭计划（Multi-Tier Family Scheme），为多代大家庭优先提供更大户型的住宅；1988 年将公共住宅日常管理、维护和社区内容建设的工作由 HDB 转移到各个新镇和社区相关的职能部门，克服由集中化统一管理导致的居民和管理部门之间的"距离"。硬件、软件两方面的举措大大促进并加快了新建成社区的归属感形成，发展到这个阶段，新加坡组屋的社会功能已经十分明显。

4. 第四个十年（1990 — 1999 年）

在这十年间，组屋覆盖率达到总人口的 86%。对组屋的管理、新住宅的品质，尤其是社区环境成为这个时期主要关注的问题。从 1991 年起，原本完全由 HDB 设计部门承担的公共住宅设计可以由私人建筑师承担，以实现多样化。对既有公共住宅的设施更新和环境改善的工作也在 1991 年全面开始，这些更新改善工作需要居民参与，政府负责承担大部分费用。

5. 第五个十年（2000 — 2010 年）

21 世纪以来新加坡人口保持大幅增长趋势，组屋和商品住宅共同承载大量新增人口。在现有城市结构下局部区域内大量性建设仍然持续。新加坡组屋在这一时期已经走向更高楼层、更高质量的新模式。2009 年完成的高达 50 层的达士岭组屋（The Pinnacle@Duxton）清晰体现出未来新模式的特点（图 16-9）。在其他类似公共住宅项目中，空中花园、生态住宅等新尝试也已见成效。同时，这一时期在公共住宅的金融、管理和相关政策方面持续发展和细化，以适应社会发展出现的新情况。例如，2002 年的"已婚子女优先计划"（Married Child Priority Scheme）对靠近父母住处购置新房的已婚子女给予优先，鼓励两代人之间的相互照顾；2003 年的"家庭办公室计划"（House Office Scheme）允许利用公共住宅单元作为在家办公场所和公司注册地址。这些政策和制度的不断优化体现了新加坡公共管理方面的优势。

2.3 重要的规划设计理念

在新加坡组屋体系中，规划和设计的核心作用是将政治、经济、社会等多方面的综合目标以专业手段合理"物化"。组屋规划和设计方面关注的核心问题有以下几点：

首先是高层高密度，从 HDB 成立至今一直采用高层高密度模式，是新加坡城市规划的一个基本原则。今天组屋再开发的一个主要做法是将原有的高层住宅区（20 层以上为主）重新开发为 40~50 层的新区域。相比于上海中心城（面积与新加坡相当）的 1 000 万人口规模，新加坡似乎没必要让组屋那么"高"，这一举措是为保持国家整体环境质量，并综合各层面考虑的结果。

图 16-11

图 16-12

图 16-13

图 16-10
新加坡新镇结构模式示意图
图片来源：HDB, 1985

图 16-11
典型的 1980 年代和 1990 年代的镇中心景观，
步行环境特征明显，类似传统的镇中心
图片来源：HDB, 2010

图 16-12
住宅组团之间的开放空间
图片来源：HDB, 2010

图 16-13
典型的住宅组团，注重建筑外观形式的变化，但
建筑围合成开放空间的意图仍保持
图片来源：HDB, 2010

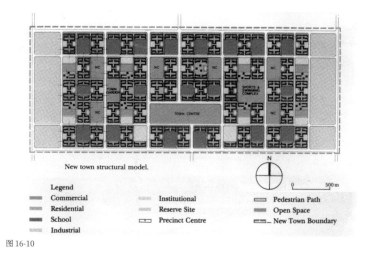

图 16-10

其次是新镇模式，新镇模式的实质是社区概念和结构清晰的生活模式。新加坡除了中心城更新外，基本是采用新镇模式推进城市化，辅以近年来出现的城市副中心，因此整体城市结构具有鲜明的"城（中心城）—镇"层级关系和多中心特点，而不是"摊大饼"模式。每个新镇人口规模为 15 万 ~25 万，中心位置设镇中心区域（Town Center），包括大型商场、综合性康体设施、办公设施及集中绿化。地铁线路出现后镇中心往往与地铁站点综合开发整合；镇的边缘区设置工业用地（无污染的轻工业）；其余范围被分成几个邻里单元，每个邻里单元容纳 4 000~6 000 户家庭（2 万 ~3 万人口），每个邻里单元中心处设置邻里中心区（Neighborhood Center），包含市场、餐饮中心、医疗点、学校等公共功能，邻里中心的服务半径为 400m；各邻里单元又分为若干住宅组团（Precinct），400~800 户家庭可以共享儿童游乐场、篮球场、健身点等日常活动设施。新镇—邻里单元—住宅组团三个层次的结构关系十分明确（图 16-10 — 图 16-13）。

在社会文化方面，新加坡以法律形式要求各个公共住宅社区必须保持严格比例的不同种族人口构成（与总人口中各种族构成比例基本相当），以确保不同文化和种族融洽相处于同一屋檐下。从今天的现实情况看，看似强制的种族团结政策是有成效的，其影响不仅仅体现在住宅社区，也体现在工作、教育等各个生活场景，成为新加坡的社会和文化特征之一。

2.4 当前的问题和发展趋势

当"量"不再是主要矛盾，如何继续保持进步，通过"变"使国民能够体会国家经济发展给自己带来的利益，以保持对政府的信心，是新加坡公共住宅面临的挑战。关于未来发展，新加坡总理李显龙在 2010 年的一次访谈中有三个观点值得关注：第一，没有公共住宅体系就没有今天的新加坡，国家要继续为国民提供高质量且可承受价格的公共住宅，因为它不仅是提供住所，更是国家管理的重要平台，居委会等机构通过这个平台建设社区、培育价值观和实现多种族团结；第二，没有国家经济持续发展的支撑，一切都不可能；第三，有能力的政府是这种公共住宅模式的基础。因此，新加坡公共住宅未来发展仍然会是在政府主导之下，以政策和理念为先导的发展轨迹。

3　城市遗产保护与更新

新加坡建国之初的城市范围很小，其城市历史遗产的总量、类型和历史时段并不算丰富。但在今天的新加坡，城市历史资源已经成为这座城市中不可或缺的部分，与城市空间、社会文化和普通新加坡人的日常生活密不可分。新加坡城市遗产保护极具亚洲特征的发展历程和做法对其他亚洲城市颇具借鉴意义。

3.1　发展过程

1. 萌芽时期（1960 年代 —1970 年代）

1960 年代新加坡建国初期，城市建设的重点放在市区重建、住宅建设和经济发展上，根本无暇顾及历史建筑的保护问题，但对于城市遗产的重要性也有初步认识。1971 年完成的城市总体概念规划中蕴含了城市遗产保护的思想，这一时期成立的一些重要专业机构，也在城市研究和规划中对城市保护开始关注，例如市区重建局、古迹保护委员会等。古迹保护委员会 1970 年代开始将一些重要的地标性建筑纳入保护名单，这是新加坡城市遗产保护的第一步，主要针对单体建筑的保护更新，但还缺乏全景式的考量。

2. 快速发展成熟时期（1980 年代 — 1990 年代）

如前文提到，1980 年代中期的经济衰退使新加坡开始对城市重建过程中的大拆大建进行反思。1986 年市区重建局提出城市保护总体规划成为新加坡城市保护的分水岭。此次规划确定了七个保护区，又对牛车水等历史区域进行了详细的保护规划（图 16-14）。此外，政府还推出一系列办法来促进保护规划的实施，如采用经济诱因，鼓励私人参与历史建筑保护，筛选保护区内的商业业态，使得保护区具有一定的氛围和特色等。城市保护总体规划在 1989 年进一步修正，被赋予法律效力并正式实施。新的保护规划针对不同类型的保护建筑制定出不同的导则，以便在保护的同时兼顾更新与发展，将历史街区的人文特征、周边发展以及长远规划结合起来，确定保护的实施程度。由于保护规划中近 75% 的保护建筑属于私有，1991 年城市重建局又颁布了"私人业主自发保护计划"，让私人业主主动加入建筑保护的行列（图 16-15）。到此阶段历史遗产保护已经成为新加坡保存历史记忆和独特人文气息、寻找自身特色的重要手段，成为与新加坡人的生活和经济发展密不可分的一部分。

3. 提升品质时期（1990 年代至今）

保护工作经历了前二十年的发展，在保护数量方面已基本得到保障，新加坡城市保护从注重数量转变到注重品质，并顺应时代的发展，寻找开创性的保护和再利用思路。除对历史建筑进行设施升级（如下水排污、电力系统等），政府保护工作的要求和标准进一步精细化，如

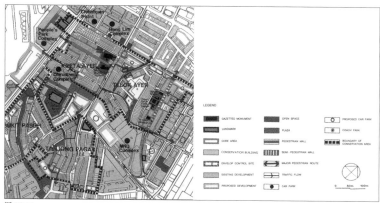

图 16-14

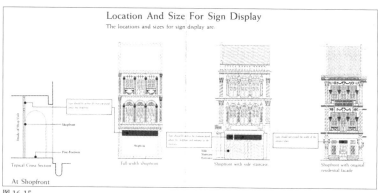

图 16-15

图 16-16

图 16-14
牛车水历史保护区保护规划
图片来源：URA，1989

图 16-15
控制标语招牌位置的城市设计导则是众多细化的
保护文件之一
图片来源：URA，1991

图 16-16
中国广场新旧结合的发展策略
图片来源：URA，1994

在保护区内仔细规划停车区、绿化和步道系统等。另外，在保护方法上的一些创新开始出现。中国广场项目是这个时期新的保护和再利用模式的体现。中国广场位于新加坡中央商务区，和牛车水毗邻，是新加坡最早城市化的一个区域，如何使它实现新旧结合，满足商务区的办公功能，并提供餐饮娱乐以及高质量的公共空间成为这一地区开发的挑战。有选择性的保护加上与新开发相结合的综合改造使得中国广场项目实现了新旧的对比和融合（图 16-16）。

政府在历史保护方面的工作和大力宣传激发了市民对于城市遗产更广泛的关注，广泛的公众参与基础是新加坡建筑保护的另一个特点。多方面的专业人才、市民以及业主参与到保护工作中，这一强大网络的形成使得被保护下来的历史建筑数量大大增加。政府部门与民间力量合作，寻求个体建筑、历史街区肌理以及现代生活之间的平衡点。

3.2 政府管理部门的作用和举措

以市区重建局为代表的政府管理部门对推进城市保护工作，尤其是在社会共识形成之前，发挥了至关重要的作用。这些作用主要体现在以下四个方面：

（1）政府管理部门非常注重研究，通过研究途径提出具有前瞻性的保护规划，为提出创新性的保护模式提供思路支撑。

（2）为帮助和鼓励市民理解和支持历史建筑保护，政府率先在保护区内选择一批历史建筑进行试点和示范工程，向公众证明历史建筑保护在技术和经济上都可行。这一行动成为向市民宣传保护思路和方法的一个重要环节，对建立社会认同具有重要作用。

（3）土地售卖计划是政府用于历史街区更新的另一个重要办法，通过对一部分国有房产的售卖，使得对历史建筑有兴趣的私人业主和开发商能够参与建筑保护工作，在规划和导则等条例的严格要求下实施保护更新。

（4）政府制定的一系列缜密的规章导则成为保证建筑保护工作质量的有力依据，同时发布的大量有针对性的宣传材料也使得保护工作在新加坡具有广泛的公众基础，也大大地便利业主和所有参与其中各环节人员的工作。

强而高效的政府执行能力是城市遗产保护工作得以开展的重要前提，一旦城市遗产保护的策略敲定，立刻通过强有力的政府手段推进城市保护的开展，并实现社会共识和公众参与。

4   城市环境规划与管理

自然环境质量一直是新加坡城市发展控制的重点，政府在环境方面的大力投入为新加坡赢得了花园城市的美誉，如何在有限的时间内有效控制和提升环境质量，新加坡经验的参考价值是巨大的。

作为一个基本没有自然资源的岛国，新加坡环境治理的起点不高。独立之前，严重的环境问题，如城市缺乏上下水系统、卫生条件恶劣、流行病横行等，已威胁到了市民的生存和国家的发展。新政府成立之初就下决心整治环境，其中水资源的整合首先被给予最高优先级。2008年李光耀就此议题曾回忆道：“水的问题主导其他的政策，所有的政策都要服从水资源自给自足的目标。”

对于治理环境，新加坡从上至下，首先达成的共识就是一个清洁。高质量的生存环境非常重要，新加坡愿意为这个目标的实现付出努力和代价。政府一开始就认识到高质量的环境除了能提升新加坡人民的生存质量，对吸引投资、刺激经济发展也不可或缺。建立政权不久，在百废待兴的情况下，政府就愿意将眼光放长远，从1970年代开始就大力投资环境基础设施建设，例如城市下水系统、新加坡河治理、垃圾处理设施等。这些投资的收益可能要在十多年或二十年后才能得见，但是花费却是即时的。今天新加坡的环境质量很大程度上要归功于这些在当时看来超前建设的环境设施，而为了让未来新加坡的环境继续提升，这些在基础设施方面的投入与建设也从未停止过。

除了长远的眼光，新加坡环境质量的塑造还得益于长期的综合性规划与严格控制。在进行总体规划时，重要的环境基础设施用地是首先要考虑的，例如下水系统、垃圾处理和焚烧等。未来这些基础设施的拓展用地也会预先保留起来，其他用地在此基础上再进行规划。因为土地有限，不可能为不兼容的用地性质提供很多隔离带，具体用地性质的规划就需要很有效率。尽量利用组团规划的原则或使用自然屏障来增加土地使用率在新加坡是常见的做法。 在环境控制方面，通过有选择性地引入产业，严格控制汽车数量来控制整体排放量。难得的是这些做法早在建国初期就开始实施，先不惜代价发展经济再回头治理环境的做法一开始就被摒弃了。

在具体实行规划或者环境工程时，政府不同部门之间通过高效直接的协调，共同完成开发控制工作。新加坡河治理作为横跨1970年代和1980年代的一项大型环境工程，是政府各部门高效协同合作以提升环境的最好例证。作为城市中心区的一条重要河流，新加坡河的港口航运功能随着时间流逝渐渐转移，如何治理严重污染的河流成为当时面临的严峻问题。不仅河流本身，河流沿岸的一些造成污染的工业和农业、与航运功能有关的设施、土地利用方式等也是治河工程的重要内容。整个治理工程参与的政府部门包括环境部、市区重建局、公共事业局、建屋发展局、港务局、裕廊集团（JTC）和贸易及工业部。工程主要部分耗时十年，1987年整个工程大致完成。从宏观层面上看，这关系到整体经济结构的调整，具体内容包括河道清理、河流上游污染性工业和农业的迁移和淘汰、污水系统建设、河岸整顿、河堤重建、沿岸城市用地重新规划等，是一个综合城市经济发展、环境治理、物质形态规划和市空间塑造的多层面的城市工程(图16-17)。项目过程中，清晰的行政结构为各个政府部门协调提供了基础，不同部门之间积极的合作态度也很大程度上促进了项目的成功推进。

提倡创新，积极采用新技术是新加坡政府对于提升环境的又一项重要策略。在政策和技术两个层面，环境相关的新技术在新加坡都得到支持。新生水技术是新加坡很早就提倡并推进的关于环境可持续发展的一项技术。不仅政府投资研发，各项政策也鼓励企业参与研发。在政府的大力推广下，新加坡新生水的公众接受程度达到较高水平。

另外一项创新举措是实马高埋置场（Semakau Landfill）的设立。实马高垃圾埋置场是世界上首个在海床上完全由埋置垃圾筑成的岛屿。1999年启用的实马高垃圾埋置场位于新加坡南8km，用于埋置无法焚化的垃圾，如建筑废料和垃圾焚化炉的底灰。虽由垃圾筑成，那里不但没有臭味，还阳光充沛、海水清澈，并拥有大片绿林空地。在新加坡国家环境局的努力下，实马高岛上红树林茂盛，未启用的埋置海水区和礁湖区内储存着新鲜海水，吸引不少动植物栖息和生长（图16-18，图16-19）。

新加坡的环境规划和管理策略，总体来说是一项长期持续的策略，高度的政策一致性使得制定的目标可以一步步达成，在环境规划和管理方面，这种一致性极其重要。

5 产业规划

新加坡产业规划和发展与经济发展密不可分。独立之初，为刺激经济提供就业，政府快速建设了一批低成本工厂以开展制造业等劳动密集型的产业，成就了新加坡现代工业的基础。虽启动迅速，但快速单一的建设只是权宜之计，工业发展需要整体规划、控制和管理。 新

图 16-17
ABC（Active, Beautiful and Clean）水资源整合工程使得城市活动和环境提升工程结合起来
图片来源：Tan Yong Soon et al., 2009

图 16-18
实马高垃圾埋置场鸟瞰
图片来源：NEA, 1999

图 16-19
实马高垃圾埋置场的自然生态
图片来源：NEA, 1999

图 16-20
裕廊工业区鸟瞰
图片来源：Wikipedia.org

政府很快就对这个问题做出反应。1968 年裕廊集团成立，作为主要负责工业规划，以及工业用地征购、开发和管理的机构。集团成立以后，首先进行的是裕廊工业区的规划与开发，对新加坡 1970 年代经济的飞速发展有重要贡献（图 16-20）。

1980 年代开始，当产业结构由制造业为主的传统产业向高附加值产业进化，产业规划策略也做出了重大调整。新加坡的一系列工业园区建设就是从此时开始的。根据不同内容，工业园区的选址以长远发展的原则反复考量，不仅要和既有设施结合，更要考虑将来的拓展空间与方向。新加坡科学园选址于新加坡国立大学附近，以便将来和大学研究机构协调发展，且周围预留大片拓展空间。新加坡国际商务园和新加坡樟宜商务园作为面向现代制造业的综合性园区，除工业用地外，还包括办公和研发空间。这两个商务园区的选址都在交通便捷、有大型基础设施可利用（机场是很重要的因素），且与传统工业方便联系的地方，这两个园区分别于 1992 年和 1998 年开幕。

新加坡最新工业园区的发展当属纬一产业园区（图 16-21）。为应对产业再次升级，适应创新和知识密集产业的需要，规划一个针对这些尖端产业园区的概念最早可追溯至 1991 年新加坡《国家技术规划》（National Technology Plan），具体项目在 2001 年正式启动。纬一产业园区占地 2km²，选址秉承一贯的立足长远的原则，位置就可达性而言具有绝对优势，紧邻城市地铁两条线路的换乘站，南侧为城市东西向的主要高速路，距离城市中心约 6km，邻近很多研究机构和大学。在生活环境和设施配套方面，产业园内与周边分布的住宅包含了新加坡大部分住宅类型，从政府组屋、私人多高层公寓到独立住宅都有，还聚集了多所国际学校，并配备了完善的体育设施。另外，新加坡城市级休闲娱乐和夜生活中心——荷兰村与以餐饮和历史建筑为特色的罗彻斯特公园也位于产业园周边 1km 范围内。高质量的整体环境为产业园吸引高级人才提供了有力的保障。纬一产业园的规划集中体现了新加坡工业园发展的特点和最新趋势，包括：

（1）用地功能分布呈现多样性，除了重点产业用地，完备的配套设施占很大比例，这说明除了为重点产业发展提供物质空间，创造适宜高品质生活和工作的环境更是规划的重点，良好的环境是吸引高端人才的必备条件。

（2）结合紧凑城市的概念使不同用地功能充分混合，减少不必要的交通量。

（3）紧凑的用地布局，使土地的使用效率最大化，并为将来的发展预留足够空间。

（4）规划范围内的公共空间及绿带布置与城市总体规划融合，将整片区域融入城市公共空间系统和绿网之中。

从城市整体来说，纬一产业园建成后将与周边相关产业，如大学、科学园等在城市的西南部形成一个知识密集、人才密集的区域，而城市整体的高科技、创新产业的发展都由这个区域带动起来。

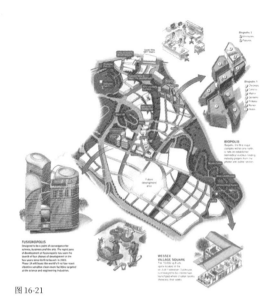

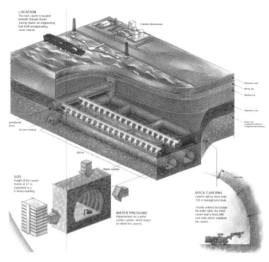

图 16-21

图 16-22

图 16-21
纬一产业园规划示意图
图片来源：JTC，2001

图 16-22
裕廊岛的地下储油库示意图
图片来源：JTC，2007

裕廊岛开发是新加坡产业规划策略中利用新技术，集中扩大产业优势的最好体现。裕廊岛位于新加坡西南，在原有几个小岛的基础上由人工筑成。为扩大化工产业的原有优势，整个岛被定位为一个化工岛，集中所有化工、石油相关产业。 裕廊集团计划在海床下建造一个大型储油岩洞，这项计划将大大促进新加坡化工产业发展（图 16-22）。

规划方面新理念的渗透并未局限于新产业园区，还进一步渗入传统工业区。裕廊工业区作为 1960 年代初开发的传统工业区，其拓展和翻新就引入了例如综合社区、生态工业规划等原则，还有裕廊集团与市区重建局和建屋发展局合作进行的海岸线综合发展计划。

着眼未来，预留发展空间是新加坡产业规划的显著特点。随着时代的发展，新加坡产业规划的具体策略和手段根据情况不断调整，而在总体上配合经济政策和产业结构变化的原则是不会改变的。

6　结语

以上几个方面是新加坡在城市规划和发展方面独特性的重要体现，需要强调的是，所有的规划和城市发展策略都是在一个结构缜密、具有高度连续性的框架下实现的。所有决策者均须对城市的过去、现在和未来负责，对决策错误的后果需要承担责任，这一点某种程度上使得决策必须慎重与理性。

当下的新加坡面临的问题很多，例如人口激增、人口老龄化等，要应对新的挑战，政府还需要在总结以往经验的基础上慢慢摸索，如果能够秉承其一贯务实负责的风格，使城市发展与全球城市发展趋势同步，相信新加坡在越来越激烈的世界城市竞争中会赢得属于自己的位置。

参考书目 Bibliography

[1] DALE O J. Urban Planning in Singapore: The Transformation of a City, South-East Asian Social Science Monographs [M]. Shah Alam, Selangor: Oxford University Press, 1999.

[2] Discovery Chanel. The History of Singapore: Lion City, Asian Tiger [M]. Singapore: John Wiley & Sons (Asia) Pte Ltd, 2010.

[3] KAYE B. Upper Nankin Street, Singapore: A Sociological Study of Chinese Households Living in a Densely Populated Area [M]. Singapore: University of Malaya Press, 1960.

[4] KONG L. Conserving the Past Creating the Future–Urban Heritage in Singapore [M]. Singapore: published for URA by Straits Times Press, 2011.

[5] TAN H Y. Judicious Juggling–Land Use Planning in Singapore [J]. Skyline, August, 2002.

[6] TAN Y S, LEE T J, TAN K. Clean, Green and Blue: Singapore's Journey towards Environmental and Water Sustainability [M]. Singapore: Institute of Southeast Asian Studies, 2008.

[7] Urban Redevelopment Authority. URA Annual Report 1980/1981 [R]. Singapore: URA, 1981.

[8] Urban Redevelopment Authority. URA Annual Report 1983/1984 [R]. Singapore: URA,   1984.

[9] WARREN F. Our Homes: 50 Years of Housing a Nation [M]. Singapore: published for the Housing and Development Board by Straits Times Press, 2011.

[10] WONG A K, YEH S H K. Housing a nation: 25 years of public housing in Singapore [M]. Brook House Pub, 1985.

[11] YEH S H K. Public Housing in Singapore: A Multidisciplinary Study [M]. Singapore: Singapore University Press, 1975.

点评

　　新加坡在 20 世纪亚洲城市史上有着特殊的意义。作为当代亚洲最重要的现代化大都市之一，新加坡既非如北京、东京在既有古老东方都市基础上转型而来，也非如上海、香港是西方殖民时代形成的繁华都市。作为一个信奉自由市场经济和西方意识形态的国家，新加坡却采用了以统一严格的城市规划控制城市发展的计划模式；作为一个中央集权的国家，新加坡的发展理念和规划理念却又完全不同于巴西利亚式的现代主义规划模式或苏联式的社会主义规划模式，而是更多地追求实用主义和民生主义的城市理想。这样一个极为特殊的城市规划和实施的样本，对于当今既强调市场经济模式又坚持政府强势规划的中国显得更加具有特殊的借鉴意义。新加坡的超常成功为世界各发展中国家所羡慕，同时又由于其发展和治理中又蕴藏着深厚的东方哲学理念而使得这一发展模式对亚洲各发展中国家更具难以摆脱的诱惑力。

　　新加坡的发展和建设经验，有几个最为重要的关键点。

　　一是强势的政府规划管制力。新加坡是一座几乎百分之百按照规划实施的城市，其规划控制力在当今世界恐怕很难找到第二例。为实施统一规划而设置的建屋发展局（HDB）、市区重建局（URA）等机构扮演了全职家长的角色。在实施规划的决定性因素——公共住宅建设过程中，从规划、设计、建设、分配（销售）到物业维护所有环节几乎完全为政府所控制。

　　二是极具理想城市色彩的新镇建设。新加坡的新镇规划不仅作为一种疏解旧城中心人口的有效策略，更作为一个预先设定的理想化社会结构的空间载体，以几乎完美的社会空间模式安置了新加坡大多数国民。在新镇—邻里单元—建筑组团的理想空间结构中，理想的空间和人口规模、理想的就业—生活模式、理想的公共设施配置、理想的生态绿化配置、理想的族群和阶层人口配比，等等，其理想化程度近乎完美。

　　三是极为清醒的国土资源忧患意识。新加坡是一个弹丸小国，既要应对不断增长的人口压力又必须面对有限国土的生态承受力。新加坡从建国伊始就明确了高层高密度的紧凑发展模式，以尽可能多地留出生态空间。在高密度人口和高密度建筑的城市中还能拥有令人羡慕的高比例生态自然环境，并达到国际标准的宜居水平，在当今世界上恐怕也没有第二例。

　　四是将历史文化保护与传承看作是城市振兴的积极要素和国家地位的重要来源。新加坡的经济奇迹背后渗透着深刻的传统文化基础，新加坡的中央集权政体也因此通过文化正义性而获得政治合法性。新加坡的历史文化保护起步不早，留下的东西也不多，最为引人瞩目的牛车水等地其实也就是中央商务区的文化点缀，但其在新加坡公共语境中是如此重要，以牛车水为代表的展现新加坡历史文化的发达旅游业似乎已将中央商务区的经济实质完全掩盖。历史文化成了新加坡经济社会发展的重要动力和门面。

五是随着形势的变化而不断动态地调整规划策略。面对越来越严峻的国际竞争压力和人口老龄化压力，新加坡不得不采取积极的人口特别是高端人才的导入政策。逐渐加重的人口压力使得原本就明确的高层高密度空间发展策略不得不进一步加大力度。近年的公共住宅开发已出现向 50 层高楼发展的趋势。而与此同时，新导入人口的高端化倾向又对居住空间品质提出更高的要求。如何在极高密度下实现高品质，特别是高环境品质，成为考验规划者智慧的一大难题。与此同时，不断老龄化的社会对于原先以工作人群为主要考虑对象的规划策略也不得不加以调整。

作为当代城市发展的一个奇迹，新加坡的发展模式也有其难以突破的局限。其中最为明显并越来越多遭人诟病的是新加坡城市空间管制过于严格的统一性。过于完美的发展模式在很大程度上限制了城市活力，理想的生活方式变成无法选择的唯一模式。优美的城市空间秩序背后却少了那么一点必要的自组织行为。一切都过于"被设计"，城市自发的有机空间全无存在的可能。在新加坡，唯有在保留的历史文化保护区，还能看到这座城市曾经有过的自然生长痕迹。而对于中国来说，这似乎正成为中国城市发展的楷模。中国大多数当政者对新加坡的城市空间秩序羡慕有加，视统一规划设计之外城市空间的"无秩序"自然生长行为如洪水猛兽，在绝大多数"旧区"被改造之后和绝大多数"违章建筑"被拆除之后，对于少量还未来得及被改造的"无序空间"仍耿耿于怀，非彻底铲除而不能罢休。对于城市适当自组织行为的零容忍不仅使城市的内在活力大打折扣，更会无形中增加城市的"内压"，弄得不好甚至会成为社会不稳定的诱发因素，这一点尤令人担心。从这个意义上说，学习新加坡的城市规划建设和管理经验也要适可而止。

当然，对于中国来说，新加坡只是一个微缩的样本。无论是经验还是教训，我们都必须充分消化，更重要的是必须对中国城市发展中所遇到的问题进行深入的研究，真正找到症结所在，对症下药。不可简单照抄照搬，更不可优点没学会倒只学了缺点。

伍江

台北

徐伯瑞 著

徐伯瑞，徐伯瑞建筑及都市规划事务所（台北）主持人

TAIPEI

由移民城市到市民城市：
台北城市规划与发展历史考察

From a City of Immigrants to a City of Citizens:
A Historical Survey on Urban Planning and
Development of Taipei

本文经由历史考察，探究台北由清代"移民城市"到现今"市民城市"的都市意义变迁动态历程，以及应对全球化时代的都市发展策略。

Through historical survey, this article investigates the urban development of Taipei. Specifically, it examines the social dynamic and urban meaning evolution of Taipei from a city of immigrants in Qing Dynasty to a city of citizens today, and explores the urban planning and development strategies for the city in a globalization era.

17

由移民城市到市民城市：
台北城市规划与发展历史考察
From a City of Immigrants to a City of Citizens:
A Historical Survey on Urban Planning and
Development of Taipei

1　引言

　　台北，台湾北部都会区中的核心，台湾西海岸都会区域面向世界的门户与窗口。自清末起即为台湾地区政治经济中心。在东亚城市中，台北有着许多特殊氛围的街区与巷弄，面貌多元、充满活力。行政区划的台北市，面积约 272km²，户籍人口约 263 万。然而，"台北"真实的影响范围早已非行政区域所限，台北市与周边的"新北市"，以及位于城北 30 分钟车程的港口城市"基隆"，在历史上以及现实中，都需以总土地面积 2 325km²，总人口数 680 万人的"北北基"（台北—新北—基隆）都会区来整体看待。其影响力向东经由雪山隧道连通宜兰县，向南延伸至苗栗县以北，形成台北至竹南的高科技电子产业走廊，以及"北台八县市区域合作联盟"（图 17-1）。本文就台北成为台湾地区首要城市的都市发展与都市规划的变迁过程进行历史考察。

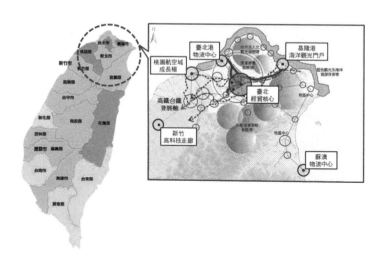

图 17-1
台北都会区为全台湾政治经济中心
图片来源：http://www.planning.taipei.gov.tw/ 本研究重绘

2　战前台北都市发展历程

2.1　清代"移民城市"时期

　　台北原有"平埔族"（又称"凯达格兰族"）先民在此狩猎、农作，清康熙年起渐有大陆"垦殖移民"来此，并发展多处聚落。其中又以两岸对渡口岸的"艋舺"，以及五口通商后连接国际贸易的"大稻埕"最为繁荣。其后清廷依传统礼制与风水观念[1]，在此建城，形成"三

---

[1] 根据德国学者 Alfred Schinz 研究，台北城为最后一处依传统礼制兴建的城市。

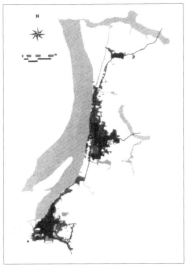

图 17- 2

图 17- 4

图 17- 3

市街"之盛况。此时都市肌理主要由聚落内丈八面宽的"长型店屋"
(shop house)[2] 构成,设于城内的府衙、天后宫、文武庙等礼教建筑(图
17-2)成为台北城内"政治中心"的象征,而自强运动[3] 时期设置的电
报局、西学堂与铁路,则突显大稻埕地区"经济中心"的地位(图 17-
3)。

2.2 1895—1945 年"殖民城市"时期

日据时期,设置"都市计划委员会",开始以"预测"及"计划"
方法进行城市规划,由初期发布以强化卫生、改善交通为主的《市街
改正计划》,到 1936 年发布结合"都市计划""建筑管理"以及"市地
重划"为一体的《台湾都市计划令》,日本人的都市计划将"街廓""圆
环""土地机能分区""建物高度管制"等西方都市规划观念带入台北,
也将"骑楼"加以制度化,成为台北街道特色。日本人将原有清代遗
留城墙及官署拆除,改为 40m 宽的"三线路",并建构塔高 60m 的总
督府,作为其殖民统治的权力象征[4],城市开始扩张(图 17-4—图 17-7)。

3   战后台北都市发展策略

1949 年起,外省移民大量涌入,台北市人口急速增长,因应防空
疏散及发展经济需要,台北市政府开辟连通城外的道路,带动郊区发展。
1950 年朝鲜战争爆发,美援进入台湾地区。虽然核心区的发展系延
续日本人拟定的都市计划(图 17-8),但随即由联合国专家引入美式规
划理念,并于 1964 年重新修订《台北都市计划》。此后伴随输出导向

图 17-2
清代以艋舺与大稻埕聚落为商业核心
图片来源:黄武达,1997

图 17-3
1895 年日人据台前已形成"三市街"发展
图片来源:黄武达,1997

图 17-4
1935 年台北都市发展规模
图片来源:黄武达,1997

---

2 门面狭窄的临界店铺,通常为二到三层,底层为商铺,上层为住家。

3 洋务运动,亦可称晚清自强运动。

4 当时的民政长官后藤新平便曾表示:"台湾人是属于物质的人类,黄金与礼仪,华厦与宏园是它们
所尊崇的对象。唐代诗歌亦云'不睹皇居壮,安知天子尊',要统治此类人种,宏伟的公衙有收服民心
之便。"(转引自陈志梧,1987:43)

2.不能超过前面道路幅员之一又二分之一倍

住宅地域内

住宅地域外

施行规则第四十三条及第六十六条图解
第二图之(一)

住宅地域内

住宅地域外

施行规则第四十三条及第六十六条图解
第二图之(二)

图 17- 5

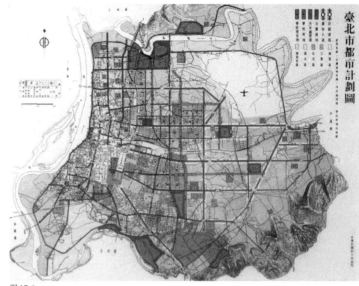

图 17-6

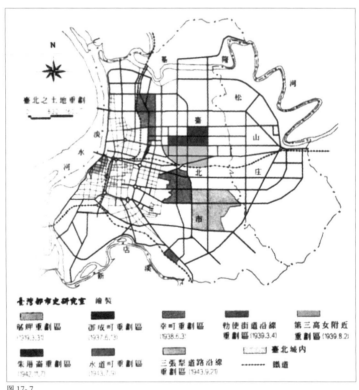

图 17- 7

图 17- 5
日人拟定的建筑高度管制法令沿用至 1980 年代
图片来源: 黄世孟, 1992

图 17-6
1932 年日人拟定大台北都市计划规划图
图片来源: 黄武达, 1997

图 17-7
日据时期日人推动多处 "市地重划" 来带动都
市发展
图片来源: 黄武达, 1997

的经济发展政策, 大量城乡移民来到台北, 城市居住、交通、公共设施等问题更加恶化。虽然如此, 但因有来自各方面的社会力量纾解民生所需, 且有民间土地资本供应的 "商品房" 满足民众居住需求, 台湾的经济始终维持高速增长, 甚至在 1980 年代起, 跻身 "亚洲四小龙" 之一, 外汇存款位居世界前茅。1980 年代, 国民党体制下技术官僚推动 "新竹科学园区计划", 以信息电子产业为主, 连接北台湾都市区域的全球生产网络节点形成, 台北市成为运筹管理并与全球联结的 "跨

图 17-8

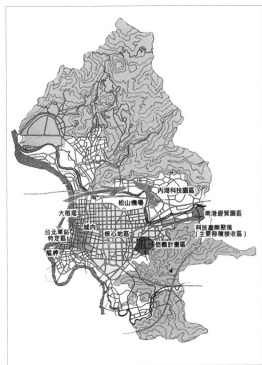

图 17-9

图 17-8
1964 年大台北都市计划图
图片来源：http://www.planning.taipei.gov.
tw

图 17-9
1990 年代迄今台北几处重要都市计划区位以及
都市发展趋势
图片来源：本研究绘制

领域中心"（trans-territorial center）。此时台北市政府开始推动信义计划区、南港经贸园区等几项计划，城市朝向多核心发展。1990 年之后，台北市更进一步推动"社区参与""历史保存""永续发展"等制度，力求提升城市竞争力（图 17-9）。

3.1 战后台北城市风貌变迁

由于"二战"后财政困难，除日本人遗留的神社、武德殿等涉及军国主义意识形态的建筑物被拆毁或改建外，其余大多由管理部门予以接收使用，在城市风貌方面初期并未有太多建设，仅有管理部门兴建一批北方宫殿式的现代中国建筑，作为统治权力象征。1959 年为突显治理政绩，将连接台北对外门户松山机场前道路开辟为百米宽的敦化南路，划定其两侧为"美观地区"，规定建筑物必须为 3 层楼以上，以作为繁荣进步的象征。1960—1970 年代，台北市政府曾推动"公办都市更新计划"，力求改善市容，但因过程困难重重遂逐渐停办 [5]。1980 年代后，都市发展核心东移，台北市政府又推动"信义计划特定专用区"都市规划 [6]。

5　例如在日本人原台湾神社基地上，兴建北方宫殿式的"圆山大饭店"作为接待外宾之用。

6　1975 年为配合市区东侧军方兵工厂迁移，台北市政府计划兴建"国民住宅"，因涉及军方保密缘故遂以"信义计划"为代称。1977 年完成《信义小区都市计划》，但经专家建议改朝向副都心方向发展，1978 年都市计划委员会通过拟定信义副都心为兼具经济与文化功能的住宅及地区性副都心的《信义小区都市计划》。

图 17-10
台湾地区企业投资与总部设置均集中于北台
地区
图片来源：周志龙，2002

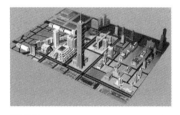

图 17-11
信义计划全景及台北 101 大楼
图片来源：台北市政府都市发展局

1980 年，台北市政府发布《台北市信义计划都市设计研究》，1981 年推行"都市设计审议制度"，成为台湾地区都市设计审议制度的开端。当时台湾经济仍以出口贸易为导向，由台北市政府牵头兴建世贸展览馆、国际贸易大楼、国际会议中心及饭店等建筑。而新市府大楼的落成更确立都市向东发展态势。

1993 年，台北市服务业比重已上升至 65.86%，企业总部及产业科技总部进一步集中于台北东区，台北成为台湾产业融资管理的核心（图 17-10）。为加强与国际接轨，建构全球城市，台北市政府以建设"亚太金融中心"的目标，提出"国际金融中心大楼计划"，并修订都市计划，将金融中心的建筑高度限制为"不得低于 126m"，以 BOT 方式招标[7]。1997 年，由民间开发商取得开发营运权，开发商将计划转变为兴建楼高 509m 的综合性商业建筑，因楼高超过当时航空安全标准，引发争议。于是 1999 年民航管制当局改变航班进出松山机场的飞行路线，以减低对飞航安全影响。2003 年，当时世界最高建筑"台北 101"落成，成为台北跻身"全球都市"的都市象征（图 17-11）。

为引进跨国企业总部进驻，台北市政府于 1998 年进一步变更本区住宅用地为"特定业务用地"，期盼打造"台北曼哈顿"。2000 年后，民间资本开始进行实质开发，地区呈现出以娱乐商业消费为主。2005 年在经济动力驱动下，民间亦出资兴建立体串联各栋商业建筑的架空桥计划。同时信义计划区也成为高级办公楼和高级住宅（豪宅）开发集中地[8]，都市发展由单核心转变为双核心发展模式。

3.2 战后台北住房政策

日据时期受西方殖民主义影响，日本人居住于城内，与台湾人主要居住的艋舺及大稻埕地区隔离。日本人以市街改正、市地重划，以及扩大都市计划等方式，满足其居住需求。

战后大量外省移民进入台北，城市中遍布违章建筑，于是台北市政府兴建一批"整建住宅"，并开辟通往郊区的道路，城市逐渐开始蔓延，也吸纳更多城乡移民进入台北。为了满足居住需求，台北市政府于 1970 年代推出"国民住宅"政策，但正逢石油危机，原本照顾中低收入者的"国民住宅"，转为承购人入住两年后即可转卖，最终由中产阶级进驻。美籍专家建议开发的"林口新市镇计划"也因为当地气候湿冷，加之过度依赖小汽车为通勤工具等因素，而开发进度缓慢。都市住房需求几乎全由民间开发商吸收，在市区周边台北县境内因此集聚大量人口，都市密度极高。

将住房问题任由市场机制供应，土地资本通过不动产开发进行资本积累循环，逐渐发挥对政治及塑造都市空间的影响力。这使得房价日趋上扬，引发民怨。

7　1990 年代后，城市管治思维由以往"大政府时代"转向市场经济导向，重要公共建设例如台湾高速铁路、台北 101 及机场捷运，都以促进民间参与（BOT）方式办理。

8　据统计，信义计划区内豪宅产品的平均房价约 84 000 人民币／m²，A 级办公大楼平均月租金约 150 人民币／m²。

历经 1980 年代末期市民对高房价不满的抗议运动后，台北再次推动"淡海新市镇计划"。1992 年台北市政府在台北都会区北端淡水农业地区，规划占地 1 756hm² 的"淡海新市镇"，计划人口 30 万人。1994 年淡海新市镇一期开始动工，但因未一并规划轨道交通系统，民间资本不愿来此开发，该地区始终无法大规模发展。2006 年台北市政府决定停止后续开发，缩小新市镇范围至已完成整地的 446hm² 土地，计划人口也下调至 13 万人。原本希望由新市镇开发平抑房价或疏解中心区发展压力的构想终究无法落实。

1998 年，《都市更新条例》发布，寄望民间力量推动都市更新[9]，以解决居住需求、改善都市环境。然而因开发商追求资本积累最大化，因此开发主要集中在高房价地区，而非最需要更新的地区。将都市更新交由市场机制，使得地区整体环境未见提升，反而造成房价更加高涨，争议不断[10]。2012 年，台北市政府设立"台北市都市更新推动中心"，发布《住宅法》等维护"居住正义"的法案，并计划推动"社会住宅""合宜住宅"等计划，以求缓解民怨，其成效待进一步观察。

3.3 战后台北产业空间发展策略

日据时期，台北东区通往基隆的纵贯铁路沿线"内湖""南港"被赋予工业发展地区的角色。之后台北市的产业结构，逐渐由工业转向金融服务业发展。城市内的纺织厂被迫关闭，而象征金融资本力量的摩天大楼，在城市核心地带崛起。此时仍以西区为城市发展核心，至 1987 年，西区百货公司的营业额仍为全市最高，但因民间资本追寻廉价地租，都市发展逐渐蔓延至东区。

1990 年，为提升台湾软件业国际竞争能力，台北市政府决策在台北成立"软件园区"（Software Park），并于 1996 年完成面积 87hm² 的"南港经贸园区都市计划"。除设置软件园区外，规划兴建"台北第二世贸中心"及部分商业、住宅和公共设施。由各级管理部门合力打造的产业转型计划，以总面积 8.2hm² 的"南港软件工业园区"为旗舰，计划引进计算机软件规划设计、开发、IC 设计公司、自动化规划设计公司及支持园区发展的机构，创造"产业聚落"（industrial cluster）。由台北市政府办理的土地征收与重建计划，自 1995 年起历时十年基本完成，而第二世贸中心则因当时不同地区由不同政党执政而延宕，直至 2008 年才完工营运，轨道交通延伸线则是 2009 年才开通，造成目前整体园区厂商进驻情况仍不理想（图 17-12）。

相较于南港经贸园区计划，内湖科技园区则是由民间领头，城市管理部门配合。1985 年为预筹产业发展用地，台北市政府提出在台北

图 17-12
1993 年南港经贸园区规划方案
图片来源：台北市政府都市发展局

9　其执行方式是由开发商以"立体市地重划"方式进行土地整合、送审计划、兴建房屋，并于房屋新建完成后，依原有地主原持有的土地等权利比例，将部分新屋的楼层分配回原地主，开发商则取得分配剩余的楼层的权利并进行销售获利。

10　2012 年，一处名为"文林苑"的都市更新开发，因基地内部分住户不愿参与都市更新，但开发商已取得其他住户的同意书，于是通过都市更新条例规定，请求台北市政府代为强制拆除，最终被"依法"执行拆除，但引发社会强烈反对，认为《都市更新条例》实为侵害民众财产权的恶法，使得台北市政府重新检讨相关法令。

图 17-13

图 17-13
计划拟定前已完成 60% 的 "内湖科技园区"
图片来源：台北市政府都市发展局

东侧内湖地区供修车业、糕饼业等轻工业进驻的《内湖轻工业区都市计划案》[11]，于 1989 年起办理市地重划，并于 1994 年起实质开发，此时距原规划时间已逾十年。因毗邻中心商业地区，但地价却仅为市区的 1/2 左右，低廉的土地成本使此区成为开发商进驻的乐土。经由地产商推动，原本规划为车辆维修等产业为主的轻工业区，演变为违规使用的办公楼集中区。面对这一趋势，台北市政府开始感受到管理压力，遂"顺应民意"，以"内湖轻工业区辅导办法"名义，提出一套优于都市计划的变通措施，凡经主管机关认可的"策略型产业"均可合法进驻区内。2001 年台北市政府再着手推动"内湖科技园区规划"，并以此区作为台北科技产业轴带发展的"成长核心"，允许大型科技产业的企业总部及运筹中心进驻。据统计，在法规松绑后，内湖科技园区和南港软件园区厂商营业总额合计突破新台币一兆元[12]，超越竹科，成为台湾产值最高的科技园区。由于成效卓著且切合产业发展需要，因此台北市政府于 2008 年再发布将"内湖科技园区"及外围"基隆河截弯取直南段新生地区"整合而成的《大内科计划》，使内科园区成为涵盖仓储物流、展览、策略产业专区，并搭配大弯北段的商业购物以及娱乐功能，提供完整的都市服务（图 17-13，图 17-14）。

图 17-14 (a)

图 17-14 (b)

4 新世纪全球城市治理策略

自 1990 年代起，伴随着抗议环境污染、高房价以及都市不当开发等"都市社会运动"（Urban Social Movement），公民意识逐渐浮现，

11 内湖轻工业区及大弯南段工业区等地区的面积合计约 221hm²，占都市工业区的 36%。此时都市计划允许使用的组别包括：面包糖果制造业、手工艺业等低污染或无污染的轻工业。由于该地区位于都市边缘地区，因此并未将都市设计、都市防灾等理念纳入考虑，也未规划配套的交通建设。

12 法规放宽后许多企业总部得以化暗为明，申请合法登记。于是如英特尔（Intel）、戴尔（Dell）、惠普（HP）均将总部及维修中心迁至内湖科技园区。因为税法规定以企业总部为税捐稽征之所在地，在企业得以合法登记后，相关的产值数据也终于得以呈现于统计数字之上。

图 17-14（c）

图 17-14（d）

图 17-14
民间资本创造"内湖科技园区"高科技意象：（a）
（b）（c）（d）园内具有高科技意象的建筑一览
图片来源：Taiwan Architect Magazine

图 17-15
于大众捷运沿线、中心商业区设置无障碍人行步道
图片来源：林钦荣，2006

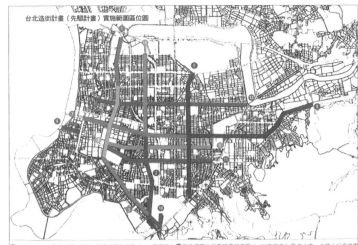

图 17-15

重视环保、文化、历史保护等非政府组织（NGO）逐渐增多。民众由追求"现代化"的单一价值观，逐步反思生活环境与历史保护的重要性。都市再生与历史保护、民众参与、社区规划，以及生态永续城市成为新世纪城市治理目标。

4.1 社区规划与民众参与

台北市自 1990 年代起，强调公众参与，通过专业者协助，将部分规划权力下放社区。都市动员过程中，"市民社会"（Civil Society）渐渐形成。21 世纪后的台北，市民城市开始崛起。1980 年代末，土地炒作使得房价飙高，因此在 1989 年，由专业者与热心市民共同发起"无壳蜗牛无住屋者运动"，号召大众集体躺在当时地价最贵的东区道路街头，争取城市居住权，引起许多社会关注与民众认同，也间接影响台北市政府的住宅政策[13]。当时也有庆城街、大理街、奇岩社区等诸多社区，因抗议"嫌恶性邻避设施"（Not In My Back Yards，NIMBY），或为争取空间环境质量动员起来。居民邀请专业者提供协助，主动发声与管理部门对话，或通过居民代表与媒体影响政策，对传统僵化的规划体制造成冲击[14]。1994 年市长开放民选，反对党提出"市民主义"作为竞选诉求，获得市民认同。反对党当选后，便以"社区营造"及"民众参与"为主轴，推动"地区环境改造计划"，以及重视无障碍通行与环境绿化的"人行环境造街计划"（图 17-15），期望通过启动与市民生活相关的小型环境改造工程，让民众可以切身感受施政成果。1995 年，台北市以"社区参与"为当年度都市设计大奖的主题，推动"社区规划

---

13 后来许多参与运动的成员，持续将运动能量转化为由专业观点出发，关注空间、环境、社区与都市问题的"专业者都市改革组织"（OURs），以及协助照顾都市中经济弱势租屋者权益的"崔妈妈基金会"，成为关注都市发展、居住问题，争取民众环境权益的非政府组织（NGO）。
14 当时适逢蓝营内部权力再结构的特殊历史时期，管理部门提出"社区总体营造"对策来响应社会挑战，并企图以此打造生命共同体意识。

图 17-16
以工程经费 1% 设置的公共艺术案例
图片来源：台北市政府都市发展局

师""青年社区规划师"制度以及设立"社区营造中心"，至今共计完成 200 个以上，使社区规划成为台北市政府规划政策之一。由社区自发的"地区环境改造案"，实际改善逾 120 个社区。而 1999 年首创的"社区规划师"制度，鼓励空间规划师走入社区，为社区提供专业咨询及地区环境诊断，每年约有五十多个工作团队进驻各社区。2000 年度开办的"青年社区规划师培训计划"，亦培训近千位青年社区规划师，成为社区规划师庞大的后续力量。

1992 年起，台北市政府也结合民众参与制度，推动"公共艺术计划"，规定所有公共工程经费的 1%，必须用以设置公共艺术。一方面配合大众轨道交通工程，沿线设置公共艺术（public art）；另一方面，配合"地区环境改造计划"，经由社区参与决定公共艺术的内容、形式与设置位置 [15]，在市区各处创造了许多特色景点（图 17-16）。

除此之外，"民众参与"在都市计划拟定过程中的重要性也逐渐增加，由早期仅以公示方式通告都市计划方案，至后期管理部门主动举办说明会，再到近期民众得以在都市计划审议期间参与旁听并登记发言，都市计划由早期管理部门单方面研拟，到如今民众已有充分表达意见的机会，台北都市规划程序已渐渐迈向公开透明。

4.2 城市历史风貌保护

全球化时代，地方历史文化成为各个城市强化特色，拓展"城市营销"（Urban Marketing）的重要环节。台北凭借丰富的历史底蕴，积极推动历史遗产保护再利用，成为台湾地区推动"历史街区保护"及"历史空间再生"较成功的代表城市。

---

15 在 2000 年台北市文化局尚未成立前，公共艺术亦由都市发展（都市设计）部门推动。

1. 历史街区保护——大稻埕历史风貌特定专用区

台北的历史街区保护以"大稻埕历史风貌特定专用区计划"最具代表性。这条起源于清代、宽 7.8m 的街道，在追求发展的年代被规划为宽 20m 的计划道路，但因财源不足迟未开辟。1987 年，台北市政府准备依都市计划开辟道路。关怀历史文化的 NGO 团体及专业者，大声疾呼保存此街区的重要性。虽然台北市政府暂缓开路计划，但是也造成部分当地居民因道路未开，无法兴建高楼获利而频频抗争。历经多年争议，台北市政府于 2000 年提出"大稻埕历史风貌特定专用区计划"，成为亚洲少数采用"容积率转移制度"（又称"发展权转移"，Transfer of Development Rights, TDRs）保护整体街区的案例。依规定，保存街区范围内的历史建筑必须"原样修复"，非历史建筑必须"风貌重建"，并完成都市设计审议后，才允许办理容积率移转申请，将原本可开发的楼地板权利售予开发商，由开发商出资代为修复历史建筑物。

为避免对旧市区造成冲击，计划也明确以内湖工业区、南港经贸园区及大众捷运车站外围等地区为"容积率接收区"。由于大稻埕地区自清代已发展，因此地价较高，而内湖、南港等工业地带的地价较低，因此大稻埕每移出 1m² 的楼地板，在新开发区可换成 2~3 倍的销售楼地板，对开发商有极大经济利益。于是在初期此地容积率大量移入内湖、南港等新开发区，之后伴随着台北市区房价节节高升，开始逐渐移入所谓豪宅开发案，以获取更高地租。大稻埕历史风貌区容积率移转制度实施十二年来，共有近 360 件申请案，已修缮完成案件超过 200 处 [16]，一定程度上达到维护历史风貌的成效。然而，实际上是资本运作使容积率转移制度得以实施。特定区计划原指定应保护建筑物为 83 处，而被指定为保存建筑物者，其地主起初多有抗议；但在发现容积率转移制可为地主带来丰厚利益之后，不但原本不愿保存老屋的地主开始配合，甚至其他原先未被指定需保存的建筑物屋主，也纷纷委托专业者重新检视其建筑物的历史价值，并开始向台北市政府提出保存修复申请，以求获得容积率转移利益。

2. 历史空间保护再利用

台湾地区自 1982 年始有历史遗产保护相关法令，以往公有历史遗产因权属与管理问题，一般民众无法接近。1994 年上任的民选市长提出"空间解严"政策，将原官派市长的官邸改为市民活动及文艺场所，获得好评。1998 年，首任文化局长龙应台以其个人魅力，邀请电子产业龙头企业相关基金会捐赠修复资金，成功创造如"台北光点""当代美术馆"等几处历史建筑保护案例。2010 年起，台北市政府"都市更新处"继续推动"都市再生前进基地计划"（Urban Regeneration Station），简称为"URS"（即 Yours）。此计划对闲置未利用公有房舍进行短期再利用，建立由民间团体结合都市再生相关议题的保护空间机制，设置任务性的都市再生前进基地。计划自 2010 年起开始实施，

---

16 甚至有部分地主希望将其土地所有可开发容积率全部转移以获利，故将修缮完成的建筑物捐赠给台北市政府，也使其得以在此街区开始推动所谓的"都市再生前进基地计划"（URS）。

图 17- 17
2000 年后台北市政府积极推动历史建筑再生的
案例
图片来源：Taiwan Architect Magazine

目前已推动八处 URS 基地。计划推动以来，呈现与前一波历史建筑再利用不同的风貌，空间使用与进驻者更针对当地社区需求，也逐渐可以观察到 URS 基地带动地区环境改善的成效（图 17-17）。

4.3 区域整合与永续发展

面对全球城市竞争挑战，区域治理与区域整合成为重要课题。2010 年市长竞选中，"县市合作"作为主要竞选策略被提出。选后，台北县升格为"新北市"（New Taipei City），两市共同筹组"大台北黄金双子城发展委员会"，推动在交通、产业、环境资源等议题的合作，并朝向最终两市合并方向进行。

除推动都会区合并外，管理部门在都市建设方面也提出新应对策略。例如，积极推动包括松山机场改造、环东高速道路等多项交通建设。在市区主要道路铺设"共同管沟"、埋设光纤网络，全面建构城市基础建设（IT 骨干），推动信息网络无线化（Wi-Fi）、免费上网"Taipei Free"等计划，以打造信息传播沟通无障碍城市。

在交通运输方面，为提倡绿色交通，台北市政府积极推动"自行车专用道"政策，初期设置于河岸行水区，的民众休闲场所。由于成效广为民众所赞赏，河滨自行车道的设置被视作重要政绩之一。2012 年，台北市政府进一步推动《公共自行车 U-bike (You Bike) 计划》，与台湾最大自行车厂捷安特（Giant）合作，并善用台湾信息科技产业优势，设计以悠游卡收付管理 24h 自行运作的租借站系统，让用户可以整合大众捷运系统，轻松在市区移动。

为推动节能减排及永续发展，2002 年起执行"都市型生态社区计划"，在各地社区广植乔木，透水铺面，以及屋顶绿化。2009 年起推动改造校园围墙为生态绿篱的"亮绿校颜"等计划，以打造真正属于台北市民的生态及永续城市。

5 结语：重构都市文化

回顾台北都市发展历程，发现清朝时是由官署与地方商绅共同进行都市治理，属无制度性的都市规划。日据时期，基于殖民国利益及城市管理需要，殖民者带来相关法令制度，建构出台北中心区发展架构，并持续影响后续台北都市建设与管制法规。然而，殖民者带来的是"殖民现代性"（Colonial Modernity），虽有部分"反殖民空间"[17]出现，但整体社会的自主性在殖民统治下无法彰显。

"二战"后，台北接纳日本殖民者遗留下来的都市计划成果，又在冷战时期美援协助下，引入美国以经济发展导向的城市规划技术。在依赖外援发展的年代，城市人口快速聚集，城市管理部门无力解决的各种都市问题，由民间非正式部门所吸纳，虽然技术官僚在大方向上，推动新竹科学园区、信义计划区及南港经贸园区等具有政策指标的计划。然而管理部门在计划实施层面往往延宕过久，使得计划实际效益无法快速彰显。与之相对的，在经济发展过程中，民间资本积极进行土地开发，供应相关居住需求，民间部门的活力有效地促进城市发展，但也使大型土地资本财团成为影响都市面貌的重要力量。

清代的"垦殖移民"、1949年的"大陆移民"、1950—1980年代经济发展时期的"城乡移民"，都使得台北都会呈现强烈的"移民社会"性格。在1990年代全球化产业经济再结构过程中，台北的都市结构（urban structure）由单核心转为多核心发展，产业发展轴带以及跨国资本运筹中心在东区诞生，而在都市形式（urban form）上则以曾为世界最高楼的"台北101"为"全球城市"的都市象征。

在追求政绩表现的思维模式下，台北市政府重金聘请建筑师库哈斯（Rem Koolhaas）来台设计"台北艺术中心"，并通过积极争取举办国际大型展览活动作为政绩表现，例如2010年争取办花卉博览会，即配合推动一系列如空地绿化、建筑物更新、鼓励建设新颖大楼等"台北好好看计划"，作为当时台北市长郝龙斌争取连任的政绩。连任后，他再次集结台北市政府各部门力量，以争取"2016世界设计之都"的举办权。同时台北的相关文化部门也在推动"老房子再生运动"，希望以"民间经营"模式将一批公有老屋加以保护。然而，这种委托民间经营的模式，必须妥善管控，如民间部门仅以追求绩效为考虑，极易产生公共空间私有化以及"绅士化"（Gentrification）的隐忧，值得进一步观察[18]。

研究显示，在进入1990年代后，城市管理部门"空间治理"失能现象渐趋严重。首先，民选市长为考虑选举任期，使得都市政策需短期见效且具有媒体效应，于是将需长期推动的"城市建设"，转向短期的"城市营销"活动。其次，市长与民意代表在特定议题以及预算编制方面相互掣肘，也经常使得计划期限延宕。再次，不同于战后以经

---

17 例如，当时台人文化精英曾筹设"台湾文化协会"，并于大稻埕（港町）举办"港町文化讲座"，倡议民主。

18 除都市更新发生"豪宅化"现象，在历史保护方面，台北市部分委托民间经营的公有历史遗产，由于并未详细规范经营形态，因此已出现许多精品商店、艺廊、餐厅聚集的现象。

济发展为目标的技术官僚，1990 年代后的行政官僚以"拟定法规"作为城市治理手段，徒有法令但却缺乏执行力。例如，原本应具有引导都市空间的"都市更新"政策，变成民间开发商圈地的工具，也使得城市管理职能更趋弱化。

所幸，除了民间资本力量崛起，市民社会也逐渐浮现。风起云涌的都市社会运动使公共部门无法再闭门规划、黑箱作业。更重要的是，市民自主关怀环境，参与规划设计甚至施工过程，共同营造环境，推动公共艺术。通过社区集体努力，许多细微的都市空间环境得到改善，成为台北市新地景，在都市意义（urban meaning）上，台北终于可称为"市民城市"（City of Citizens）。今后如何在全球化年代进一步重构都市文化，彰显历史特色，落实永续发展，均有赖有识者持续推动。

（本文撰写过程中得到台湾大学建筑与城乡研究所夏铸九教授大力指导，特此感谢。）

参考书目 Bibliography

[1] 阿尔弗雷德·申茨. 幻方——中国古代的城市 [M]. 北京: 中国建筑工业出版社, 2009.

[2] 黄世孟. 台湾都市计划讲习录 [M]. 台北: 胡氏图书出版社, 1992.

[3] 黄武达. 日治时代台湾近代都市计划法制之创设——创设期法制之内涵, 并以台北市街之施行为例 [J]. 都市与计划, 1997, 24 (2): 99-127.

[4] 林崇杰. 台北市社区规划的发展脉络与未来愿景 [C]// 台北市都市发展局. 市民参与的活力社区与适居城市——都市治理中的市民参与 (国际社区规划论坛论文集). 台北, 2005.

[5] 台北市政府都市发展局. 台北都市计划年报 2012[R]. 2012.

[6] 王铭岳. 官僚的城市——台北市治理模式研究 [D]. 台北: 东吴大学, 2010.

[7] 夏铸九. 全球经济中的台湾城市与社会 [J]. 台湾社会研究季刊, 1995 (20): 57-102.

[8] 周素卿. 全球化与新都心的发展: 曼哈顿意象下的信义计划区 [J]. 地理学报, 2003 (34): 41-60.

[9] 周志龙. 后工业台北多核心的空间结构化及其治理赤字 [C]// 全球化台北论文集, 2002.

[10] 庄水明. 台北老街 [M]. 时报文化出版, 1991.

点评

　　台北是一座近代崛起的城市。甲午战争使台湾受到日本的殖民统治，在此之前，清朝在台北设府的时间刚满二十年。日据之下的台北作为台湾的首府，得到了第一轮现代化发展。"欧化"的日本在这座不大的中式小城中加入了大量欧式元素。于是台北就有了与香港、上海等地差不多的"买办式建筑"（Comprador Style）。但与香港、上海不同的是，当时的日本也刚刚"脱亚"不到半个世纪，受其殖民统治的城市虽然也推行现代观念下的城市规划与建设，但"现代化"程度自然远不及英法管制理念下的香港和上海租界。从这个意义上说，抗战胜利后的台北是一座并未得到充分现代化发展的落后小城。1949 年国民党军溃败台湾，台北才遇到了真正的发展契机。大量来自大陆的"外省人"改变了台北的人口结构和城市文化，台北由此转变为一座移民城市。

　　1949 年后，为抵抗共产党解放台湾，也为时刻准备"反攻大陆"，台湾实行"动员戡乱时期临时条款"。这一"战时宪法"实施达卅三年之久。准战争状态使得台北难以获得真正的全面规划与发展。但随着"文化大革命"结束和蒋介石去世，台湾"战乱时期"的实质意义逐渐淡化。以出口加工和贸易为主的台湾经济逐渐融入经济全球化产业链之中，并以连续快速发展确立了台湾"亚洲四小龙"的地位。劳动密集型产业带来了大量农业人口的快速城市化，工业园区和出口加工区成为 1970—1980 年代台湾城市发展的主要标志。台北封闭的政治军事地位由此逐渐被国际化的经济地位所取代。大陆沿海城市二十年之后的发展轨迹几乎与此如出一辙。当然，今日大陆快速工业化进程中所有城市面临的诸多问题如交通拥挤、房价飞涨、自然环境被污染、历史遗存被忽略，也一样不少地在台北出现过。

　　但可以让台北自豪的是，对于这一切他们都已经找到了解决的道路，而且看上去做得还不错。民主化后的台湾，完全自上而下的强权时代已经一去不复返。通过管理部门的强势规划来实现城市的健康发展似乎已经不太现实。市民社会的建立与完善成为城市规划能够存在并得以实施的前提。这在台北城市发展进程中得到了极好的佐证。1980 年代台湾快速的经济增长和土地增值推动了城市开发。迪化街，一条有着近一个半世纪历史的商业老街面临着大规模改造。这里破旧、低矮、狭窄，但历史文化丰富，建筑风格多样，生活情趣浓郁。面对得到管理部门强势支持的开发商，以城市规划和历史保护专家以及当地市民为主体的群众运动蓬勃兴起并最终获得胜利。"公众参与"最终成为解决规划难题的法宝。我们过于依赖强势政府得以保证"统一规划，统一实施"的体制红利也必然会逐渐消失，当我们的规划主要不是依靠政府而是更多地依靠社会力量来实施的时代到来之时，我们准备好了吗？

由迪化街保护改造而引发的开发权（容积率）转移（TDR）机制如今也已经成为台湾地区旧城更新过程中极为有效的手段。当我们今天面对旧城改造中历史保护与经济平衡的绝命难题时，我们是否也应该从台北的经验中得到绝处逢春的药方呢？在台北"都市更新处"的推动下蓬勃兴起的"都市再生基地"，调动起来自各方的民间力量，历史保护与再生活动有了比管理部门大得多的动力。其英文字母简称 URS 的谐音 yours（你们的）也诙谐地表明了这一机制的本质。而历史街区的保护也完成了从保存保护到改造更新再到再生活化的转变。得到"活化"的历史再也不用担心因阻碍发展而被消灭的命运。

自 1990 年代起，为了能够保持经济的持续增长，同时也得益于大量低端产业成功向大陆转移，台湾走上了经济结构向全球产业链上游转移的道路。对于台北而言，新的高科技产业园区的建设和原有产业园区的转型就成了城市转型发展的重心。内湖科技园区继新竹科技园区后成为台湾地区又一个经济转型发展的热点。如今中国大陆占全球市场极大比重的电子产品中，台湾电子产业的影子几乎无所不在。台湾接订单大陆生产，在国际市场上的"中国制造"产品中所占的份额绝不会是小数目。台湾经济转型的成功由此可见一斑。

无论如何，台北从来都不是一座强势规划主导的城市。其城市管理体制与土地制度都使之不可能实施这样一个"规划"。台北的"杂乱"街景与我们强势规划主导下的城市街景形成强烈对比。但这也给台北带来了浓郁的人情味。士林夜市、西门町酒吧，以及满街的伴手礼店和便当铺都让这座城市流露出随意、散漫和自在的特质。当我们的城市管理者为乱设摊和夜排档的脏乱差头疼不已的时候，台北的夜市却已然成为最让台北人自豪和游客流连的美景。对于普通台北人而言，台北的小街小巷犄角旮旯比起101 大厦更具标志性，更代表这个城市的精神。

台北仍然不能算作特大城市，台北保留的传统生活也随处可见，但台北却是一座十足的国际化都市。在台北生活和工作的外国人不会少于上海，但以上海四五倍于台北的常住人口为分母，台北的国际化程度则要比上海高得多。当然一个城市的国际化并不完全取决于外国人的人数，但这样的国际化程度已足够让上海羡慕。而台北人在迈向世界城市的路途上却更在意城市的"非正式性"和"市民性"，这才最值得我们思考的。毕竟，城市最终是因为这座城市的市民而存在的。

伍江

东京

[日本] 中岛直人　傅舒兰　著

中岛直人，日本东京大学工学系研究科都市工学专攻准教授
傅舒兰，浙江大学建筑工程学院区域与城市规划系副教授

TOKYO

东京中心城区的规划历程及其现状：
探索迈向成熟都市的阶梯
Urban Planning History and Current Status of
Central Tokyo: Steps to a Mature City

本文在梳理东京都城市中心的形成以及城市规划史的基础上，通过选取两大重要的中心街区（丸之内办公街区、银座商业街区）作为案例，进一步剖析近代东京中心城区的形成，以及此后逐步迈向地域主导的规划方式的过程。其中特别着重考察在中心城区形成、发展、更新的过程中将承载了各个历史阶段记忆的街区特征（基因）传承下来并延续到未来的探索和努力。

This essay shows briefly a full picture of Central Tokyo's urban planning history and its current status. Two important areas, Marunouchi and Ginza, are chosen to be further analyzed in order to better understand Tokyo's uniqueness on urban development issues.

18

东京中心城区的规划历程及其现状：探索迈向成熟都市的阶梯
Urban Planning History and Current Status of Central Tokyo: Steps to a Mature City

1　东京中心城区的形成

1.1　从近代前的"江户"到近代城市"东京"

　　江户作为延续了两个半世纪多（1603—1867 年）的德川政权的立足点，在 18 世纪初就形成人口百万人以上的大城市。在紧靠入海口以及丘陵状起伏地形上形成的江户，由"武家地""町人地"（商业用地）"寺社地"等反映当时等级制度的土地分区构成。1867 年德川政权瓦解后，在次年成立的新政府改年号为"明治"，同时也将江户也改名为"东京"。新政府统治所需的大部分设施都直接在原来的武家居所基础上改用，最典型的莫过于将作为德川政权据点的江户城改为宫殿以迎接从京都移居到东京的天皇。尽管如此，德川政权时期各地大名[1]的妻子和家臣居住的武家地，还是因成片地沦为无主地而遭废弃。从新政府出台的转换荒废武家地为桑茶田的奖励政策，可以想象出当时城市荒废的样子，这就是近代城市"东京"的出发点。

　　到了 1873 年前后，东京的人口减少到江户时期的一半（约 52 万人），另外该年还发生了一场累及 5 万人受灾的大火，其地点正位于在江户时代就发展起来的中心商业地——银座。新政府正是趁着复兴这一受灾地的机会，提出在东京建设能与欧美近代城市媲美的、文明开化的城区。作为该提议的具体结果，在被大火烧毁的银座地区，形成一条临街排列着西洋式红砖建筑的商业街（图 18-1）。虽然西洋式的红砖建筑并不符合日本风俗习惯的需求，也不能确保一定会吸引人们的目光，但是在整体建成后，银座作为日本最先引入西洋文化的街区，日渐兴隆。作为文明开化的成果，东京也渐渐恢复了元气。

　　就是这样，到 1878 年东京的人口达到约 67 万人，到 1887 年达到 106 万人。在人口逐渐恢复的情况下，明治政府试图将建设近代城市风貌从受灾地区扩展到东京全域。1888 年制定日本最早的城市规划法——以东京为对象的《市区改正条例》，并在 1903 年公告的"市区改正设计"（图 18-2）基础上，推进东京全市的上水道、道路、路面电车等近代化城市基础设施建设。在市区改造的过程中，提出建设东京的中央车站，并将站前的陆军练兵场（原武家地）的国有用地转让给私人的计划。1890 年三菱作为唯一的开发商购入此地，并展开建设，进而形成日本最早的办公街区——"丸之内"。1913 年，丸之内街区内，作为东京中央车站的"东京站"建成营业。车站设 3 个出入口，正中

图 18-1
银座红砖街时期的街景
图片来源：近代城市规划的百年及未来 [R]. 日本城市规划学会，1988

1　大名，日本封建制度下对领主的称呼。

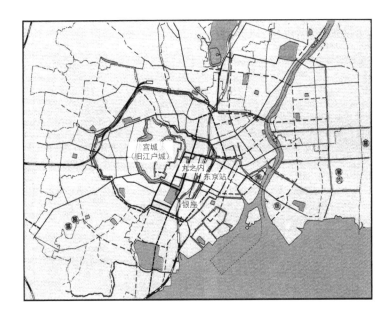

图 18-2
1903 年东京市区改正新设计
图片来源：近代城市规划的百年及未来 [R]. 日本城市规划学会，1988

央为皇室专用。由此，丸之内地区以及东京站作为近代东京城市的象征，与紧邻的宫城（原江户城）形成比肩而立的对峙形态。

1.2 两次大规模灾害与复兴

进入 20 世纪后的东京，在还没有足够时间来完善城市空间的情况下，又在短时间内遭遇两次大规模的灾害。

第一次为 1923 年的关东大震灾。当时大约四成以上的城区烧毁殆尽，不仅所谓文明开化象征的银座红砖街区被毁，城区中江户时期开始形成的老街也尽数被毁，东京重新面临在焦土上重建城区的"城市复兴"课题。这次的"复兴事业"，基于"复兴并非复旧"的认识，展开了面积约为 3 600hm²，可以说是世界史上最大规模的一次土地区划整理事业 [2]。通过这次区划整理，位于东京东部，在江户时期形成的、没有足够道路且密度过高的町人地（商业用地）得到重生，区内干线道路以及幅宽 4m 以上的生活道路网得以完善。不仅如此，还有意识地建设了河岸公园、钢筋混凝土结构的小学与配套小公园等近代城市化的基础设施（图 18-3）。另外，利用关东大震灾的契机，推进东京近郊农村的城市化。主要通过铁路公司以及当地的地主等主导的土地区划整理事业，开发建设通往郊外的铁路和住宅地。之后随着通往郊外铁路沿线的人口增长，在山手圈沿线且作为郊区铁路起点的新宿、涩谷、池袋等轨道交通站的周边，成长出新的商业中心。

第二次的大规模灾害，是距离关东大震灾二十年后的美军空袭。东京经历了 90 次以上的空袭，东京都内死亡 94 225 人、重伤 33 974 人、失踪 6 944 人、受灾住户 769 049 户。"二战"后的"战灾复兴"规划，

---

2 "土地区划整理事业"是指在尚未进行城市基础设施的市区和计划进行城市化的地区，以形成基础设施完善的市区为目标，进行道路、公园、河流等公共设施的整备和改善，这是一个谋求规整土地区划和提高宅基地利用率的工程。即使在城市建成区，也可以通过合理利用区划整理手法、公共设施的再配置和土地集约化来形成高品质的城市空间。

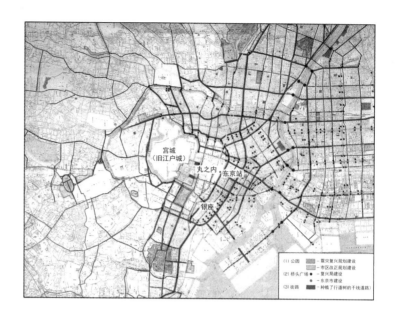

图 18-3
关东大震灾（1923 年）后的帝都复兴规划
图片来源：近代城市规划的百年及未来 [R]. 日
本城市规划学会，1988

主要包括在新宿、涩谷、池袋等地的站前地区实施土地区划整理事业，
恢复商业中心。此后，到了 1950 年代后期，随着高度经济成长期的到来，
东京的市区也进入快速恢复的时期。

1.3 再开发及之后的都市再生

进入高度经济成长期后，人口加速向东京集中。到了 1960 年左右，
城市中心部分（23 区）的人口达到 830 万人之多。1958 年指定的"首
都圈整备规划"中，正式将新宿定义为城市二级中心，并将其车站附
近的净水场移设到更远的郊外。同时规划中也包括为缓解单极化集中
而制定的、限制大学和工厂选址的内容，还包括政府设施外迁、围绕
郊外大学建设城区的"筑波研究学园城市建设"等项目。在这种避免
商业过于集中在城市中心的规划思想下，城市中心的大规模开发得到
抑制，只有一些局部的点在开发。之后，到了 1980 年代后期，随着城
市中心的地价飙升，为促进开发，又重新出台了各类缓和限制的城市
规划制度。直到 1991 年，泡沫经济破裂，地价急速下滑，众多的再
开发项目才不得不被搁置。

针对这种停滞，东京都在 2001 年设置了"都市再生本部"，在
2002 年出台《都市再生特别措施法》以脱离之前的停滞期，俗称"失
去的十年"。这部新的都市再生法，在城市中心内部划定能够在更大幅
度上脱离规划限制的"紧急整备地域"，除了以往常见的收购统合零
碎土地进行综合再开发的项目类型之外，还出现了将旧铁路建设用地、
政府机关移设用地等通过土地用途转移的方式推进的开发项目。就是
这样，可以视为东京新地标的大规模开发项目（汐留 SIO-SITE、六本
木新城、东京中城等）逐个竣工，同时各种超高层的住宅楼也拔地而起。
东京中心城区的风貌，在近十年内发生了很大的变化。

就是这样，从战后的高度经济成长期以来，到现在的七十年间，
东京几乎没有经历大规模的自然灾害，充分享受到城市建设的成果。

图 18-4

图 18-5

图 18-4
复元后的东京站站房
摄影：中岛直人

图 18-5
三菱一号馆美术馆
摄影：中岛直人

即便遇到挫折，比如 1980 年代的泡沫经济，也在 2000 年以后的都市再生期阶段，通过再开发的形式得到更新。

综上所述，东京的城市空间在过去短周期不断重复更新的过程中，逐渐趋向成熟，并遭遇新的挑战。下文中，将通过具有代表性的两个街区（丸之内办公街区、银座商业街区），具体解析这个过程是如何展开的。

2　解读成熟的中心城区之一：丸之内

2.1　东京站的复原与三菱一号馆美术馆的人气

2012 年 10 月，东京站站房的复原工程正式完工，全面开业（图 18-4）。车站的站房用红砖建起，最早完工于 1914 年，曾是当时东京近代化的地标。1945 年遭遇空袭后，由于修复时建材不足，没有能按照原样恢复三层、八角形穹顶的原型，只是将烧毁严重的三层拆除，并将屋顶改建为简易的三角尖顶，然后一直沿用到 21 世纪。虽然在 1980 年代后半的泡沫经济时期，为加强土地的高度利用，也曾讨论过将东京站改建为超高层，但由于市民反对而撤回了改建方案。在 1999 年，建筑物所有者 JR 东日本与东京都知事发表了恢复受灾前原样的计划，并费时十年终于将东京站恢复了原样。东京站复原后，访问的人数较历年增加四成，经常在站前可以看到手持照相机捕捉车站美景的访客。

从东京站的站前广场向南走，可以看到一个供人休憩的小广场。而围绕着小广场的其中一栋，就是 2010 年 4 月开业的三菱一号馆美术馆（图 18-5）。这栋红砖建造的建筑物，是将 1894 年作为丸之内街区最早的办公楼建成、并在 1968 年拆毁的三菱一号馆作为原型在原址上复建的。虽然材料、设计以及内部等都按照现有的建筑法规和作为美术馆的功能进行了调整，且并没有完全按照原样、原材料复原，但作为丸之内街区内体现历史感的建筑物，这座美术馆集聚了很多人气。

通过近几年推进的这两个项目，我们可以看到，丸之内街区正在有意识地通过"历史"这个要素重新创造街区整体的意象，以此集聚人气。但是，回顾丸之内街区的开发史，本身就是一部抹去"历史"的历史，这种意识的转换是如何形成的呢？

图 18-6
1955 年左右的东京站和丸之内
图片来源：丸之内百年历程——三菱地所社史（下
卷）[R]．三菱地所株式会社，1993

2.2　日本最早的近代化办公街区：变迁和传承

　　回顾历史，丸之内街区在被三菱购买后，在 1894 年竣工的三菱一号馆之后，逐渐建起了一栋栋红砖办公楼，这一带也开始被称为"伦敦一条街"。此后，伴随着东京站的建成，围绕站前广场，丸之内大楼（1923 年竣工）、东京中央邮政局（1931 年竣工）、铁道部大楼（1937 年竣工）、新丸之内大楼（1952 年竣工）等受到现代主义影响、极少装饰的大楼相继建成（图 18-6）。这些大楼没有"伦敦一条街"时代建筑物的标志性尖塔，是在沿街立面标高 31m 的绝对限制下建造的，这样沿街整齐划一的街区型建筑被称为"纽约一条街"。1959 年之后，三菱地所开始了"丸之内综合改造规划"，逐渐将"伦敦一条街"时代的建筑物逐次改建替换为大规模的街区型办公楼。当时正在由文部科学省（教育部）讨论指定为重要文化遗产（国家级保护文物）的三菱一号馆，也没能幸免。三菱无视日本建筑学会等提出的保护请求，以时代的需求为由，在 1968 年拆除了一号馆。就这样整个街区，逐次被更新，但由于当时沿街立面 31m 的绝对限制仍没有废除，建筑物沿街向内缩进回避控制斜线，结果是沿街立面的檐角高度一致，街区整体保持了一定的统一性。

　　但是，与三菱一号馆拆除的经历相似，日本的城市规划制度，一度废弃了绝对高度限制，而全面地转向容积率限制。受此影响，在 1960 年代后期，丸之内地区内也出现了建设地上 30 层、标高 127m 的高层建筑提案。虽然这个东京海上大楼的建设计划，在当时引起了巨大的争论，甚至还卷入了政治争议，但最终还是将高度减少至 100m 而获得建设许可，并在 1974 年建成。之后，100m 就成了丸之内地区开发的一个新的上限，将"丸之内综合改造规划"未触及的战前建筑，逐次改造为高层大楼。这也直接导致了丸之内的天际线一度失控，是最没有"历史"继承意识的时代。

图 18-7
丸之内再开发规划（1988 年）
图片来源：丸之内再开发规划——打造国际商务
中心 [R]．三菱地所株式会社，1988

　　到了 1980 年后期，在日本经济蒸蒸日上的背景上，包括前文所述的将东京站改建为高层的方案，各种大规模的改建的再开发构想被提上讨论的日程。作为这个潮流的极端，1988 年三菱地所提出了副标题为"面向国际商业中心"的《丸之内再开发规划》。规划将容积率设定为 2 000%，描绘了一幅包括在东京站上方的整体街区内，林立着 60 多幢超高层大楼的景象，俗称为"曼哈顿规划"（图 18-7）。虽然该规划还包括了在底部裙房部分保持 31m 的沿街高度，以保留"历史"的内容。但这种非常极端的、带有实验特征的城市意象描绘，引发了对东京单极化集中的恐慌和高层林立的反感，没有能被大众接受，同时也成为之后对于丸之内街区整体容积率缓和、超高层化等进行反思的契机。

2.3　都市再生与历史的继承

　　1990 年后，随着都市再生的呼声，承担丸之内地区改造，也就是塑造"纽约一条街"的"丸之内综合改造规划"也逐渐被实施完成。除了 31m 的沿街立面高度保留外，在改建工程中，还出现了保存历史

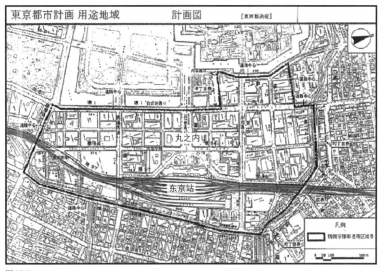

图 18-9

图 18-8

图 18-10

图 18-8
明治生命馆一侧的连廊
摄影：中岛直人

图 18-9
特许容积率适用地区的范围
图片来源：东京都城市建设局网站（http://
www.toshiseibi.metro.tokyo.jp）

图 18-10
八重洲大楼的拱券
摄影：中岛直人

建筑物的考虑。例如，最先开始只是单一地再现建筑物的立面，或者将建筑物的一部分保存下来，无法完全达到继承"历史"的层次。但是到了 1990 年代末期之后，从东京站保存和修复的项目开始，灵活利用了历史建筑物保存以及容积率转换的新制度，在再开发项目中正式导入了历史建造物保存的手法。例如，为保存重要文化财的明治生命馆，将容积率转移到后背地块，允许超过一般规定建设更大体量的超高层，并设置了公共券廊联系（图 18-8）。自从三菱从政府手中接手了丸之内地区之后，经历了百年的变迁，终于意识到继承"历史"与"传统"的重要性，自觉地将其作为再开发项目中的重要一环进行考虑。特别是，在东京站复原再生的项目中，第一次使用了地区间的容积率转移制度，促生了开发与保存并立的制度形成（图 18-9）。

但是，面向东京站站前广场的另一栋近代建筑——东京中央邮政局，还是在邮政民营化后被改建成了超高层。虽然在改建期间，有志愿者组织并展开了保护运动，但最终还是以只保留邮政局的窗口部分而结束。而且，在包含三菱一号馆复原的再开发项目中，作为历史建造物的八重洲大楼（1928 年竣工）也被拆除，只保留了临街立面的一部分（图 18-10）。这种将真的历史建筑拆除，而复原赝品的做法，不能不说是这个地区延续"历史"不得已的做法。从丸之内地区所经历的这一系列失败中汲取教训，在开发需求极高的办公地区，既要容许变化的出现，又需要给城市空间以足够时间，积累各种历史要素才能达到较为成熟的阶段。

2.4 从城市开发到地区管理

丸之内地区城市空间的成熟，并不只指"历史"方面的积蓄，还包括最近十年内该地区城市空间质量的提升以及软件服务上的充实，也包括从单纯的城市开发向地区管理的转换。

281

图 18-11
丸之内仲通大道的街景
摄影：中岛直人

前文已提到，1988 年三菱地所为将丸之内地区建设为国际商业中心而制定的《丸之内再开发规划》为契机，同年在该地区自治体千代田区的指导下，成立了以该地区地权者为主的"大手町、丸之内、有乐町再开发规划推进协议会"，开始自主讨论丸之内地区的未来走向。1994 年，该协议会的 76 名代表者缔结了"街区营造基本协定"。在此协定中，确立丸之内地区建设的未来方向：塑造既拥有丸之内特色的城市景观，又具备国际商业中心地位以及舒适度的城市区域，并通过民意协调、社会公益、社区营造体系的构筑等方式推进街区整体的管理。为实现民意协调，1996 年同协议会与东京都、千代田区、东京站所有者 JR 东日本一起，组成了"大手町、丸之内、有乐町街区营造恳谈会"。在这个行政与民间共同体的平台上，1998 年制定了包括该地区的建设方针与天际线控制的"松散的导则"，2000 年在这个基础上进一步制定了包含具体内容的"街区营造导则"。也就是在这个导则的基础上，该地区的法定规划得到了确立；东京站复原以及上空未利用容积率的转移得到了实施；东京站前行幸大道上步行者空间得以扩大；主要道路两侧沿街空间的商业化以及质量提升得以实现（图 18-11）。

更进一步，不仅局限于空间建设，"大手町、丸之内、有乐町再开发规划推进协议会"（2012 年改名为"大手町、丸之内、有乐町街区营造协议会"）还积极推进该地区的软件服务与管理。例如，2004 年文部科学省（教育部）迁至丸之内附近地区后，拨款支助该协会，展开了文化宣传为主的"丸之内健康文化项目"，增加在丸之内地区工作的人与艺术文化的接触机会。包括在该地区内举行各式各样的艺术展览、演奏会、以及以魅力丸之内为主题的猜谜活动——"丸之内鉴定"。

该类活动在后期，发展成为并非只是由地权者主导，而是进一步吸纳在该地区工作人群的意见。在此影响下，2002 年设立了由该地区企业、团体、个人，甚至是关心丸之内地区的学者构成的 NPO 组织"大丸有街区管理协会"。之前提到的"丸之内鉴定"的猜谜活动，就是该协会于 2008 年以"丸之内晨间大学"为名发起主办的、一直活跃到现在的一个成功项目。当初发起活动时，主要是基于"利用早晨的 1 小时，既能满足好奇心，又能与更多的人接触，并创造人生与社会的良好转机"的想法，利用该地区内的咖啡厅、工作室、会议室等作为教室，在工作开始前的一小时就环境、美食、交流、心理、历史、旅游、金融等各种话题进行授课，并渐渐发展成了超越年龄层、职位层的晨间交流活动（图 18-12）。

另外，丸之内地区也是最早致力于"环境共生型"街区营造的地区。2007 年，协议会在"千年后仍能保持街区活力"为目的而制定的《大丸有环境远景》基础上，成立了"大丸有环境共生型街区营造推进协会"（ECOZZERIA 协会），运营作为环保活动据点的"ECOZZERIA"组织，推进相关活动。例如，"环保结"的活动，就是凡在该地区使用电子钱包一次，支付额的百分之一就成为环保基金投入保护森林，以及植树活动等。此外还运营了"丸之地球环境新闻"，以及作为热岛效应对策的"打水活动"等丰富多彩的活动。

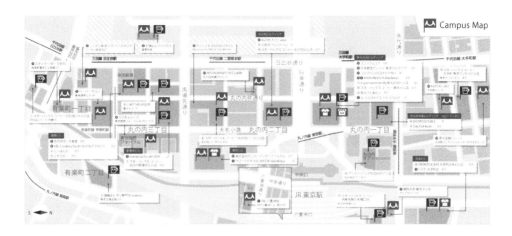

图 18-12
丸之内晨间大学的校园地图
图片来源：丸之内晨间大学网站（http://asa-daigaku.jp）

如上所述，丸之内地区不仅作为积蓄了"历史"的城市空间而充满魅力，还是国际化创新活动的舞台。成熟时代的城市空间，要具备国际竞争力，需要我们超越城市开发中的"更新"活动，集聚并培育该地区人的整体意识，通过人们的相互联系创造出地区的多样性。

3 解读成熟的中心城区之二：银座

3.1 作为西洋化起点的银座红砖街

如果说丸之内是象征近代日本崛起的商务街，那么银座就是近代日本首屈一指的繁华街（商业街）。银座开始于江户幕府填埋入海支流而建设的町人地，因为当地设立了制造银币的银座役所，因此整个地区都被称为银座。银座地区成为繁华街的契机，就是在 1972 年的大火后进行的银座红砖街的建设，形成了具有红砖以及拱券的西式街区。加上临近的筑地地区建设了接待外国人的宾馆，还有作为交通枢纽的新桥站，银座成为当时东京的门户，超越其他江户时期的商业街得到了急速的发展。1923 年关东大震灾后，这条红砖街的建筑几乎全毁。在复兴建设中，百货店、剧场、饮茶店等与当时新的城市文化相适应的设施，逐次开业。整体街区建筑风格改为装饰派，到夜里则闪烁着霓虹灯，极为繁华。银座不仅集聚了最为流行的元素，还吸引了大量的艺术家，成为西洋文化等"新事物"传播的中心，亦成为流行风尚的发源地（图 18-13）。当时，即便只是在银座街上观赏百货店的装饰和橱窗也成为一件乐事，还促生了被称为"GINBURA"（银座散步）的休闲方式。

3.2 银座街区营造远景的策划

银座的繁华一直持续到战后，但由于所在地的中央区常住人口大幅度减少，在 1980 年代后期将恢复常住人口定为该区城市规划的主要目标。虽然随着泡沫经济崩溃的影响，1998 年左右该区常住人口猛增，但白天的人数仍持续减少。为解决这种有着长期性经济停滞倾向的现象，经济对策内阁会议以"都心的再构筑"为目的，发表了"根本上缓

图 18-13
1930 年代银座街景
图片来源：村松贞次郎. 街——明治大正
昭和 [M]. 都市研究会，1980

和对城市中心地区（商业地区等）的容积率限制”的方针政策。这个新政策的提出受到了地区自治主体——“银座通联合会”的欢迎，十分期待其对银座再开发产生的促进效果。当时的银座地区，基本上都是在 1960 年代中期、受当初 31m 高度限制建成的建筑，虽然后期出台了容积率制度，但这些建筑本身早已超限，在没有容积率缓和政策出台的情况下，原地翻建的建筑必须将建筑面积缩小。因此，城区整体的更新一直停滞不前，如何改建更新这些面临老化的建筑群，挽救银座的商业魅力成为当时急需解决的课题。随着新政策的提出，政府与所在地的地权者通过讨论，商定了新的容积率、高度限制、立面退让等具体细节，制定了地区规划。

但是，仅仅这些具体数值的制定是不够的，关于银座地区的将来的讨论显得更为重要，只有在确立了明确的发展方向后，地区规划中的具体规定才有依据可言。因此，银座通联合会与专家们一起，展开了关于此问题的讨论，并制定了题为《银座街区远景》的导则。其中一个核心的概念是“银座滤镜”，指的是“银座内在生成的、自然且不可思议的自律力”（也就是说只要是不符合银座特质的东西就不能通过的滤镜）。概念具体化的解释则可以看作“既有活着的历史感，又兼具新事物的跃动感”“适宜于步行”“经济发展由社会文化的价值支撑”等。另外，导则中还提到了定期开展“银座街区营造会议”的计划。

3.3 银座街区营造会议与“有银座特色的”设计导则

银座地区除了按地区各自拥有自治组织“町会”之外，商业街还有称为“通会”的商业街振兴组织、不同行业的行业组合、各种名义的团体等。虽然这些组织各自展开了多种多样的活动，但是一直缺乏代表银座整个地区的组织。因此在 2001 年，即在《银座街区营造远景》制定之后，成立了包括银座地区现有的 33 个组织在内的“银座地区最高意向决定机关”（全银座会），统一整个地区的意见。

图 18-14
现在的银座街景（与图 18-13 同一摄影点）
摄影：中岛直人

图 18-15
现在的银座街景
摄影：中岛直人

图 18-16
《银座设计导则》（第二版）
图片来源：银座街区营造会议·银座设计协议会.
银座设计导则 [M]. 2 版. 全银座会·一般社团
法人银座通联合会，2011

　　该组织成立后不久，《都市再生特别措施法》（2002 年）得以通过，银座地区也被制定为紧急整备地域之一。于是，将江户以来形成的小规模划分的土地收购合并，建设 200m 的超高层计划；通过与大牌开发商合作，将面向"银座通"的老牌百货楼改建为超高层大楼的计划等相继出现。这对业已通过前一段时期努力、共同商讨并确立了不建设超高层的地区远景的银座人来说，是无法接受的。在此背景下，2004 年召开了首次的银座街区营造会议。会议中，除了向专家等反映银座人总体的民意外，也针对超高层建设对银座带来的影响展开了详细讨论，讨论内容除了超高层带来的压迫感以及防灾上的问题，还包括历史、空间等一系列相关问题。作为会议的结果，否定了将银座地区改建为统一的超高层街区的企图，强调了保留各个历史阶段培养并形成的横向洄游特质[3] 的重要性。引用该会议制定的《银座设计导则》中的原文，银座"并不是放射出强烈光芒的一颗太阳，而是由释放着各种各样光芒的星星组成的银河系"（图 18-14，图 18-15）。

　　之后，地区规划也根据此结果做了相应的修订，对脱离高度限制的地区进行限定。此外，为将作为讨论结果的"银座滤镜""银座导则"等现实反映到建筑物中，在 2006 年的银座街区营造会议中，根据中央区的市街区开发事业指导纲要，还成立了"银座设计协议会"。由此规定了凡是在银座地区内超过 100m² 的土地上进行的各种建设项目（主要包括标志和广告等），有义务将设计方案提交给银座设计协议会进行审议。

　　银座设计协议会在财政上也完全独立，成员除了银座街区营造会议的核心成员，还有建筑师，而审议对象涉及则街区的町会和通会等。虽然作为其设立依据的指导纲要，在法律的层面上并非必须遵守的法令，但是由于协议会的母系组织——全银座会在银座地区的影响力，以及已形成共识的设计导则，银座设计协议会成了负责并主导判断该地区内新建、改建是否符合地区特色的机构。2008 年，该协会将一年多的工作成果总结后，出版了具体解释何为银座特色的《银座设计导则》，并在 2012 年进一步增补修订（图 18-16）。也就是说，何为银座特色，并不是固定不变的，而是通过不断的讨论发现并创造的东西。设计导则也随着讨论的不断展开，而不断更新修订。即便在法律上并没有强制性，但到 2011 年 12 月为止的五年间，该协议会已经接受了600 件以上的申请，并作为所谓"银座滤镜"的一个环节被正式确定下来（图 18-17，图 18-18）。

　　综上所述，银座人为了追求本地区固有的价值，否定了追随丸之内地区而产生的超高层化趋势，并通过制定银座设计协议，设定有地域特征的发展方向，通过自身的力量扭转了城市中心地区发展趋同化的局面。

3　横向洄游特质，即指在街道水平向漫步的特质。

图 18-17
设计协议改造案例：色彩变更改造后商店立面色
彩与大楼整体更为协调
图片来源：银座街区营造会议·银座设计协议会.
银座设计导则 [M]. 2 版. 全银座会·一般社团
法人银座通联合会，2011

图 18-18
设计协议改造案例：全国通用设计的银座式改良
图片来源：银座街区营造会议·银座设计协议会.
银座设计导则 [M]. 2 版. 全银座会·一般社团
法人银座通联合会，2011

4　结语：迈向成熟都市的阶梯以及挑战

东京从江户改名已接近一个半世纪，作为曾经引领日本近代化发展及经济成长的城市，正面临着全球性的城市竞争激化、国内市场的缩小低迷、广泛的社会构造变化等新的挑战，大规模的城市中心开发模式已经不能适应新的需求。在这些新的挑战中，东京具有代表性的丸之内和银座地区给出了不同的解答：丸之内地区不断通过挖掘历史的要素，推陈出新；而银座地区通过"银座滤镜"的概念，寻求地区独特的基因，在保存基因的同时不断更新。

这两者共通之处，是不仅仅只考虑解决现在的问题，而是致力在城区构筑"过去、现在、未来一体连锁更新"的框架。而正是这种新的动向的出现，预示着城区"质"的成熟。当然，除了物理空间的成熟，两地区的共通之处还表现在地区管理、生活方式等层面上。丸之内和银座地区的相关者自发地参与地区管理，不断通过街区管理以及设计协定等方式，刷新并改善静态稳定的城市规划以及各种开发项目。

综合以上观点，可以说，东京中心城区的成熟并不是一种固定的状态，而是建立在一种不断调整的动态平衡上。从东京总结的经验，是否能适用于其他迅速发展中的亚洲大城市，尚需要进一步讨论，但至少提示了一条可能的通往成熟都市的道路。

参考书目 Bibliography

[1] 村松贞次郎. 街——明治大正昭和 [M]. 都市研究会，1980.

[2] 近代城市规划的百年及未来 [R]. 日本城市规划学会，1988.

[3] 平良敬一. 都心再构筑的尝试——丸之内再开发的彻底解读 [M]. 建筑资料研究社，2001.

[4] 石田赖房. 日本近现代城市规划的展开 1868—2003[M]. 自治体研究社，2004.

[5] 丸之内百年历程——三菱地所社史（下卷）[R]. 三菱地所株式会社，1993.

[6] 丸之内再开发规划——打造国际商务中心 [R]. 三菱地所株式会社，1988.

[7] 银座街区营造会议·银座设计协议会. 银座设计导则 [M]. 2 版. 全银座会·一般社团法人银座通联合会，2011.

[8] 越泽明. 东京的城市规划 [M]. 岩波书店，1991.

[9] 竹泽えり子. 关于地域主体主导的设计协议及其成立要因的研究——以银座为例 [D]. 东京：东京工业，2010.

点评

　　东京是亚洲最大的城市，也是亚洲最重要的世界经济和金融中心。在亚洲，东京是唯一一个能够在经济能级上与纽约和伦敦相并列的世界级城市。上海是中国最大的城市，也是亚洲最大的城市之一，正瞄准世界级经济中心和金融中心城市挺进。和上海一样，东京也是一座近代崛起的亚洲城市。因此对于上海来讲，与东京的比较研究就显得格外有意义。

　　东京给陌生人的一个突出印象就是大而挤。

　　先说大。自明治始，东京从江户脱胎换骨，彻底抛开了延续了几百年的日本传统城市发展轨迹，步入了现代自由市场机制下的城市扩张的快速发展轨道。无论是 2 100km² 的东京都各行政区，还是 13 400km² 的东京都市圈，其都市延绵区的规模都可算得上世界第一。在当代城市规划研究的案例中，东京常常会被当作是城市"摊大饼"式扩张的典型。然而，正是这巨大的体量，集聚了日本近三分之一的人口，创造了日本三分之一以上的 GDP。并由此奠定了东京三大世界经济中心之一的国际地位。巨大的城市体量集聚巨大的经济能量，这恐怕是当代城市发展无法超越的规律。长期以来我们视城市扩张为洪水猛兽，一直试图将城市扩张限制在"合理"的规模之内。毫无疑问，城市的生态承受力和基础设施承载力总是有限的，但特大城市在世界经济政治乃至文化领域的战略地位也应该引起我们的高度重视。与其以限制城市扩张来解决生态和基础设施的极限问题，还不如以更积极的态度来研究如何通过更好的规划建设和更高效的基础设施来应对。东京在这方面走在了我们的前面。东京的公共轨道交通系统和城市副中心的建设都曾是我们效仿的好榜样。东京还有很多经验值得我们学习。

　　再说挤。东京的人口密度居世界之最。人口的高度密集和高度市场化的土地制度导致地价奇高。奇高的地价又导致了居住空间的紧缺。东京的居住空间之小恐怕也是世界之最。居住空间的紧缺导致东京人对生活的高品质追求走向极度精致化。其空间之小、之精致，品质之高，恐怕在世界上绝无仅有。低密度条件下的高品质城市空间不算本事，在中国这样一个人多地少的国家推行这种模式更不合理。上海人常常以"螺蛳壳里做道场"自嘲，其实，这实在是一个值得上海人自豪的处理生活空间的本领。而东京人"螺蛳壳里做道场"的本领比起上海人又更要高出一筹。在当今中国的城市化进程中，土地资源的紧缺和不可再生要求我们对土地资源的集约节约意识极度加强。如何在高密度条件下创造更为宜居的城市空间是摆在我们这一代人面前的严峻挑战。东京在这方面，也远远走在了我们的前面。远比上海现代化程度高的东京，其人均居住面积却远远小于上海，这应让我们感到汗颜。

　　东京另一个值得东京人自豪也值得外人效仿的地方，是这个高度商业化，有时甚至是有一点过度开发的特大都市，仍然保持了城市空间近人的尺度。也许是土地的高度私有，导致这里的大规模开发具有极大的难度。当代中国成片的大规模甚至超大规模城市开发在东京行不通。像六本木这样一个人人叫好的项目，几十万平方米的建设量竟然开发了整整十七年才告完成。这样一种开发环境，既造成了大型开发项目难上加难、少而又少，也造成了城市的绝大部分仍然保持了私有小地块的空间模式。六本木的开发对于市中心的振兴起到了积极的作用。但在没有六本木式的开发和整个城市都是六本木式的开发之间，我宁愿选择前者。好在东京既有六本木式的振奋，又有更多的传统街区的安逸。就规模而言，人性化尺度的城市空间仍然是东京城市空间的主体。这正是东京的魅力。同时，这也导致了东京人（可能也是日本民族的性格所在）在偶尔面对的大型开发项目如六本木建设中，可以做得如此周到和精致且令世人称赞。同理，上海令世人称赞的，不会是浦东世纪大道的气派，却一定是徐汇的优雅、卢湾的精致。

　　东京是一座现代化大都市，同时也是一座保留了非常多传统生活的城市。处处可见神社，时时路过庙宇，传统街肆人头攒动，小街小巷曲里拐弯。当你漫步银座，你绝不会怀疑这是身处世界最繁华的都市；可当你钻进街町小径，若不是时不时有汽车摩托穿过，你一定会感觉仿佛回到了江户时代。你会在最僻静的小巷里看到世界级大师的建筑名作，你也会在新宿繁华的街道旁找到最传统的乌冬面馆。这就是东京的魅力。和上海城隍庙"作秀"式的传统买卖不同，东京的传统生活虽也吸引着海内外观光客，但却更多地属于东京人自己。当城市迈向现代化的时候，城市的传统生活还有存在的空间吗？东京树立了一个很好的榜样。

　　中岛直人先生将东京特有的城市发展路径称之为"迈向成熟的都市"，这可以给我们很大的启发。一个成熟的城市应该表现在哪些方面呢？我认为，一个成熟的城市，首先应该表现为高度的自信，对城市自己历史的高度尊重。同时还应该表现为积极的进取，谦虚地向所有先进者学习。更重要的是具有包容的城市胸怀。外来与本土，现代与传统，在这里可以共存。对上海来说，东京是先进者，也是老师。上海可以在很多方面向东京学习。上海也应该逐渐走向成熟。

伍江

附录一

亚洲城市论坛概况 2013—2016

亚洲城市论坛2013·上海

主题	**亚洲城市转型**

主办单位	同济大学建筑与城市规划学院 / 上海市城市规划设计研究院
承办单位	亚洲城市研究中心 / 同济大学建筑与城市空间研究所 /
	《上海城市规划》杂志
论坛主席	伍江 / 张玉鑫
论坛主持人	沙永杰 / 孙珊
论坛协调人	沙永杰 / 夏胜
论坛时间	2013年10月16—17日
论坛地点	世博会最佳实践区上海设计中心智慧讲坛 (北馆4楼)
专家考察内容	徐汇区历史文化风貌区 / 闵行区浦江镇

特邀参会专家*

王才强	新加坡国立大学设计与环境学院 院长, 教授
金度年	韩国成均馆大学精明绿色城市研究中心 主任, 教授
黄丽玲	台湾大学建筑与城乡研究所 所长, 副教授
邓宝善	香港大学建筑学院城市规划及设计系 教授
Michael V. Tomeldan	菲律宾大学建筑学院 副教授
T. Y. Wahyu Subroto	印尼加札马达大学 (日惹) 建筑与城市规划系 副教授
Ta Quynh Hoa	越南土木工程大学 (河内) 建筑与规划系 讲师
P. S. N. Rao	印度规划和建筑学院 (新德里) 教授
郑时龄	中国科学院 院士、同济大学建筑与城市空间研究所 所长, 教授
伍江	同济大学 副校长, 教授
张玉鑫	上海市城市规划设计研究院 院长
彭震伟	同济大学建筑与城市规划学院 教授
沙永杰	同济大学建筑与城市规划学院 副教授、同济大学建筑与城市空间研究所 副所长
张帆	上海市规划和国土资源管理局 副总工程师
夏建忠	上海市规划和国土资源管理局 科技处处长
孙珊	上海市城市规划设计研究院 副院长
夏丽萍	上海市城市规划设计研究院 总规划师

论坛会议内容

○ 欢迎致辞　　　　　郑时龄
○ 会议报告
　　张玉鑫　　　　　转型背景下上海空间发展战略的认识和思考
　　王才强　　　　　新加坡公共住宅：不仅仅是解决国民居住问题
　　金度年　　　　　建立大小城市"生态系统"的城市发展理念
　　邓宝善　　　　　香港在"一国两制"下迈向世界城市的规划与发展
　　黄丽玲　　　　　全球与在地的对话：台湾大学建筑与城乡研究所的教育实践
　　Michael V. Tomeldan　大马尼拉区域城市发展面临的影响因素与挑战
　　T. Y. Wahyu Subroto　雅加达：城市激增及相关问题
　　Ta Quynh Hoa　河内城市发展的前景与挑战
　　P.S.N. Rao　　　印度新德里：规划发展100年
○ 专题讨论1　　　　面对全球化的亚洲城市转型　主持人：彭震伟
○ 专题讨论2　　　　亚洲城市转型与地方传统　主持人：伍江
○ 主办方答谢词　　　张玉鑫／伍江

* 专家身份引自该年度论坛发布资料，后同

ASIAN CITY FORUM 2013 · SHANGHAI

Theme	**Asian City Transformation**
Organizers	College of Architecture and Urban Planning, Tongji University, Shanghai Urban Planning & Design Research Institute
Co-organizers	Asian City Research Center, Institute of Architecture and Urban Space, Tongji University, The Journal of Shanghai Urban Planning Review
Forum Chairs	Jiang WU & Yuxin ZHANG
Moderators	Yongjie SHA, Shan SUN
Coordinators	Yongjie SHA, Sheng XIA
Dates	October 16—17, 2013
Venue	Shanghai Design Center, Shanghai EXPO 2010 site
Study Tour	Shanghai Xuhui District Historical Area, Shanghai Minhang District, Pujiang Town

Invited Speakers and Participants*

HENG Chye Kiang Professor, Dean, School of Design and Environment, National University of Singapore, Singapore

Donyun KIM Professor, Director, Smart Green City Lab, Sung Kyun Kwan University, Seoul

Liling HUANG Associate Professor, Director, Graduate Institute of Building and Planning, National Taiwan University

Bo-sin TANG Professor, Department of Urban Planning and Design, The University of Hong Kong

Michael V. Tomeldan Associate Professor, College of Architecture, University of the Philippines, the Philippines

T. YOYOK Wahyu Subroto Associate Professor, Department of Architecture and Planning, Faculty of Engineering, Universitas Gadjah Mada, Yogyakarta, Indonesia

Ta Quynh Hoa Lecturer, Architecture & Planning Faculty, National University of Civil Engineering, Hanoi, Vietnam

P.S.N.Rao Professor, School of Planning and Architecture, New Delhi, India

Shiling ZHENG Academician, China Academy of Science; Professor, Director of Institute of Architecture and Urban Space, Tongji University

Jiang WU Professor, Vice President, Tongji University

Yuxin ZHANG General Director, Shanghai Urban Planning & Design Research Institute

Zhenwei PENG Professor, College of Architecture and Urban Planning, Tongji University

Yongjie SHA Associate Professor, College of Architecture and Urban Planning, Tongji University; Deputy Director of Institute of Architecture and Urban Space, Tongji University

Fan ZHANG Vice Chief Engineer, Shanghai Planning and Land Resources Administration Bureau

Jianzhong XIA Director, Department of Research Administration, Shanghai Planning and Land Resources Administration Bureau

Shan SUN Vice Director, Shanghai Urban Planning & Design Research Institute

Liping XIA Chief Planner, Shanghai Urban Planning & Design Research Institute

Forum Program

○Welcoming Remark   Shiling ZHENG

○Invited Speeches

Yuxin ZHANG	Understanding and Thinking of Shanghai Spatial Development Strategy under the Background of Transformation
HENG Chye Kiang	Public Housing in Singapore: More than Housing a Nation
Donyun KIM	Sharing Urban Knowledge to Create the City Ecosystem of Large and Small Cities
Bo-sin TANG	Planning and Developing Hong Kong as a World City under" One Country, Two Systems"
Liling HUANG	Dialogues between the Global and Local: Introducing the Educational Practices of the Graduate Institute of Building and Planning, National Taiwan University

Michael V. Tomeldan	Influences and Challenges to the Urban Development of Metro Manila
T. Y. Wahyu Subroto	Jakarta: The Massive Growth of Primate City and Its Anomaly Phenomenon
Ta Quynh Hoa	Hanoi City's Development - Prospects and Challenges
P.S.N. Rao	100 Years of Modern Urban Planning in New Delhi, India
○Panel Discussion 1	Asian City Transformation with Globalization / Moderated by Zhenwei PENG
○Panel Discussion 2	Asian City Transformation with Local Tradition / Moderated by Jiang WU
○Closing Remarks	Yuxin ZHANG & Jiang WU

* Titles of the invited speakers and participants are all cited from the Forum Program booklet of that year, the same below.

亚洲城市论坛2014·上海

主题	城市更新

主办单位	同济大学建筑与城市规划学院 / 上海市城市规划设计研究院 / 上海市城市规划建筑设计工程有限公司
承办单位	亚洲城市研究中心 / 同济大学建筑与城市空间研究所 / 《上海城市规划》杂志
论坛主席	伍江 / 张玉鑫
论坛主持人	沙永杰 / 夏胜
论坛协调人	沙永杰 / 夏胜
论坛时间	2014年9月25—26日
论坛地点	世博会最佳实践区上海设计中心南馆1楼
专家考查内容	上海市中心城区内不同发展阶段形成的典型区域

特邀参会专家*

林荣辉	新加坡城市重建局 总规划师兼副局长
叶子季	香港特别行政区规划署 九龙规划专员
市川宏雄	日本明治大学公共管理研究生院 院长，教授 / 森纪念基金会 执行主任
金仁熙	韩国首尔研究院研究部 主任
王才强	新加坡国立大学设计与环境学院 院长，教授
张圣琳	台湾大学建筑与城乡规划研究所 所长，教授
Jagath Munasinghe	斯里兰卡莫勒图沃大学规划系 高级讲师，系主任
金度年	韩国成均馆大学精明绿色城市研究中心 主任，教授
Johannes Widodo	新加坡国立大学设计与环境学院 副教授

郑时龄	中国科学院 院士、同济大学建筑与城市空间研究所 所长，教授
伍江	同济大学 副校长，教授
王扣柱	上海市规划和国土资源管理局 副局长
张玉鑫	上海市城市规划设计研究院 院长
彭震伟	同济大学建筑与城市规划学院 教授
沙永杰	同济大学建筑与城市规划学院 副教授、同济大学建筑与城市空间研究所 副所长
王引	北京市城市规划设计研究院 总规划师
师武军	天津市城市规划设计研究院 院长
赖寿华	广州市城市规划勘测设计研究院 总规划师
刘锦屏	上海市规划和国土资源管理局 副总工程师
张帆	上海市规划和国土资源管理局 副总工程师
王林	上海市规划和国土资源管理局 历史风貌保护处处长
赵宝静	上海市城市规划设计研究院 副院长，副书记
金忠民	上海市城市规划设计研究院 副院长
孙珊	上海市城市规划设计研究院 副院长
夏丽萍	上海市城市规划设计研究院 总规划师

论坛会议内容

○欢迎致辞　伍江 / 王扣柱
○会议报告

赵宝静	上海2040——城市更新
林荣辉	新加坡总体规划
叶子季	香港城市更新的新举措
市川宏雄	东京2035
金仁熙	首尔总体规划2030
王引	规律中的规则与规则中的规律——以北京城市更新为例
王才强	新加坡城市公共空间
张圣琳	饮水思源，城乡一元
师武军	基于规划实施的城市更新与改造——天津近二十年的探索与实践
Jagath Munasinghe	重塑东方花园城市: 科伦坡当代城市发展分析
金度年	精明绿色城市: 可持续城市发展模式——首尔世界杯公园和上岩数码媒体城的经验
赖寿华	增长中的城市更新——广州城市更新实践与思考
Johannes Widodo	雅加达: 历史积淀与未来展望

○专题讨论　主持人: 伍江
○主办方答谢词　郑时龄

ASIAN CITY FORUM 2014 · SHANGHAI

Theme	**City Regeneration**

Organizers   College of Architecture and Urban Planning, Tongji University,
                 Shanghai Urban Planning & Design Research Institute,
                 Shanghai Urban Planning & Architectural Design Engineering Co., Ltd
Co-organizers   Asian City Research Center,
                 Institute of Architecture and Urban Space, Tongji University
                 The Journal of Shanghai Urban Planning Review
Forum Chairs   Jiang WU & Yuxin ZHANG
Moderators   Yongjie SHA , Sheng XIA
Coordinators   Yongjie SHA , Sheng XIA
Dates   September 25—26, 2014
Venue   Shanghai Design Center, Shanghai EXPO 2010 site
Study Tour   Tipical Areas on City Regeneration in Near Future in the Central
                 Shanghai

Invited Speakers and Participants*

LIM Eng Hwee Chief Planner & Deputy CEO, Urban Redevelopment Authority (URA), Singapore

YIP Chi-Kwai District Planning Officer/Kowloon District, Planning Department, The Government of the Hong Kong Special Administrative Region, Hong Kong

Hiroo Ichikawa Professor, Dean, Professional Graduate School of Governance Studies, Meiji University, Tokyo / Executive Director, Mori Memorial Foundation

Inhee KIM Director, Office of Research Coordination, Seoul Institute, Seoul

HENG Chye Kiang Professor, Dean, School of Design and Environment, National University of Singapore, Singapore

Shenglin CHANG Professor, Director, Graduate Institute of Building and Planning, National Taiwan University, Taipei

Jagath Munasinghe Senior Lecturer, Head, Department of Town & Country Planning, University of Moratuwa, Colombo

Johannes Widodo Associate Professor, School of Design and Environment, National University of Singapore, Singapore

Donyun KIM Professor, Director, Smart Green City Lab, Sung Kyun Kwan University, Seoul

Shiling ZHENG Academician, China Academy of Science; Professor, Director of Institute of Architecture and Urban Space, Tongji University

Jiang WU Professor, Vice President, Tongji University

Kouzhu WANG Deputy Director, Shanghai Planning and Land Resources Administration Bureau

Yuxin ZHANG General Director, Shanghai Urban Planning & Design Research Institute

Zhenwei PENG Professor, College of Architecture and Urban Planning, Tongji University

Yongjie SHA Associate Professor, College of Architecture and Urban Planning, Tongji University; Deputy Director of Institute of Architecture and Urban Space, Tongji University

Yin WANG Chief Planner, Beijing Municipal Institute of City Planning & Design

Wujun SHI General Director, Tianjin Urban Planning & Design Institute

Shouhua LAI Chief Planner, Guangzhou Urban Planning & Design Survey Research Institute

Jinping LIU Vice Chief Engineer, Shanghai Planning and Land Resources Administration Bureau

Fan ZHANG Vice Chief Engineer, Shanghai Planning and Land Resources Administration Bureau

Lin WANG Director, Historic Heritage Administrative Department, Shanghai Planning and Land Resources Administration Bureau

Baojing ZHAO Vice Director, Shanghai Urban Planning & Design Research Institute

Zhongmin JIN Vice Director, Shanghai Urban Planning & Design Research Institute

Shan SUN Vice Director, Shanghai Urban Planning & Design Research Institute

Liping XIA Chief Planner, Shanghai Urban Planning & Design Research Institute

Forum Program

○Welcoming Remark　　Jiang WU & Kouzhu WANG

○Invited Speeches

Baojing ZHAO	Shanghai 2040: Urban Renewal
LIM Eng Hwee	Singapore Master Plan
YIP Chi-Kwai	Recent Urban Renewal Efforts in Hong Kong
Hiroo Ichikawa	Tokyo 2035
Inhee KIM	Seoul Comprehensive Plan 2030
Yin WANG	Regulation of the Rules and Rules in the Context: A Case Study of City Regeneration in Beijing
HENG Chye Kiang	Public Space in Singapore
Shenglin CHANG	Taipei Ci-Tea Community Building and Regeneration: the Social Innovation of the Blue Magpie Tea in Pinglin

Wujun SHI	Urban Renewal and Reconstruction Based on Planning: Exploration and Implementation of Tianjin for Nearly Twenty Years
Jagath Munasinghe	Regaining the Garden City of the East: A Critical View upon the Current Developments in Colombo, Sri Lanka
Donyun KIM	Smart Green City: A Model for Sustainable City Making and Health Urbanization - Seoul Experience on the World Cup Park and Samgam Digital Media City
Shouhua LAI	The Growth of Urban Renew: Practice and Reflections of Guangzhou City Renewal
Johannes Widodo	Resilient Jakarta: Layering and Scenario for the Future
○Panel Discussion	Moderated by Jiang WU
○Closing Remarks	Shiling ZHENG

亚洲城市论坛2015 · 上海

主题	**建设亚洲城市新未来: 规划的创新转型**
主办单位	同济大学建筑与城市规划学院 / 上海市城市规划设计研究院 / 上海市城市规划建筑设计工程有限公司
承办单位	亚洲城市研究中心 / 同济大学建筑与城市空间研究所 / 《上海城市规划》杂志
论坛主席	伍江 / 赵宝静
论坛主持人	沙永杰/ 夏丽萍
论坛协调人	沙永杰/ 王静
论坛时间	2015年8月27—28日
论坛地点	世博会最佳实践区上海设计中心南馆1楼
专家考察内容	上海市徐汇区风貌区保护更新考察与座谈 / 上海市浦东新区新场镇考察

特邀参会专家*

王才强	新加坡国立大学设计与环境学院 院长, 教授
杨重信	台北市政府 市政顾问; 文化大学建筑及都市设计学系 兼任教授; 前文化大学环境设计学院 院长
金度年	韩国成均馆大学精明绿色城市研究中心 主任, 教授
Apiwat Ratanawaraha	朱拉隆功大学城市与区域规划系 (泰国) 助理教授
张圣琳	台湾大学建筑与城乡规划研究所 所长, 教授
Meruert Makhmutova	阿拉木图公共政策研究中心 (哈萨克斯坦) 主任
庄端诒	新加坡都市重建局规划部 主任
Ross James King	墨尔本大学建筑与规划学院 研究教授

郑时龄	中国科学院 院士; 同济大学建筑与城市空间研究所 所长, 教授
庄少勤	上海市规划和国土资源管理局 局长
伍江	同济大学 副校长, 教授
徐毅松	上海市规划和国土资源管理局 副局长
张玉鑫	上海市浦东新区人民政府 副区长
余亮	上海市城市规划设计研究院 党委书记
赵宝静	上海市城市规划设计研究院 副院长 (主持工作)
彭震伟	同济大学建筑与城市规划学院 教授
沙永杰	同济大学建筑与城市规划学院 教授; 同济大学建筑与城市空间研究所 副所长
杜立群	北京市城市规划设计研究院 副院长
杨毅栋	杭州市城市规划设计研究院 总工程师
谢英挺	厦门市城市规划设计研究院 副院长
杨建军	浙江大学城乡规划设计研究院 院长
陈志军	东莞市城乡规划局 副局长
刘泓志	AECOM公司 (亚太区) 高级副总裁
韩红云	上海中建建筑设计院有限公司 副院长
钱少华	上海市城市规划设计研究院 副院长
金忠民	上海市城市规划设计研究院 副院长
沈果毅	上海市城市规划设计研究院 副院长
高岳	上海市城市规划设计研究院 副院长
夏丽萍	上海市城市规划设计研究院 总规划师

论坛会议内容

○欢迎致辞　　伍江 / 徐毅松

○会议报告

沈果毅	资源紧约束条件下超大城市的转型发展路径——上海市总体规划编制过程中的若干思考
王才强	新加坡规划中的"绿"和"水"
杨重信	台北都市更新政策之演进与挑战
杜立群	关于北京总体规划修改的几点思考
金度年	促进竞争力和可持续性的城市更新——首尔经验
Apiwat Ratanawaraha	曼谷迈向可持续和包容性发展面临的挑战
杨毅栋	转型背景下的杭州市总规创新实践
张圣琳	社区参与及社会设计: 北台都会 (区域) 的人文农创经验
Meruert Makhmutova	阿拉木图的规划和发展: 前景与挑战
谢英挺	空间规划体系构建——厦门实践与思考
庄端诒	新加坡中心区规划
Ross James King	吉隆坡规划: 布特拉加亚新城及其未来

○专题讨论　　　城市转型与规划创新　主持人: 伍江
○主办方答谢词　郑时龄

ASIAN CITY FORUM 2015 · SHANGHAI

Theme	**New Future for Asian Cities-Innovation of City Planning**

Organizers   College of Architecture and Urban Planning, Tongji University,
                 Shanghai Urban Planning & Design Research Institute,
                 Shanghai Urban Planning & Architectural Design Engineering Co., Ltd
Co-organizers   Asian City Research Center,
                 Institute of Architecture and Urban Space, Tongji University
                 The Journal of Shanghai Urban Planning Review
Forum Chairs   Jiang WU & Baojing ZHAO
Moderators   Yongjie SHA , Liping XIA
Coordinators   Yongjie SHA , Jing WANG
Venue   Shanghai Design Center, Shanghai EXPO 2010 site
Dates   August 27-28, 2015
Study Tour   Xuhui Historical Area, Shanghai, Xinchang Town at Pudong District, Shanghai

Invited Speakers and Participants*

HENG Chye Kiang Professor, Dean, School of Design and Environment, National University of Singapore, Singapore

Chung-hsin YANG Policy Advisor, Taipei City Government, Adjunct Professor and Former Dean of the Chinese Cultural University

Donyun KIM Professor, Director, Smart Green City Lab, Sung Kyun Kwan University, Seoul

Apiwat Ratanawaraha Assistant Professor, Department of Urban and Regional Planning, Chulalongkorn University, Bangkok

Shenglin CHANG Professor, Director, Graduate Institute of Building and Planning, National Taiwan University

Meruert Makhmutova Director, Public Policy Research Center (PPRC), Almaty, Kazakhstan

CHING Tuan Yee Director (Urban Planning), Urban Redevelopment Authority (URA), Singapore

Ross James King Professorial Fellow, Faculty of Architecture Building and Planning, the University of Melbourne

Shiling ZHENG Academician, China Academy of Science; Professor, Director of Institute of Architecture and Urban Space, Tongji University

Shaoqin ZHUANG Director, Shanghai Planning and Land Resources Administration Bureau

Jiang WU Professor, Vice President, Tongji University

Yisong XU Deputy Director, Shanghai Planning and Land Resources Administration Bureau

Yuxin ZHANG Vice Governor, Shanghai Pudong New District

Liang YU Director, Shanghai Urban Planning & Design Research Institute

Baojing ZHAO Acting President, Shanghai Urban Planning & Design Research Institute

Zhenwei PENG Professor, College of Architecture and Urban Planning, Tongji University

Yongjie SHA Professor, College of Architecture and Urban Planning, Tongji University; Deputy Director Institute of Architecture and Urban Space, Tongji University

Liqun DU Vice Director, Beijing Municipal Institute of City Planning & Design

Yidong YANG Chief Engineer, Hangzhou Urban Planning & Design Research Institute

Yingting XIE Vice Director, Xiamen Urban Planning & Design Research Institute

Jianjun YANG Generd Director, Zhejiang University Urban and Rural Planning Design Institute

Zhijun CHEN Vice Director, Dongguan Urban and Rural Planning Bureau

Hongzhi LIU Senior Vice President, AECOM Asia Pacific

Hongyun HAN Vice Director, Shanghai Zhongjian Architecture and Design Institute Co.,Ltd

Shaohua QIAN Vice Director, Shanghai Urban Planning & Design Research Institute

Zhongmin JIN Vice Director, Shanghai Urban Planning & Design Research Institute

Guoyi SHEN Vice Director, Shanghai Urban Planning & Design Research Institute

Yue GAO Vice Director, Shanghai Urban Planning & Design Research Institute

Liping XIA Chief Planner, Shanghai Urban Planning & Design Research Institute

Forum Program

○Welcoming Remark   Jiang WU & Yisong XU
○Invited Speeches

Guoyi SHEN	The Transformation Path of Megacities under Resources Constraints Background: Some Thoughts in the Process of the Master Planning of Shanghai
HENG Chye Kiang	Green and Blue Planning in Singapore
Chung-hsin YANG	The Urban Renewal Policy in Taipei: Evolution and Challenges
Liqun DU	Thoughts on Beijing Master Planning Revision
Donyun KIM	Urban Regeneration for Competitive City and Sustainable City -Seoul Experience
Apiwat Ratanawaraha	Bangkok's Challenges towards Sustainability and Inclusiveness

Yidong YANG	Innovative Master Planning Practice of Hangzhou under the Background of Transformation
Shenglin CHANG	From Community Participation to Social Design: Agricultural Humanities within the Northern Taiwan Metropolis
Meruert Makhmutova	Planning and Developing Almaty as City for the People: Prospects and Challenges
Yingting XIE	Spatial Planning System Construction Practice and Consideration of Xiamen
CHING Tuan Yee	Planning Singapore's City Centre
Ross James King	Kuala Lumpur Planning: Putrajaya and its Consequences
○Panel Discussion	Moderated by Jiang WU
○Closing Remarks	Shiling ZHENG

亚洲城市论坛2016 · 上海

主题	亚洲文化下的城市规划与发展
主办单位	同济大学建筑与城市规划学院 / 上海市城市规划设计研究院 / 上海市城市规划建筑设计工程有限公司
承办单位	亚洲城市研究中心 / 同济大学建筑与城市空间研究所 / 《上海城市规划》杂志
论坛主席	伍江 / 赵宝静
论坛主持人	沙永杰
论坛协调人	沙永杰 / 王静
论坛时间	2016年11月1日
论坛地点	世博会最佳实践区上海设计中心南馆1楼
专家考查内容	徐汇区历史文化风貌区 / 浦东滨江

特邀参会专家 *

Uma Adusumilli	孟买大都市区域发展局 (MMRDA) 总规划师
Nguyen Ngoc Hieu	越南德国大学 (VGU) 高级讲师
黑木正郎	株式会社日本设计 执行董事 / 首席建筑师
Yasser Elsheshtawy	阿拉伯联合酋长国大学建筑系 副教授
Botagoz Zhumabekova	阿斯塔纳规划设计研究院 研究员
金默翰	首尔研究院 研究员
王才强	新加坡国立大学设计与环境学院 院长, 教授
金度年	韩国成均馆大学精明绿色城市研究中心 主任, 教授
张圣琳	台湾大学建筑与城乡规划研究所 所长, 教授

郑时龄	中国科学院 院士; 同济大学建筑与城市空间研究所 所长, 教授
伍江	同济大学 常务副校长, 教授
许健	上海市规划和国土资源管理局 总工程师
余亮	上海市城市规划设计研究院 党委书记
张帆	上海市规划和国土资源管理局 详细规划管理处处长
赵宝静	上海市城市规划设计研究院 副院长 (主持工作)
彭震伟	同济大学建筑与城市规划学院 教授
沙永杰	同济大学建筑与城市规划学院 教授, 同济大学建筑与城市空间研究所 常务副所长
钱少华	上海市城市规划设计研究院 副院长
金忠民	上海市城市规划设计研究院 副院长
沈果毅	上海市城市规划设计研究院 副院长
高岳	上海市城市规划设计研究院 副院长
夏丽萍	上海市城市规划设计研究院 总规划师
傅志强	万科企业股份有限公司 集团总规划师, 上海区域本部 副总经理
陈建邦	瑞安房地产发展有限公司 规划发展及设计总监
石崧	上海市城市规划设计研究院 发展研究中心主任,《上海城市规划》编辑部主任

论坛会议内容

○欢迎致辞 　郑时龄 / 许健 / 赵宝静

○会议报告

　Uma Adusumilli　孟买大都市区域空间规划: 过去、当前和未来发展的挑战与机遇

　Nguyen Ngoc Hieu　新时代的胡志明市城市规划——战略挑战与机遇

　黑木正郎　丰岛环境交响曲——东京丰岛区政府大楼及住宅综合开发

　Yasser Elsheshtawy　迪拜的房地产运作与跨国性的城市发展

　Botagoz Zhumabekova　成为首都——哈萨克斯坦首都阿斯塔纳的城市规划

　金默翰　首尔工业区更新

○专题讨论 　主持人: 伍江 / 赵宝静

○主办方答谢词 　伍江

ASIAN CITY FORUM 2016 · SHANGHAI

Theme	**Urbanism with Asian Culture**
Organizers	College of Architecture and Urban Planning, Tongji University, Shanghai Urban Planning & Design Research Institute, Shanghai Urban Planning & Architectural Design Engineering Co., Ltd

Co-organizers	Asian City Research Center,
	Institute of Architecture and Urban Space, Tongji University,
	The Journal of Shanghai Urban Planning Review
Forum Chairs	Jiang WU & Baojing ZHAO
Moderators	Yongjie SHA
Coordinators	Yongjie SHA , Jing WANG
Dates	November 1. 2016
Venue	Shanghai Design Center, Shanghai EXPO 2010 site
Study Tour	Shanghai Xuhui District Historical Area, Pudong Waterfronts

Invited Speakers and Participants*

Uma Adusumilli Chief, Planning Division, Mumbai Metropolitan Region Development Authority

Nguyen Ngoc Hieu Senior Lecturer, Vietnamese German University, Ho Chi Minh City

Masao Kuroki Principal / Architect, NIHON SEKKEI, INC., Tokyo

Yasser Elchochtawy Associate Professor, United Arab Emirates University, Dubai

Botagoz Zhumabekova Leading Specialist, Research and Design Institute"Astanagen-plan", Astana

Mook Han KIM Research Fellow, Department of Civil Economy Research, The Seoul Institute, Seoul

HENG Chye Kiang Professor, Dean, School of Design and Environment, National University of Singapore, Singapore

Donyun KIM Professor, Director, Smart Green City Lab, Sung Kyun Kwan University, Seoul

Shenglin CHANG Professor, Director, Graduate Institute of Building and Planning, National Taiwan University

Shiling ZHENG Academician, China Academy of Science; Professor, Director of Institute of Architecture and Urban Space, Tongji University

Jiang WU Professor, Vice President, Tongji University

Jian XU Chief Planner, Shanghai Planning and Land Resources Administration Bureau

Liang YU Director, Shanghai Urban Planning & Design Research Institute

Fan ZHANG Director of Detailed Planning and Management Department, Shanghai Planning and Land Resources Administration Bureau

Baojing ZHAO Acting President, Shanghai Urban Planning & Design Research Institute

Zhenwei PENG Professor, College of Architecture and Urban Planning, Tongji University

Yongjie SHA Professor, College of Architecture and Urban Planning, Tongji University; Deputy Director, Institute of Architecture and Urban Space, Tongji University

Shaohua QIAN Vice Director, Shanghai Urban Planning & Design Research Institute
Zhongmin JIN Vice Director, Shanghai Urban Planning & Design Research Institute
Guoyi SHEN Vice Director, Shanghai Urban Planning & Design Research Institute
Yue GAO Vice Director, Shanghai Urban Planning & Design Research Institute
Liping XIA Chief Planner, Shanghai Urban Planning & Design Research Institute
Zhiqiang FU Chief Planner, Regional Deputy General Manager, China Vanke Co., Ltd.
K.B. Albert Chan Director of Development Planning & Design, Shui On Development Limited
Song SHI Director of Development Research Center of Shanghai Urban Planning & Design Research Institute, Director of the editorial department of Shanghai Urban Planning Review

Forum Program
○Welcoming Remark   Shiling ZHENG & Jian XU & Baojing ZHAO
○Invited Speeches
   Uma Adusumilli   Spatial Planning of a Metropolitan Region: The Past, Present and the Future Challenges and Opportunities in Mumbai Metropolitan Region
   Nguyen Ngoc Hieu   Hochiminh City Planning in the New Era: Strategic Challenges and Opportunities
   Masao Kuroki   TOSHIMA ECOMUSEE TOWN - An Urban Redevelopment Project Combining the Ward Offices and a High Rise Condominiums
   Yasser Elsheshtawy   Real Estate Speculation & Transnational Urbanism in Dubai
   Botagoz Zhumabekova Becoming the Capital – Urban Planning of Astana, Capital City of Kazakhstan
   Mook Han KIM   Regenerating Industrial Zones in Seoul
○Panel Discussion   Moderated by Jiang WU & Baojing ZHAO
○Closing Remarks   Jiang WU

附录二

亚洲城市规划图纸集萃

01 阿斯塔纳 ASTANA

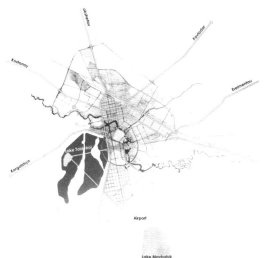

全国性首都总体规划概念方案竞赛优胜方案——"阿拉木图—阿克莫拉"
设计团队方案（图1-3）
图片来源：LLP "NIPI Astanagenplan"

首都总体规划概念方案国际竞赛优胜方案——黑川纪章方案（图1-4）
图片来源：LLP "NIPI Astanagenplan"

阿斯塔纳总体规划2030总平面图（图1-5）
图片来源：LLP "NIPI Astanagenplan"

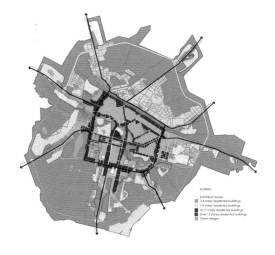

阿斯塔纳不同类型居住建筑的规划分布图（图1-8）
图片来源：LLP "NIPI Astanagenplan"

阿斯塔纳市域道路系统规划图（图 1-16）
图片来源：LLP "NIPI Astanagenplan"

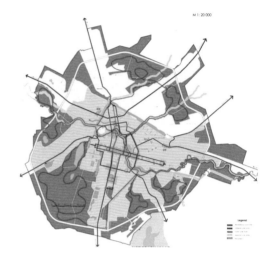

阿斯塔纳市域自行车线路系统规划图（图 1-17）
图片来源：LLP "NIPI Astanagenplan"

大阿斯塔纳区域城镇体系规划图（图 1-19）
图片来源：LLP "NIPI Astanagenplan"

02 曼谷 BANGKOK

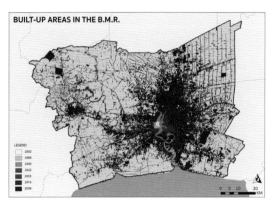

曼谷大都市区域（BMR）内的建成区域（1850—2009 年）（图 2-4）
图片来源：BMA Department of City Planning 报告

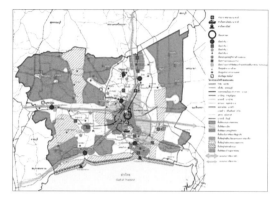

城乡规划部（DPT）制定的 2006 年 BMR 区域规划（图 2-9）

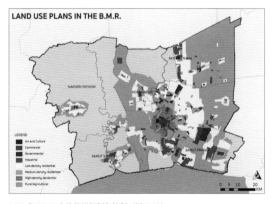

2015 年 BMR 土地使用规划和控制（图 2-10）
图片来源：Department of Public Works and Town and Country Planning

03 北京 BEIJING

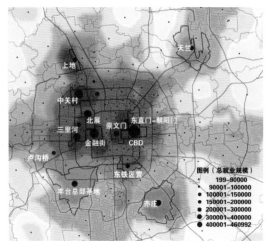

北京市主要就业集聚地区分析（图3-1）

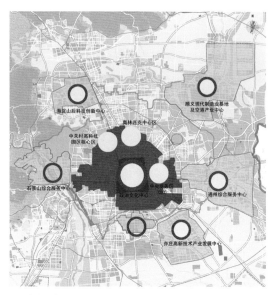

2004年版北京城市总体规划确定的"八大职能中心"（图3-2）

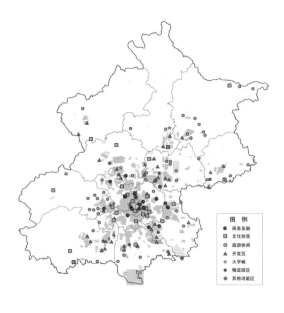

北京市产业功能区空间分布示意（图3-4）

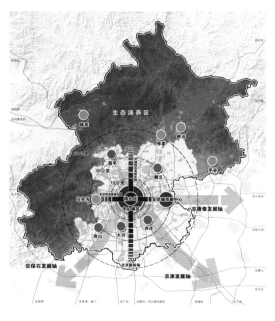

"一核一主一副、两轴多点一区"的城市空间结构示意（图3-5）

04 科伦坡 COLOMBO

葡萄牙殖民时期的科伦坡（图 4-3）
图片来源：Brohier, 1984

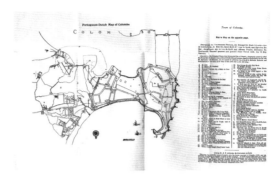

荷兰殖民时期的科伦坡（图 4-4）
图片来源：Brohier, 1984

1900 年代早期的科伦坡（图 4-6）
图片来源：Survey Department of Sri Lanka

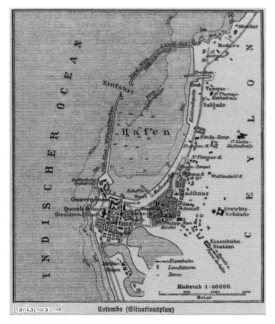

1800 年代早期英国殖民下的科伦坡（图 4-5）
图片来源：Survey Department of Sri Lanka

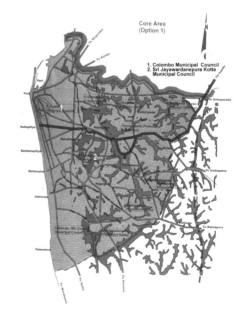

科伦坡及新的首都区 —— 斯里贾亚瓦德纳普拉科特（Sri Jayawardanepu-ra Kotte）（图 4-13）
图片来源：Urban Development Authority

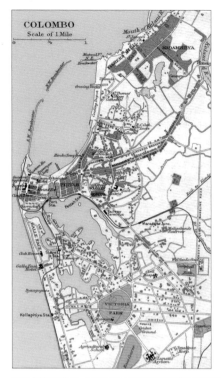

1940 年代的科伦坡，地图中央大片圆形绿地即为维多利亚公园，现为维哈马哈
德维公园及市政厅所在位置（图 4-9）
图片来源：Survey Department of Sri Lanka

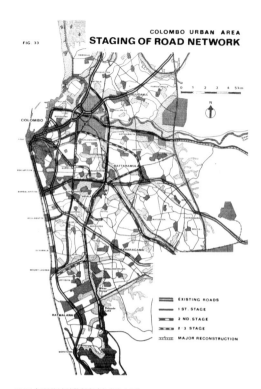

1997 年科伦坡结构性规划（图 4-12）
图片来源：Colombo Master Plan Project

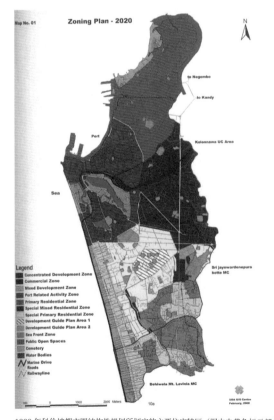

1999 年科伦坡都市圈结构性规划所划定的主要住宅特区（图中央黄色标示部分）（图 4-15）
图片来源：Colombo Metropolitan Region Structure Plan, 1999

1999 年科伦坡都市圈结构性规划，图中绿色为保留的绿地（图 4-14）
图片来源：Urban Development Authority

05 德里 DELHI

德里 1962—1981 年城市总体规划（图 5-11）

德里 1982—2001 年城市总体规划（图 5-12）

德里 2002—2021 年城市总体规划（图 5-13）

德里的卫星城建设：德里西南部的德瓦卡卫星城规划（图 5-17b）

06 迪拜 DUBAI

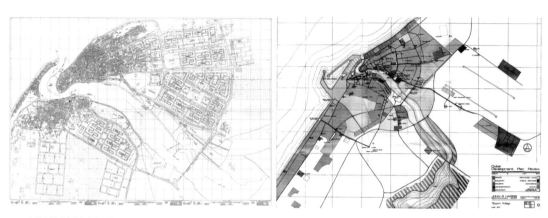

1959 年迪拜总体规划（图 6-2）
图片来源：Dubai Municipality

1971 年迪拜总体规划（图 6-3）
图片来源：Dubai Municipality

迪拜 2020 年城市总体规划（图 6-5）
图片来源：Dubai Municipality

07 河内 HANOI

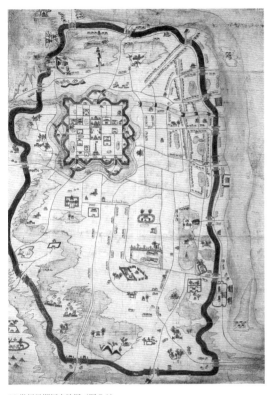

19 世纪早期河内地图（图 7-1）
图片来源：Report of Master Plan for Hanoi

1873 年河内地图（图 7-2）
图片来源：Vietnam National Library

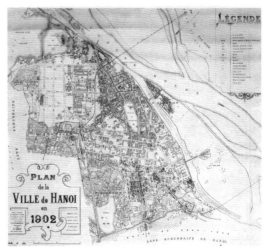

1902 年河内地图，法国殖民时期，皇城被拆毁，城市往南扩展建设法国区
（图 7-3）
图片来源：Vietnam National Library

1925 年河内规划：规划人口 30 万，面积 45km² （图 7-4）
图片来源：Vietnam National Library

1953 年河内地图，红线内为中心城区，黄线表示扩展的城区范围。1954 年
前河内总人口约 30 万，中心城区人口占 5 万至 6 万（图 7-6）
图片来源：Vietnam National Library

社会主义时期的河内规划（列宁格勒规划）（图 7-9）

社会主义时期的巴亭广场总平面示意图（图 7-10）
图片来源：William S. Logan, Hanoi, 2000

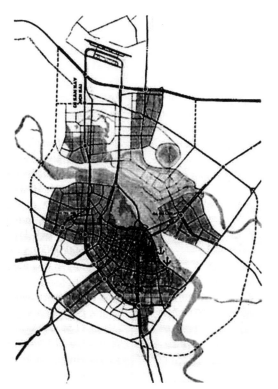

1992 年河内城市规划图，城市计划向南、西南和西北扩展（图 7-12）

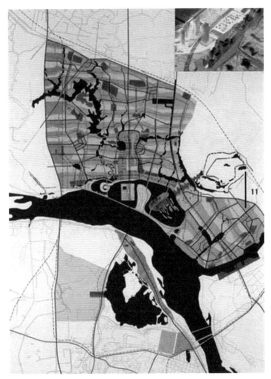

河内北部新城规划（图 7-13）

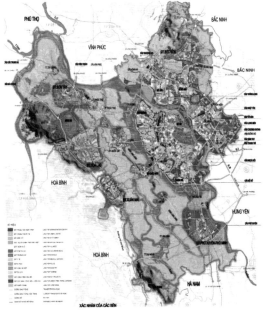

河内 2011 年公布的 2030 年（展望 2050 年）总体规划：用地规划（图 7-15a）

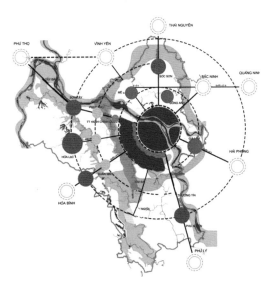

河内 2011 年公布的 2030 年（展望 2050 年）总体规划：空间结构（图 7-15b）

08 胡志明市 HOCHIMINH CITY

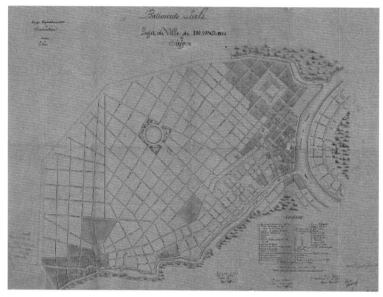

法国工程师 Coffyn 的 1862 年西贡规划（图 8-5）
图片来源：DUPA，2016

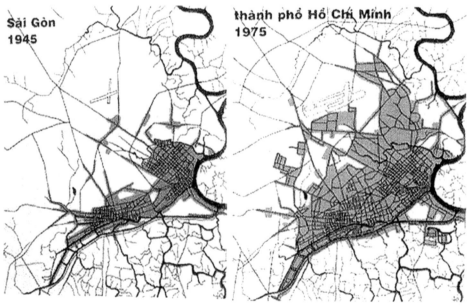

1945—1975 年的城市扩张：1945 年城市范围（图 8-6a）
图片来源：DUPA，2016

1945—1975 年的城市扩张：1975 年城市范围（图 8-6b）
图片来源：DUPA，2016

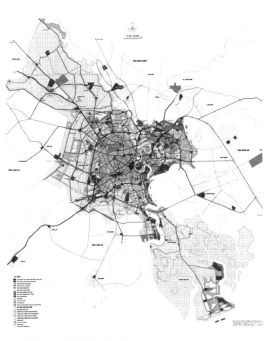

胡志明市 1998 年总体规划（图 8-7）
图片来源：DUPA，2016

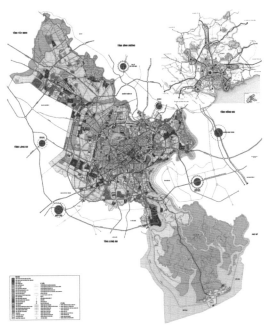

胡志明市总体规划 2010—2025 年（图 8-8）
图片来源：HCM PPC，2010

涉及 8 个省份的 2005—2020 年胡志明市大区域规划（图 8-18）
图片来源：Hung Ngo Minh et al.，2008

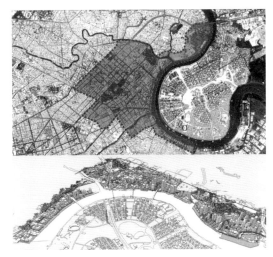

胡志明市新 CBD 规划图（图 8-11）
图片来源：Nikken Sekkei，2012

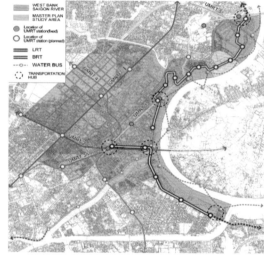

胡志明市既有 CBD 扩张规划图（图 8-12）
图片来源：HCPC, Nikken Sekkei & HCM DUPA，2012

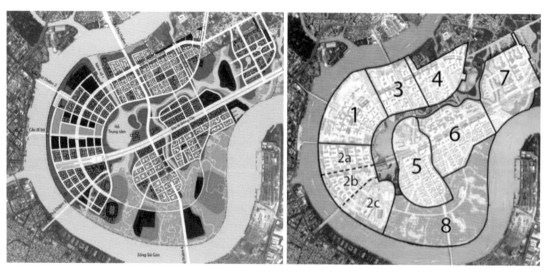

首添新城规划总平面图（图 8-13）
图片来源：Thu Thiem Authority，2016

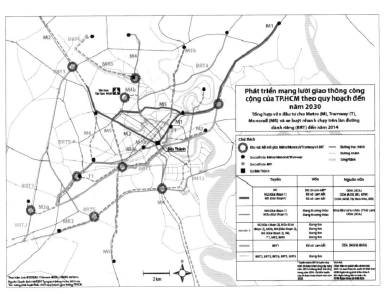

胡志明市 2030 年前计划建成的市域公交系统（图 8-16）
图片来源：Musil C. & Simon C., 2015

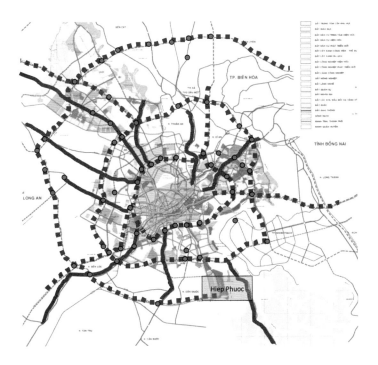

胡志明市周边区域公路系统规划图（图 8-17）
图片来源：DUPA, 2016

09 香港 HONG KONG

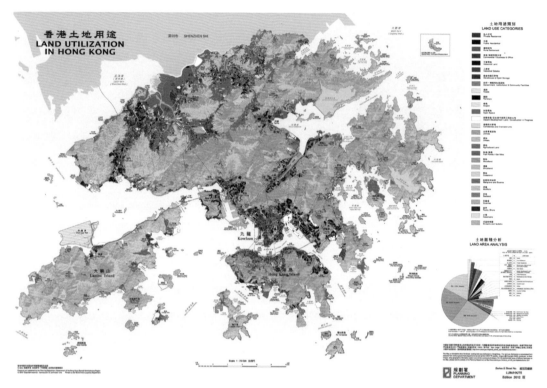

2007 年香港土地利用现状图（图 9-1）
图片来源：香港规划署，2007

10 雅加达 JAKARTA

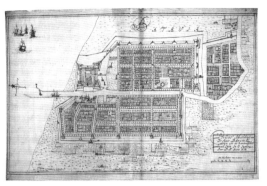

1650 年的巴达维亚（巴达维亚城和城外地区）（图 10-8）

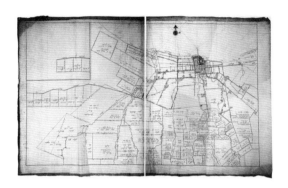

1700 年的巴达维亚城（图 10-9）

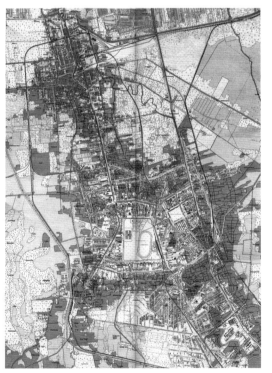

1921 年的巴达维亚（图 10-15）

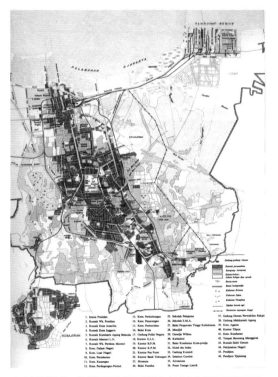

1952 年的雅加达：城市西南角为巴油兰新区，城市东北部的圆形范围是玛腰兰国际机场，东北角是丹戎普瑞克港口（图 10-17）

11 吉隆坡 KUALA LUMPUR

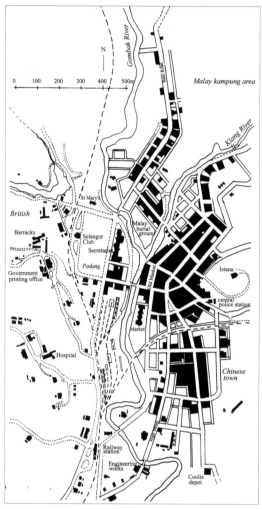

1890 年代的吉隆坡地图，显示了高密度的华人聚居区，松散的英国人聚居
区以及马来甘榜（村落）（图 11-1）

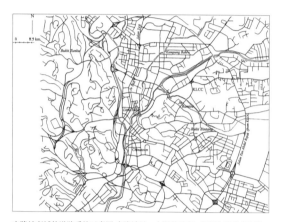

吉隆坡老城的道路系统示意图 吉隆坡是一个混乱无序、拥挤和种族分隔的
城市，也是新都建设想要摆脱的状况（图 11-3）

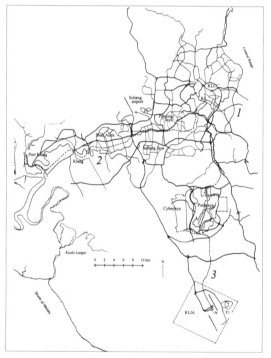

吉隆坡城市扩展规划示意图（图 11-4）

12 马尼拉 MANILA

1872 年的地图显示西班牙王城位于帕西格河口，王城周边有一些市镇形成，此外大片土地仍为农田（图 12-4）

图片来源：Turalba, Maria Cristina V., Intramuros: An Urban Development Catalyst Architecture Asia, 2005

1905 年的马尼拉规划（伯纳姆规划），采用了当时美国流行的城市美化运动理念（图 12-7）

图片来源：Silao Federico, Burnham's Plan for Manila, *Philippine Planning Journal*, Volume 1, 1969

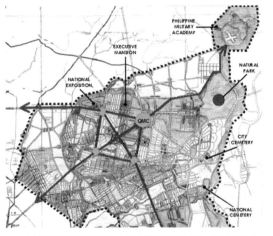

1941 年福罗斯特和阿雷利亚诺为奎松城所做的规划设想了一个国家级办公机构集中的中心城市，有大片的公园和开放空间（图 12-9）

图片来源：flickr

13 孟买 MUMBAI

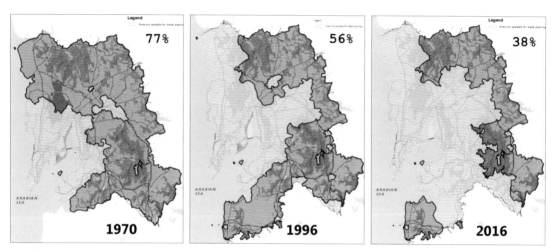

孟买大都市区区域规划中关于土地利用和开发控制的内容仅针对地方政府城市规划尚未覆盖的范围，在三轮规划中，这个范围大幅度减小（图 13-4）
图片来源：MMRDA

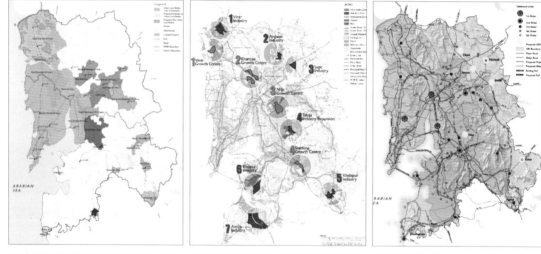

孟买大都市区第三轮规划：城市扩张示意图（图 13-6a）
图片来源：MMRDA

孟买大都市区第三轮规划：新中心的开发建设示意图（图 13-6b）
图片来源：MMRDA

孟买大都市区第三轮规划：郊区发展中心示意图（图 13-6c）
图片来源：MMRDA

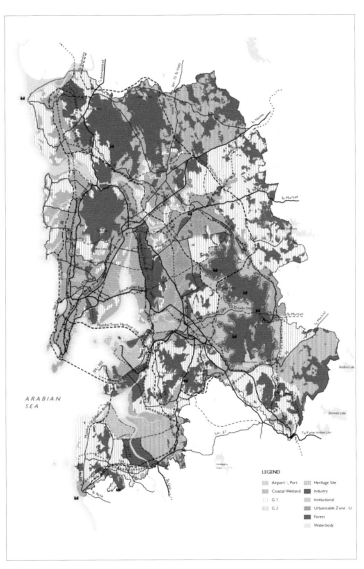

LEGEND

▨	Airport、Port	▦	Heritage Site
▩	Coastal Wetland	▨	Industry
▥	G 1	▨	Institutional
▥	G 2	▨	Urbanisable Zone - U
		▨	Forest
		▨	Waterbody

ARABIAN SEA

孟买大都市区域第三轮规划 2016—2036 年（草案）（图 13-5）
图片来源：MMRDA

14 首尔 SEOUL

2007 年首尔传统城市中心区复兴计划总体示意图（局部）（图 14-4）

上岩数字媒体城和兰芝岛世界杯公园区域规划设计总体示意图（图 14-7）

15 上海 SHANGHAI

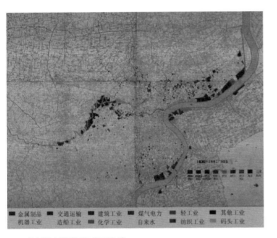

1930 年上海工业区布局（图 15-3）
资料来源：上海市城市规划设计研究院.《循迹·启新：上海城市规划演进》.
2007，15 页

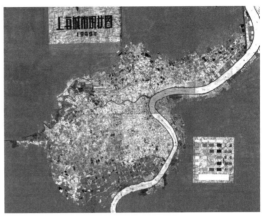

上海 1949 年城市现状图（图 15-2c）
资料来源：上海市城市规划设计研究院.《循迹·启新：上海城市规划演进》.
2007，18 页，54 页

1931 年大上海计划总图（图 15-4）
资料来源：上海市城市规划设计研究院.《循迹·启新：上海城市规划演
进》.2007，44 页

大上海都市计划总图：初稿（图 15-5a）
资料来源：上海工务局.《大上海都市计划》.1946—1949 年

大上海都市计划总图：三稿初期（图 15-5b）
资料来源：上海工务局.《大上海都市计划》.1946—1949 年

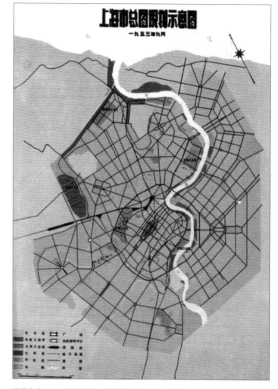

苏联专家 1953 年编制的上海规划方案（图 15-8）
资料来源：上海市城市规划设计研究院.《循迹·启新：上海城市规划演进》.
2007，46 页

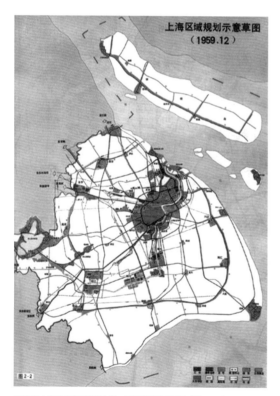

1959 年上海城市总体规划方案：区域规划示意草图（图 15-9a）
资料来源：上海市城市规划设计研究院.《循迹·启新：上海城市规划演进》.
2007，48 页

1959 年上海城市总体规划方案：城市总体规划草图（图 15-9b）
资料来源：上海市城市规划设计研究院.《循迹·启新：上海城市规划演进》.
2007，48 页

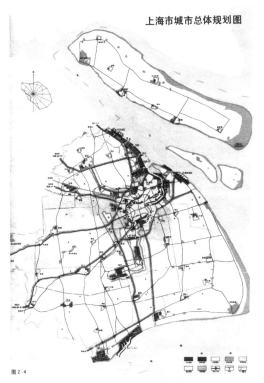

上海市城市总体规划图

上海市中心城总体规划图

1980 年版上海市城市总体规划方案：城市总体规划图（图 15-16a）
资料来源：上海市人民政府 .《上海市城市总体规划方案》.1986

1986 年版上海市城市总体规划方案：中心城总体规划图（图 15-16b）
资料来源：上海市人民政府 .《上海市城市总体规划方案》.1986

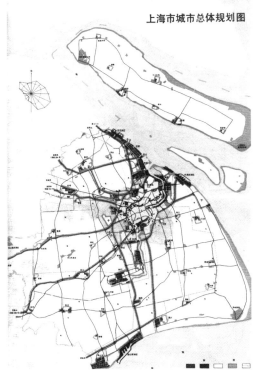

上海市城市总体规划图

上海市中心城总体规划图

2001 年版上海市城市总体规划方案：城市总体规划图（图 15-18a）
资料来源：上海市人民政府 .《上海市城市总体规划（1999 年—2020
年）》.2001

2001 年版上海市城市总体规划方案：中心城总体规划图（图 15-18b）
资料来源：上海市人民政府 .《上海市城市总体规划（1999 年—2020
年）》.2001

16 新加坡 SINGAPORE

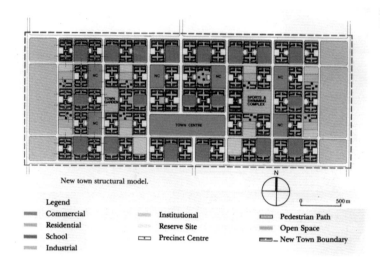

新加坡新镇结构模式示意图 （图 16-10）
图片来源：HDB，1985

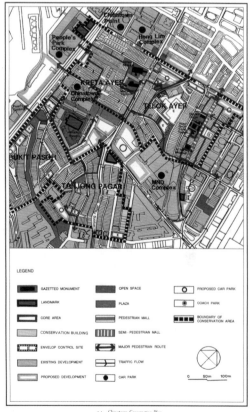

牛车水历史保护区保护规划 （图 16-14）
图片来源：URA，1989

17 台北 TAIPEI

清代以艋舺与大稻埕聚落为商业核心（图17-2）
图片来源：黄武达，1997

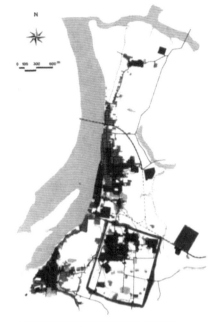

1895年日人据台前已形成"三市街"发展（图17-3）
图片来源：黄武达，1997

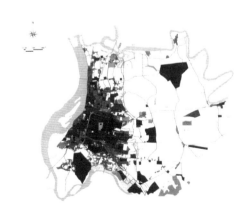

1935年台北都市发展规模（图17-4）
图片来源：黄武达，1997

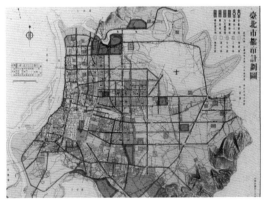

1932年日人拟定大台北都市计划规划图（图17-6）
图片来源：黄武达，1997

日据时期日人推动多处 "市地重划" 来带动都市发展 (图 17-7)
图片来源: 黄武达, 1997

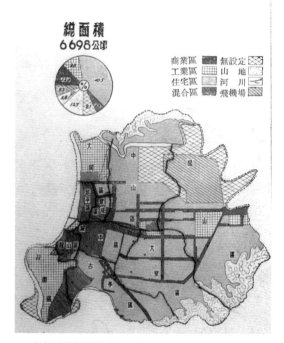

1964 年大台北都市计划图 (图 17-8)
图片来源: http://www.planning.taipei.gov.tw

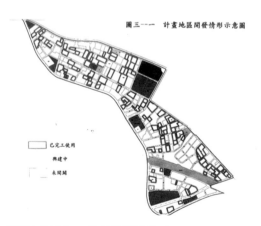

计划拟定前已完成 60% 的 "内湖科技园区" (图 17-13)
图片来源: 台北市政府都市发展局

1990 年代迄今台北几处重要都市计划区位以及都市发展趋势 (图 17-9)
图片来源: 本研究绘制

18 东京 TOKYO

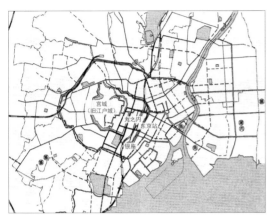

1903 年东京市区改正新设计（1903 年）（图 18-2）
图片来源：近代城市规划的百年及未来 [R]. 日本城市规划学会，1988

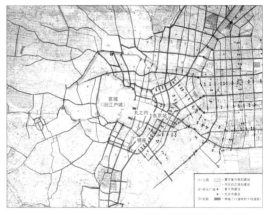

关东大震灾（1923 年）后的帝都复兴规划（图 18-3）
图片来源：近代城市规划的百年及未来 [R]. 日本城市规划学会，1988

特许容积率适用地区的范围（图 18-9）
图片来源：东京都城市建设局网站（http://www.toshiseibi.metro.tokyo.jp）

* 本附录内图纸、地图均选自正文插图（相应的图号已标出）

后记

　　这本书是 2012 年至 2017 年，同济大学建筑与城市空间研究所与上海市城市规划设计研究院联合开展"亚洲城市研究"的一项成果。亚洲城市研究是一个长期项目，通过学术、专业和管理等多方面的优势互补，促进理念与实际问题相结合，采用国内、国际多途径合作交流方式，持续形成对上海城市发展具有参考价值的研究成果，并促进亚洲城市规划领域内的合作与交流——这是设立这个研究项目的初衷。在过去六年间，双方紧密合作，通过成立亚洲城市研究中心、在《上海城市规划》杂志设立"亚洲城市"专栏和举办"亚洲城市论坛"等途径，持续推出一系列专题文章和研究成果，产生了一定的知名度和影响力，并基本形成交流合作网络。

　　本书收录了 18 篇城市研究文章，每篇针对一座城市，都包含城市发展过程、城市规划演变和城市发展面临的主要挑战与对策思考三个主要部分。这种内容构成的意图很明显——最大限度为研究人员、规划专业人员和城市管理人员，以及其他相关人员提供客观、相对全面的介绍与分析。这些文章从方法论和理论性角度看，并不"学术"，甚至有意识回避一些学术性文章的特点。但在中文领域，第一次系统地形成这份亚洲城市研究的全景式文献，其价值和意义不言而喻。在英文或其他语种文献中，针对当前亚洲主要城市的规划与发展情况的系统性文献，尤其是以为城市规划编制和规划管理提供参考为目的的研究成果，可以说还是一片空白。由于这种意图，确定城市和选择各个城市合适的作者是一个艰难的过程。得益于各方人士的帮助，得益于上海在全球范围内的受关注程度，更重要的是，得益于各篇文章作者对这一意图的认同和支持，这批城市研究文献历时六年，得以实现。

　　亚洲城市研究项目的另一个重要工作是每年一度的亚洲城市论坛，本书收录的绝大部分城市的研究内容曾在该论坛进行过专题报告和交流讨论。各文章的撰稿专家在论坛之前与论坛协调人进行内容讨论并达成一致意见，在上海参加论坛交流并参观访问，论坛之后对文章进行修改补充。这三个环节一方面确保了文章质量及其面向中国读者所需的针对性，另一方面也使亚洲城市论坛具有很强的务实特点。为了能把亚洲城市论坛发展为亚洲重要城市之间、重要规划和规划管理机构之间的交流平台，论坛组织工作强调务实，最大限度去除了仪式性环节，合理控制会议人数规模，采用国际化的研讨会模式，有针对性地安排城市参观访问，而论坛研讨内容亦通过亚洲城市专栏文章产生后续影响力。由于务实的特点，论坛得到学术、专业和政府管理部门不同背景专家的认同，而这是确保亚洲城市研究项目能够与当前实际问题对接的基本保障。除了对亚洲具有代表性的城市进行全景式的基础研究外，论坛也针对城市总体规划、规划管理、住宅、环境和城市更新等问题邀请专家进行一系列专题交流。这些专题在今后的研究过程中将结合上海城市发展需要，有针对性地进行深入，并继续通过合作途径形成研究成果。

亚洲城市研究需要学术研究和规划专业机构合作，需要规划管理部门支持，也需要房地产开发等市场力量和其他社会力量的广泛参与。希望这份亚洲城市研究阶段性成果的出版能促成更多方面和更广泛力量的关注与参与，为上海城市规划和发展不断提供更有时效性且更具参考价值的研究成果。

沙永杰　夏丽萍
2018 年 1 月 22 日